"十三五"普通高等教育系列教材

建筑工程造价

主　　编　鲁业红
副主编　厉见芬　巢丽萍
编　　写　杨敏莉　杨庆平　严荣辉　钱小锋
主　　审　李启明

中国电力出版社
CHINA ELECTRIC POWER PRESS

内 容 提 要

本书为"十三五"普通高等教育系列教材。本书致力于一步步教会工程造价初学者编制建筑工程工程量清单和对工程量清单进行计价,内容包括建筑工程费用的组成、建设工程定额及江苏省计价定额、建筑工程量清单计价概述、分部分项工程清单及计价、措施项目清单及计价和其他项目清单及计价,以及工程造价计算程序,其间穿插大量例题、工具资料及课后练习,使初学者易于学习应用。

本书可作为普通高等院校工程造价、工程管理、土木工程等专业教材,也可作为高职高专院校相关专业教材,还可作为从事工程造价、施工管理、工程审计等工作的工程技术人员参考用书。

图书在版编目(CIP)数据

建筑工程造价/鲁业红主编. —北京:中国电力出版社,2016.8(2023.1重印)
"十三五"普通高等教育规划教材
ISBN 978-7-5123-9515-2

Ⅰ.①建… Ⅱ.①鲁… Ⅲ.①建筑工程-工程造价-高等学校-教材 Ⅳ.①TU723.3

中国版本图书馆 CIP 数据核字(2016)第 152344 号

中国电力出版社出版、发行
(北京市东城区北京站西街 19 号 100005 http://www.cepp.sgcc.com.cn)
北京九州迅驰传媒文化有限公司印刷
各地新华书店经售

*

2016 年 8 月第一版 2023 年 1 月北京第三次印刷
787 毫米×1092 毫米 16 开本 18.5 印张 461 千字
定价 50.00 元

前　言

　　本书根据相关规范、标准并结合实践造价工作写作完成，在讲述必要的理论、规范规定的基础上，采用真实的施工图纸，模拟实际工程量清单及计价过程，实现了所学即所用。

　　本书具有以下特色：

　　（1）基于《建设工程工程量清单计价规范》（GB 50500—2013）、《房屋建筑与装饰工程工程量计算规范》（GB 50854—2013）、《江苏省建筑与装饰工程计价定额》（2014）、《江苏省建设工程费用定额》（2014）、《混凝土结构施工图平面整体表示方法制图规则和构造详图》（11G101-1）等现行计价规范及定额编写。

　　（2）内容安排上，主要从学生角度来描述一名初学者如何进行房屋建筑工程的工程量清单和招标控制价编制。

　　（3）理论概念尽量简化，围绕学生关心的内容和与工程量清单和招标控制价编制有关的概念来讲述。

　　（4）内容顺序上，先讲述定额使用、换算，然后再每章按附录顺序详细介绍一个房屋建筑单位工程中各分部分项工程的清单编制及套用定额计价。

　　（5）各分部分项工程的清单编制及套用定额计价，尽量将使用到的工具、表格数据穿插进去，方便教师的教与学生的学。

　　（6）在例题选择上选用常用的和新的结构、材料、工艺、施工方案。

　　（7）例题多选用完整框架结构房屋建筑工程，并适当补充例题。课后练习也让学生完成该框架结构房屋建筑工程工程量清单计价。最后附某框架结构房屋建筑工程工程量清单编制及计价综合案例。

　　（8）本书编写完成待出版时，适逢建筑业实施营改增，相应内容也按增值税计税方式进行了编写。

　　全书由常州工学院鲁业红老师担任主编，常州工业学院厉见芬，江苏鑫洋建设项目管理有限公司巢丽萍担任副主编，江苏鑫洋建设项目管理有限公司杨敏莉、杨庆平、严荣辉及常州市新北区市政绿化管理所钱小锋参加编写。

　　全书由东南大学李启明教授担任主审，提出许多宝贵意见，在此表示感谢！

　　限于编者理论和实践水平，书中难免存在不足之处，恳请读者批评指正。

编　者

2016 年 5 月

目　录

第1章 概　　　述

1.1　工程造价的发展

1.1.1　古已有之

建筑是人类的基本实践活动之一，中国建筑经过几千年的不断发展，累积了丰富的经验，创造出很多优秀的建设项目，不但在技术上和艺术上，而且在工程建设的管理和造价管理上均达到了相当高的水平。

《儒林外史》萧云仙修青枫城墙，"工部核算，该抚题销本内：砖、灰、工匠，共开销 19360 两 1 钱 2 分 15 毫……核减 7525 两"。这与现代的工程造价审计思想非常相近。

北宋皇宫大火后，由丁谓负责重新建造。他先在皇宫中开河引水，以河运料，同时以土烧砖。建成后以建筑垃圾填河，最终节约"几万万两白银"。这个案例说明了工程造价与施工方案之间的关系，施工方案决定了工程造价，编制和采用较好的施工方案会取得良好的工程造价控制。

北宋李诫编著的《营造法式》不仅是土木建筑工程技术的巨著，也是工料计算方面的巨著，书中已经有了完整的劳动定额和原材料消耗的计算方式：首先按四季白昼的长短分为中工（春秋两季）长工（夏季）和短工（冬季），工值以中工为准，长短工各增减 10%，军工和雇工也有不同的定额。其次，对每一工种的构件按等级大小和质量要求，如运输远近，水运的顺流或逆流，加工木材的软硬等一一都规定了工值的计算方法，对于各种材料的消耗定额也有详尽而具体的规定。这些规定以各个制作项目计算和确定出所应消耗的原材料数量和人工数量作为"本功"，以实际完成功限的多少按"本功"为标准来增减，这里体现出鲜明的成本核算的思想。《营造法式》全书三十余卷中，这类关于劳动定额及其计算方法和材料消耗定额的部分便有十三卷，占了很大比例，可见当时对成本控制的重视。后来的明清两代继承和发展了这个传统，不论政府还是民间都有估工算料的成例，清工部《工程做法则例》是一部算工算料的书，梁思成编制流传于民间的营造算法抄本《营造算例》，清代宫廷还有专司估算工料的"算房"。

1.1.2　现代工程造价

现代意义上的工程造价随资本主义社会化大生产的出现而出现，最先产生于现代工业发展最早的英国。16~18 世纪，技术发展促使大批工业厂房兴建，许多农民在失去土地后向城市集中，他们需要大量住房，从而使建筑业逐渐得到发展，设计和施工逐步分离为独立的专业。工程数量和工程规模的扩大要求有专人对已完工工程量进行测量、计算工料和造价。从事这些工作的人员逐步专门化，并被称为工料测量师。他们以工匠小组的名义与工程委托人和建筑师洽商，估算和确定工程价款，工程造价由此产生。

1.1.3　我国工程造价发展概况

（1）新中国成立以前。我国现代意义上的工程造价的产生，应追溯到 19 世纪末至 20 世纪上半叶。当时，工程造价及招投标仅在狭小的口岸和沿海城市地区和少量的工程建设中采用。

　　（2）概预算制度的建立时期。1949 年新中国成立，引进了苏联一套概预算定额管理制度。

　　（3）概预算制度的削弱时期。1958～1966 年，概预算定额管理制度逐渐被削弱，只算政治账，不算经济账。

　　（4）概预算制度的破坏时期。1966～1976 年，概预算定额管理制度遭到严重破坏。大量基础资料被销毁，定额被说成是"管、卡、压"的工具。1967 年，建工部企业实行经常费制度。工程完工后向建设单位实报实销，从而使施工企业变成了行政事业单位。这一制度实行了 6 年，于 1973 年 1 月 1 日被迫停止，恢复建设单位与施工单位施工图预算结算制度。

　　（5）概预算制度的恢复和发展时期。1977～1992 年，这一阶段是概预算制度的恢复和发展时期。1977 年，国家恢复重建造价管理机构。1978 年颁布《关于加强基本建设概、预、决算管理工作的几项规定》，强调了加强"三算"在基本建设管理中的作用和意义。1983 年颁布《关于改进工程建设概预算工作的若干规定》。

　　（6）市场经济条件下工程造价管理体制的建立时期。1993～2001 年，党的十四大明确提出我国经济体制改革的目标是建立社会主义市场经济体制。在此建设过渡时期，"统一量、指导价、竞争费"工程造价管理模式被越来越多的工程造价管理人员接受，改革的步伐不断加快。

　　（7）与国际惯例接轨。2001 年，我国顺利加入 WTO。为逐步建立起符合中国国情的、与国际惯例接轨的工程造价管理体制，《建设工程工程量清单计价规范》（GB 50500—2003）于 2003 年 2 月 17 日以国家标准发布，自 2003 年 7 月 1 日起在全国范围内实施。之后又先后修改发布了《建设工程工程量清单计价规范》（GB 50500—2008）和《建设工程工程量清单计价规范》（GB 50500—2013）。

1.2　政府对工程造价的管理

　　我国政府在工程造价管理中既是宏观管理主体，也是政府投资项目的微观管理主体。从宏观管理的角度，政府对工程造价的管理有一个严密的组织系统，设置了多层管理机构，规定了管理权限和职责范围。现在国家建设部标准定额司是归口领导机构，各专业部，如交通部、水利部等也设置了相应的造价管理机构。建设部标准定额司负责制定工程造价管理的法规制度，制定全国统一经济定额和部管行业经济定额，负责咨询单位资质管理和工程造价专业人员的执业资格管理。各省、市、自治区和行业主管部门，在其管辖范围内行使管理职能，省辖市和地区的造价管理部门在所辖地区内行使管理职能。地方造价管理机构的职责和国家建设部的工程造价管理机构相对应。

1.2.1　执业人员

　　1996 年，依据《人事部、建设部关于印发〈造价工程师执业资格制度暂行规定〉的通知》（人发〔1996〕77 号），国家开始实施造价工程师执业资格制度。1998 年 1 月，人事部、建设部下发了《人事部、建设部关于实施造价工程师执业资格考试有关问题的通知》（人发〔1998〕8 号），并于当年在全国首次实施了造价工程师执业资格考试。考试工作由人事部、建设部共同负责，人事部负责审定考试大纲、考试科目和试题，组织或授权实施各项考务工作。会同建设部对考试进行监督、检查、指导和确定合格标准。日常工作由建设部标准定额司承担，具体考务工作委托人事部人事考试中心组织实施。

全国造价工程师执业资格考试由国家建设部与国家人事部共同组织，考试每年举行一次，采用滚动管理，共设 4 个科目，工程造价管理基础理论与相关法规、工程造价计价与控制、建设工程技术与计量（土建或安装）、工程造价案例分析，单科滚动周期为 2 年。凡中华人民共和国公民，遵纪守法并具备以下条件之一者，均可申请造价工程师执业资格考试：①工程造价专业大专毕业后，从事工程造价业务工作满五年；工程或工程经济类大专毕业后，从事工程造价业务工作满六年。②工程造价专业本科毕业后，从事工程造价业务工作满四年；工程或工程经济类本科毕业后，从事工程造价业务工作满五年。③获上述专业第二学士学位或研究生班毕业和获硕士学位后，从事工程造价业务工作满三年。④获上述专业博士学位后，从事工程造价业务工作满二年。

注册造价工程师考试通过并注册后可担任，评标专家中的经济专家、施工单位投标报价编制人员、工程结算编制人员，还可依托造价咨询单位进行工程量清单编制、标底编制、跟踪审计、结算审核等工作。

1.2.2　工程造价咨询企业

《工程造价咨询企业管理办法》中华人民共和国建设部令第 149 号 2006 年 7 月 1 日起施行。工程造价咨询企业是指接受委托，对建设项目投资、工程造价的确定与控制提供专业咨询服务的企业。工程造价咨询企业资质等级分为甲级、乙级。工程造价咨询企业业务范围包括以下 6 个方面。

① 建设项目建议书及可行性研究投资估算、项目经济评价报告的编制和审核。

② 建设项目概预算的编制与审核，并配合设计方案比选、优化设计、限额设计等工作进行工程造价分析与控制。

③ 建设项目合同价款的确定（包括招标工程工程量清单和标底、招标控制价、投标报价的编制和审核）；合同价款的签订与调整（包括工程变更、工程洽商和索赔费用的计算）及工程款支付，工程结算及竣工结（决）算报告的编制与审核等。

④ 工程造价经济纠纷的鉴定和仲裁的咨询。

⑤ 提供工程造价信息服务等。

⑥ 对建设项目的组织实施进行全过程或者若干阶段的管理和服务。

1.3　建筑工程造价原理

建筑业是国民经济中一个独立的生产部门，建筑工程是建筑业生产的产品。产品需要计算价格，预算就是对建筑工程这种产品在施工之前预先进行价格计算。

建筑工程产品不同于一般产品，具有生产周期长、唯一性、体量庞大、价格高，及生产过程中的不可避免的变更等特点，生产单位即施工单位不可能先生产出建筑工程产品再寻找购买人即建设单位，只有生产单位（施工单位）与购买人（建设单位）先行确定买卖合同（施工合同）再生产（施工），即交易在前，生产在后。而要确定施工合同须先确定交易合同价格，因此需要进行工程预算。

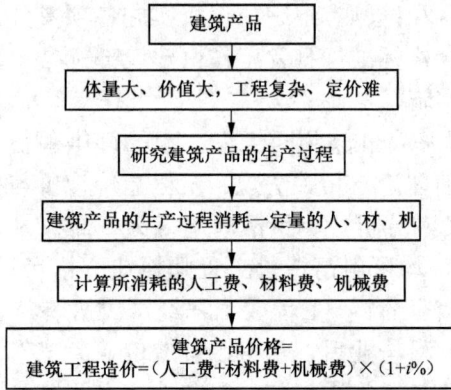

图 1-1　建筑工程造价计算思路示意

而通过工程预算直接准确确定一个还不存在（只是设计图纸）的建筑工程的价格是有很大难度的。为了计算，需要研究生产产品的过程（建筑施工过程）。通过对建筑产品生产过程的研究发现：任何一种建筑产品的生产过程都消耗了一定的人工、材料和机械。因此，我们转而研究生产产品所消耗的人工、材料和机械，通过预测确定生产建筑产品直接消耗掉的人工、材料和机械的数量，再根据人工、材料和机械的市场价格计算出相应的人工费、材料费和机械费，进而在人工费、材料费和机械费的基础上组成建筑产品的价格。如图 1-1 所示。

1.4　工程造价的含义

工程建设预算就是指对工程的建设费用预先进行计算，又称为工程造价。按照计价范围和内容的不同，工程造价可分为广义的工程造价和狭义的工程造价两种。

广义的工程造价是指完成一个建设项目所需要费用的综合，是从业主、投资方角度来考虑一个建设项目从项目决策、策划、购地、可研、筹资、设计、招投标、施工、竣工验收、购置设备直至投产运营之前，业主所投资支出的所有费用。广义工程造价组成如图 1-2 所示。

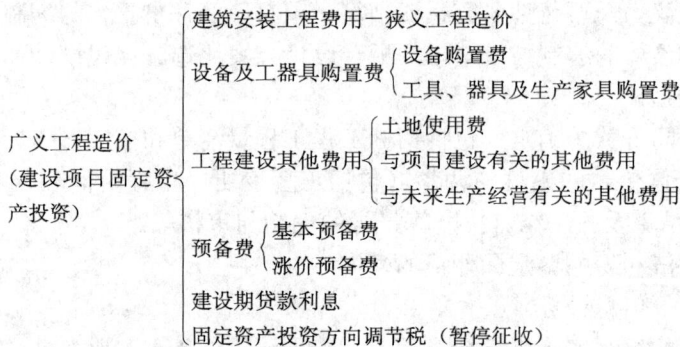

图 1-2　广义工程造价组成

狭义的工程造价是指建筑市场上承发包建筑安装工程的价格。一般指单项、单位工程的价格。它是指在建筑市场通过招投标，由需求主体投资建设单位和供给主体建筑承包商共同认可、交易的价格。

本书主要介绍的是狭义的工程造价。

两种工程造价含义之间的区别和联系：

（1）广义的工程造价是对应于投资和项目法人、建设单位而言的；狭义的工程造价是对应于承发包双方而言的。

（2）广义的工程造价的外延是全方位的，即工程建设所有费用；狭义的工程造价的涵盖范围即使对"交钥匙、EPC"总承包来说也不是全方位的。如建设项目的建设期贷款利息、项目法人建设单位本身对项目管理的管理费、土地使用费等都是不可能纳入工程承发包范围的，在造价数额及内容组成等方面，广义的工程造价显然大于狭义的工程造价的总和。

（3）与两种造价含义相对应，应有两种造价管理，前者是项目投资管理，后者是与承包商的招投标交易、合同管理、结算管理及承包商自身的成本管理。

1.5　工程造价特征

1.5.1　动态、多次性

工程计价是伴随着工程建设的进程而不断进行的。对于同一个工程，为了达到造价控制的目的，在工程建设的不同时期都要进行计价。同时，任何一项工程从决策到竣工交付使用都有一个较长的建设期间，在建设期内，往往由于不可控制因素的存在，造成许多影响工程造价的动态因素，如设计变更、材料、设备价格、工资标准以及取费费率、税率调整，都必然影响到工程造价的变动，所以，工程造价在整个建设期处于不确定状态，直至竣工决算后才能最终确定工程的实际造价，见表 1-1。

表 1-1　　　　　　　工程项目建设程序及各阶段工程造价表现形式

阶段	项目决策阶段		设计阶段			施工招投标阶段			施工阶段	竣工验收阶段
详细阶段	项目建议书	可行性研究报告	初步设计	技术设计	施工图设计	招标	投标	中标签合同	施工	竣工验收、交付使用
造价表现形式	初步投资估算	投资估算	初步设计概算	修正概算	施工图预算	标底价、招标控制价	投标价	中标价、合同价	结算价	决算价
编制依据	估算指标	概算指标	概算定额	预算定额	预算定额	施工定额			工程合同	工程合同
广、狭义工程造价	广义工程造价					狭义工程造价				

（1）初步投资估算：指在投资决策过程中，建设单位或其委托的咨询机构根据现有的资料，采用一定的方法，对建设项目未来发生的全部费用进行预测和估算。

（2）初步设计概算：指在初步设计阶段，在投资估算的控制下，由设计单位根据初步设计或扩大设计图纸及说明、概预算定额、设备材料价格等资料，编制确定的建设项目从筹建到竣工交付生产或使用所需全部费用的经济文件。

（3）修正概算：对于技术设计阶段的建设项目，随着对建设规模、结构性质、设备类型等方面进行修改、变动，初步设计概算也作相应调整，即为修正概算。

（4）施工图预算、标底价、招标控制价：施工图预算是指在施工图设计完成后，工程开工前，由建设单位或其委托的造价咨询单位根据预算定额、费用文件、市场信息和常规施工方案计算确定建设费用的经济文件。根据建设单位的不同意图，在施工图预算的基础上加以调整可成为标底价和招标控制价。标底价是招标工程期望获得的中标价，所以要求其高度保密，而招标控制价（须公布，备案）是对投标价格限定的最高价，投标报价在其以下即可，可以公开发布，供投标人参考。

（5）投标价、中标价、合同价：指投标人依据招标文件章程的条件完成招标项目动工、竣工和修补任何缺陷的投标报价。投标人应该在满足招标文件要求的前提下，结合投标企业自身条件和市场价及拟定的施工方案，考虑风险和利润要求而提出的竞争性报价。中标价是指中标人的投标价。合同价一般等同于中标价。

（6）结算价：工程竣工结算价是指在施工过程中和工程竣工验收合格后的一定工作日内，施工单位按照承包合同和已完工程量向建设单位办理工程价结算、清算的实际工程价款。工程结算价是在承包合同的工程价款基础上根据实际已完工程量进行工程结算后的工程价款，即工程结算价＝工程合同价±工程变更、调整等费用。

（7）决算价：建设项目决算是由建设单位编制的，是在建设项目竣工交付以及与施工单位进行竣工结算后，建设单位编制报告全部建设费用。建设项目决算应包括从筹划到竣工投产全过程的全部实际费用，即建筑工程费、安装工程费、设备工器具购置费、工程建设其他费用（含征地费、补偿费、各种许可证费、建设单位管理费、监理费、勘查设计费、调试费等等）、建设期贷款利息等。一般以建设项目决算价确定建设项目固定资产投资价值。

从以上可以看出，建设项目决算是一个工程从无到有的所有相关费用，而工程竣工结算是一个实体工程的建筑和安装工程费用。建设项目决算包含了工程竣工结算的内容，而工程竣工结算是建设项目决算的一个重要组成部分。

不难看出，投资估算、设计概算、修正概算是广义的工程造价，其他则为狭义的工程造价。

1.5.2 单件性

建筑工程的特点是先设计后施工，对于采用不同设计建造的建筑，必须单独计算造价，而不能像一般产品那样按品种、规格等批量定价。如不同的用途，不同的结构、造型和装饰，不同的体积、面积，建筑施工时采用不同的工艺、机械、材料，及施工过程中所处的社会、周边自然、地理环境，处于不同地区、不同地段、不同时期，即使上述全部相同的两个建筑工程，也会因为地基的不同而价格不同。这就决定了建筑工程的计件工资的单件性。

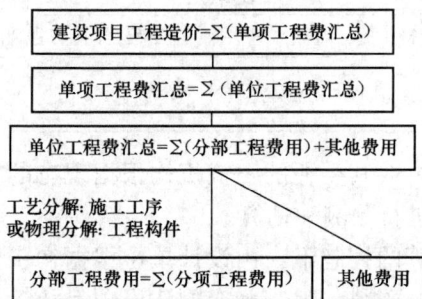

图 1-3 建筑工程计价的组合性

1.5.3 组合性

建筑工程包含的内容很多，为了进行计价，首先需要将工程按物理构件或施工工艺分解到计价的最小单元（分项工程），然后计算分项工程的费用价格汇总得到分部工程费用价格，分部工程费用价格汇总得到单位工程费用价格，最终由单位工程费用价格汇总得到单项工程的费用价格及建设项目工程造价。这就是建筑工程计价的组合性，如图 1-3 所示。

1.6 工程造价的职能和作用

工程造价除具有一般商品价格的职能外，还具有自身特殊的职能。

预测职能：无论是投资者或是承包商都要对拟建工程的工程造价进行预先计算。投资者预先计算工程造价是作为项目决策的依据，也是筹集资金、控制工程投资的依据。承包商预先计算工程造价是为投标报价提供决策依据，也为施工过程中的成本控制管理提供依据。

控制职能：表现在两个方面，一是投资方对投资的控制，一是承包商的成本控制。

评价职能：工程造价是评价建设项目总投资和分项投资合理性和投资效果的主要依据之一。

调控职能：工程造价作为重要经济杠杆，对工程建设中的物资消耗水平、建设规模、投资方向等进行调控和管理。

1.7 课 后 练 习

1. 用自己的语言描述方案（包括规划方案、设计方案、施工方案）与工程投资、工程造价的关系？并举例说明方案对工程投资、工程造价的影响？

2. 多选：以下属于工程造价咨询企业资质业务范围的有（　　　）。

A. 建设项目建议书及可行性研究报告的编制和审核

B. 建设项目概预算的编制与审核

C. 建设项目招标控制价、投标报价的编制和审核

D. 工程款支付，工程结算及竣工结（决）算报告的编制与审核等

E. 工程造价经济纠纷的鉴定和仲裁的咨询

F. 提供工程造价信息服务等

G. 对建设项目的组织实施进行全过程或者若干阶段的管理和服务

3. 为什么要进行建筑工程预算，如何进行预算？

4. 单选：工程造价的含义之一是指建设一项工程预期开支或实际开支的全部固定资产投资费用，这是对应于（　　　）而言的。

A. 承包人　　　　B. 承发包双方　　　　C. 造价咨询单位　　　　D. 投资和项目法人

5. 单选：设计变更、材料、设备价格、工资标准以及取费费率的调整，贷款利率、汇率的变化，都必然会影响到工程造价的变动，这体现了工程造价的（　　　）。

A. 大额性　　　　B. 单件性　　　　C. 动态性　　　　D. 组合性

6. 单选：建筑工程包含的内容很多，为了进行计价，首先需要将工程按物理构件或施工工艺分解到计价的最小单元（　　　），然后通过计算该最小单元的费用价格分级汇总得到建设项目工程造价。这体现了建筑工程计价的（　　　）。

第一空：A. 检验批　　B. 分项工程　　C. 分部工程　　D. 单位工程　　E. 单项工程

第二空：A. 大额性　　B. 单件性　　　C. 动态性　　　D. 组合性

7. 单选：工程造价作为项目决策的依据与项目筹集资金的依据体现了工程造价的（　　　）职能。

A. 预测职能　　　B. 控制职能　　　　C. 评价职能　　　　D. 调控职能

第 2 章　建筑工程费用的组成

2.1　建筑安装工程费用项目组成

为适应深化工程计价改革的需要，根据国家有关法律、法规及相关政策，在总结原建设部、财政部《关于印发＜建筑安装工程费用项目组成＞的通知》（建标〔2003〕206 号）执行情况的基础上，我们修订完成了《建筑安装工程费用项目组成》建标〔2013〕44 号，规定了建筑安装工程费用的组成。

（1）建筑安装工程费用项目按费用构成要素组成划分为人工费、材料费、施工机具使用费、企业管理费、利润、规费和税金（见表 2-1）。

（2）为指导工程造价专业人员计算建筑安装工程造价，将建筑安装工程费用按工程造价形成顺序划分为分部分项工程费、措施项目费、其他项目费、规费和税金（见表 2-2）。

表 2-1　　　　建筑安装工程费用项目组成表（按费用构成要素划分）

建筑安装工程费	一、人工费	1. 计时工资或计件工资	一、分部分项工程费　二、措施项目费　三、其他项目费
		2. 奖金	
		3. 津贴、补贴	
		4. 加班加点工资	
		5. 特殊情况下支付的工资	
	二、材料费	1. 材料原价	
		2. 运杂费	
		3. 运输损耗费	
		4. 采购及保管费	
	三、施工机具使用费	1. 施工机械使用费	①折旧费　②大修理费　③经常修理费　④安拆费及场外运费　⑤人工费　⑥燃料动力费　⑦税费
		2. 仪器仪表使用费	
	四、企业管理费	1. 管理人员工资　2. 办公费　3. 差旅交通费　4. 固定资产使用费　5. 工具用具使用费　6. 劳动保险和职工福利费　7. 劳动保护费　8. 检验试验费　9. 工会经费　10. 职工教育经费　11. 财产保险费　12. 财务费　13. 税金　14. 其他	
	五、利润		
	六、规费	1. 社会保险费	①养老保险费　②失业保险费　③医疗保险费　④生育保险费　⑤工伤保险费	四、规费
		2. 住房公积金	
		3. 工程排污费	
	七、税金	1. 营业税	五、税金
		2. 城市维护建设税	
		3. 教育费附加	
		4. 地方教育附加	

表 2-2　　　　　　　　　　建筑安装工程费用项目组成表（按造价形成划分）

建筑安装工程费	一、分部分项工程费	1. 房屋建筑与装饰工程	①土石方工程　②桩基工程……	一、人工费 二、材料费 三、施工机具使用费 四、企业管理 五、利润
		2. 仿古建筑工程		
		3. 通用安装工程		
		4. 市政工程		
		5. 园林绿化工程		
		6. 矿山工程		
		7. 构筑物工程		
		8. 城市轨道交通工程		
		9. 爆破工程		
		……		
	二、措施项目费	1. 安全文明施工费		
		2. 夜间施工增加费		
		3. 二次搬运费		
		4. 冬雨季施工增加费		
		5. 已完工程及设备保护费		
		6. 工程定位复测费		
		7. 特殊地区施工增加费		
		8. 大型机械进出场及安拆费		
		9. 脚手架工程费		
		……		
	三、其他项目费	1. 暂列金额		
		2. 暂估价		
		3. 计日工		
		4. 总承包服务费		
	四、规费	1. 社会保险费	①养老保险费　②失业保险费　③医疗保险费　④生育保险费　⑤工伤保险费	六、规费
		2. 住房公积金		
		3. 工程排污费		
	五、税金	1. 营业税		七、税金
		2. 城市维护建设税		
		3. 教育费附加		
		4. 地方教育附加		

关于上述各项费用的概念，在本书其他章节中分别阐述。

2.2　江苏省建设工程费用定额

为了规范建设工程计价行为，合理确定和有效控制工程造价，根据《建设工程工程量清单计价规范》（GB50500—2013）及其 9 本计算规范和《建筑安装工程费用项目组成》（建标〔2013〕44 号）等有关规定，结合江苏省实际情况，江苏省住房和城乡建设厅组织编制了《江苏省建设工程费用定额》（2014）。

《江苏省建设工程费用定额》（2014）是建设工程编制设计概算、施工图预（结）算、最高投标限价（招标控制价）、标底以及调解处理工程造价纠纷的依据，是确定投标价、工程结算审核的指导，也可作为企业内部核算和制定企业定额的参考。

《江苏省建设工程费用定额》（2014）适用于在江苏省行政区域内新建、扩建和改建的建筑与装饰、安装、市政、仿古建筑及园林绿化、房屋修缮、城市轨道交通工程等，与江苏省现行的建筑与装饰、安装、市政、仿古建筑及园林绿化、房屋修缮、城市轨道交通工程计价定额配套使用。

《江苏省建设工程费用定额》（2014）费用内容由分部分项工程费、措施项目费、其他项目费、规费和税金组成。

据江苏省住房和城乡建设厅《省住房城乡建设厅关于建筑业实施营改增后江苏省建设工程计价依据调整的通知》苏建价〔2016〕154号对《江苏省建设工程费用定额》（2014）进行了调整，一般计税方法下建设工程费用组成如表2-3所示。

表2-3　　　　　　　　　　　建设工程费用的组成

建设工程费用	一、分部分项工程费	人工费	1. 计时工资或计件工资　2. 奖金　3. 津贴、补贴　4. 加班加点工资　5. 特殊情况下支付的工资	
		材料费	1. 材料原价　2. 运杂费　3. 运输损耗费　4. 采购及保管费	
		施工机具使用费	1. 施工机械使用费	①折旧费　②大修理费　③经常修理费　④安拆费及场外运费　⑤人工费　⑥燃料动力费　⑦税费
			2. 仪器仪表使用费	
		企业管理费	1. 管理人员工资　2. 办公费　3. 差旅交通费　4. 固定资产使用费　5. 工具用具使用费　6. 劳动保险和职工福利费　7. 劳动保护费　8. 工会经费费　9. 职工教育经费　10. 财产保险费　11. 财务费　12. 税金　13. 意外伤害保险费　14. 工程定位复测费　15. 检验试验费　16. 非建设单位所为四小时以内的临时停水停电费用　17. 企业技术研发费　18. 其他　19. 附加税	
		利润		
	二、措施项目费	1. 单价措施项目费	脚手架工程；混凝土模板及支架（撑）；垂直运输；超高施工增加；大型机械设备进出场及安拆；施工排水、降水等	注：由人工费、材料费、施工机具使用费、企业管理、利润组成
		2. 总价措施项目费	安全文明施工；夜间施工；二次搬运；冬雨季施工；地上、地下设施、建筑物的临时保护设施；已完工程及设备保护费；临时设施费；赶工措施费；工程按质论价；特殊条件下施工增加费；非夜间施工照明；住宅分户验收等	
	三、其他项目费	1. 暂列金额		
		2. 暂估价		
		3. 计日工		
		4. 总承包服务费		
	四、规费	1. 工程排污费		
		2. 社会保险费	①养老保险费　②失业保险费　③医疗保险费　④生育保险费　⑤工伤保险费	
		3. 住房公积金		
	五、税金	增值税销项税额		

2.3 课 后 练 习

1. 多选:《建筑安装工程费用项目组成》(建标〔2013〕44 号)规定,措施项目费、其他项目费与分部分项工程费一样,其费用构成为( )。

A. 人工费　　　B. 材料费　　　　C. 施工机具使用费　　D. 企业管理费

E. 规费　　　　F. 利润　　　　　G. 税金

2. 单选:《建筑安装工程费用项目组成》(建标〔2013〕44 号)规定,( )不属于规费项目。

A. 工程排污费　　　　　　　　B. 安全文明施工措施费

C. 社会保障费　　　　　　　　D. 住房公积金

第3章　建设工程定额及江苏省计价定额

3.1　建设工程定额

3.1.1　建设工程定额的概念

建设工程定额是建筑产品生产过程中需消耗的人力、物力与资金的数量规定，是在正常的施工条件下，为完成一定量的合格产品所规定的消耗标准。它反映了一定社会生产力条件下建筑行业的生产与管理水平。

如前文所述，为了确定一个还不存在，但已有设计图纸的建筑工程的价格是有难度的，因此通过预先测算生产建筑产品直接消耗掉的人工、材料和机械的数量及费用来计算建筑工程造价。而定额就是通过规定完成一定量合格建筑产品所消耗的人工、材料和机械的数量及费用标准，给预先测算人工、材料和机械的数量及费用以依据。

3.1.2　建设工程定额水平概念

建设工程定额水平是定额规定完成单位建筑合格产品所消耗的人力、物力与资金数量的多少，完成相同单位建筑合格产品消耗量少，则该定额水平高，反之则低。

建设工程定额水平与建筑业社会生产力水平、建筑劳务操作人员的技术水平、机械化程度以及建筑新材料、新工艺、新技术的发展和应用，建筑企业的管理能力等有关。定额水平高指单位产品消耗低、造价低，定额水平低是单位产品消耗高、造价高。编制建设工程定额时，应确定该定额水平，应与社会平均水平和社会平均先进水平进行比较。社会平均先进水平指在正常生产条件下，大多数人经过努力能够达到和超过，促进少数落后的人可以接近的水平。一般情况下，建筑企业的施工定额应达到社会平均先进水平才具有竞争力。而预算定额等应取社会平均水平。

3.1.3　建筑工程定额体系

我国四十多年的工程建设定额管理工作经历了一个曲折的发展过程，现已逐渐完善，在工程建设领域发挥着越来越重要的作用。最近几年，为了将定额工作纳入标准化管理的轨道，国家及其行业主管部门、地方建设行政主管部门相继编制更新了一系列工程建设有关的定额。如图3-1所示。

3.1.3.1　按定额的适用范围分类（见表3-1）

（1）全国统一定额：由国务院建设行政主管等有关部门制定和颁发，不分地区，全国适用，如《全国统一建筑工程基础额定》《全国建筑安装工程统一劳动定额》等。

（2）地区统一定额：由各省、自治区、直辖市建设行政主管部门制定，主要考虑地区性特点和为全国统一定额水平做适当调整补充而编制的。只在本地区范围内执行，可以作为该地区建设工程项目标底价、招标控制价编制的依据，施工企业在没有自己的企业定额时也可以作为投标报价的依据，如江苏省2014年《江苏省建筑与装饰工程计价定额》。

（3）行业统一定额：由国务院行业主管部门制定，考虑到各行业部门专业工程技术特点，以及施工生产和管理水平而编制，一般是只在本行业和相同专业性质的范围内使用

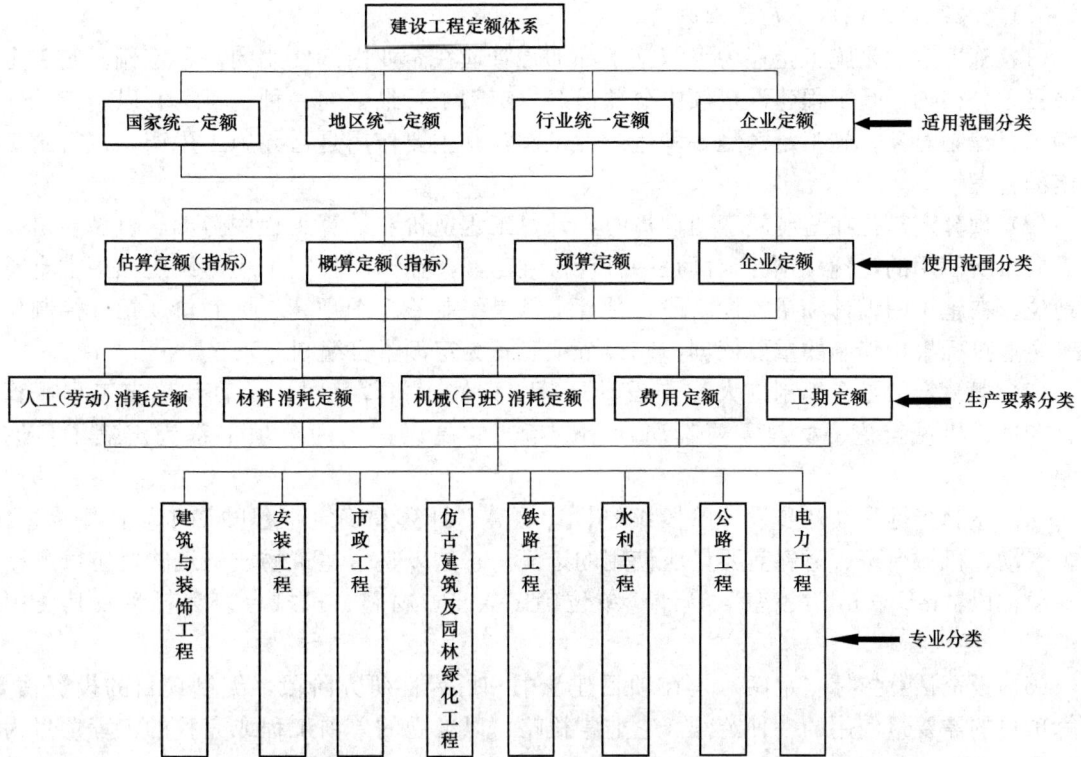

图 3-1　建设工程定额体系

的专业定额，如公路工程定额、矿井建设工程定额、铁路建设工程定额、水利建设工程定额等。

（4）企业定额：施工企业根据本企业的施工技术和管理水平，以及有关工程造价资料制定的，并供本企业使用的人工、材料和机械台班消耗量标准。企业定额只在企业内部使用，是企业素质的一个标志。企业定额水平一般应高于国家现行定额才能满足生产技术发展、企业管理和市场竞争的需要。

应当指出，相当多的施工企业缺乏自己的施工定额，这是施工管理的薄弱点。施工企业应该根据本企业的具体条件和可能挖掘的潜力，根据市场的需求和竞争环境，根据国家有关政策、法律法规和制度，自己编制定额，自行决定定额的水平。同类企业和同一地区的企业之间存在施工定额水平的差距，这样在建筑市场上都具有竞争能力。同时，施工企业应将施工定额的水平作为商业秘密对外进行保密。

表 3-1　　　　　　　　　　　　　　　适用范围分类定额比较表

比较项目	全国统一定额	地区统一定额	行业统一定额	企业定额
编制单位	国务院建设行政主管等有关部门	省、自治区、直辖市建设行政主管部门	国务院行业主管部门	施工企业
使用范围	全国	本地区	本行业	本企业
定额水平	全国社会平均水平	地区社会平均水平	行业社会平均水平	企业个别先进水平
定额用途	各地区编制地区定额的依据	本地区编制标底、施工企业投标参考	本行业编制标底、施工企业投标参考	本企业内部管理、投标

3.1.3.2 按定额的使用范围分类

（1）施工定额是施工企业为组织施工和加强管理在企业内部使用的一种定额。施工定额的项目划分很细，是工程建设定额中分项最细、定额子目最多的一种定额。它以施工工序为定额子目编制对象。施工定额是一种生产性定额，其主要作用是指导施工生产，进行施工生产定额管理。

（2）预算定额是在编制施工图预算时，计算工程造价和计算工程中劳动、机械台班、材料需要量所使用的定额。预算定额是一种计价性定额，在当前我国工程建设定额中占有重要的地位。在施工图设计和招投标阶段，预算定额是编制施工图预算、标底价、招标控制价或施工企业投标报价编制的重要依据，它以分项工程为定额子目编制对象。

（3）概算定额是在编制扩大初步设计概算（即修正概算）时，计算和确定工程概算造价、劳动、机械台班、材料需要量所使用定额。它是以扩大的分项工程为定额子目编制对象。

（4）概算指标是在初步设计阶段编制设计概算，计算和确定工程的初步设计概算造价，计算劳动、机械台班、材料需要量所使用的定额。它是以整个建筑物或构筑物为定额子目编制对象，以"m^2""m^3""座"等计量单位确定人工、材料、机械台班消耗量及其费用的标准。

（5）投资估算指标（定额）是在项目建议书和可行性研究阶段，编制项目的投资估算、计算项目的需要量使用的一种定额。它非常概略，以独立的单项工程或完整的工程项目为计算对象。

各定额使用范围比较及示意表 3-2 和图 3-2。

表 3-2　　　　　　　　　　　　　　　使用范围分类定额比较表

比较项目	施工定额	预算定额	概算定额	概算指标	投资估算指标
子目编制对象	施工工序	分项工程	扩大的分项工程	整个建筑物或构筑物	独立的单项工程或完整的工程项目
项目划分	最细	细	较粗	粗	很粗
定额用途	编制施工预算、施工定额管理、投标报价	编制施工图预算、标底、投标报价	编制扩大初步设计概算	编制初步设计概算	编制投资估算
定额水平	平均先进	平均			
定额性质	生产性	计价性			

3.1.3.3 按生产要素消耗的性质分类

人工消耗定额又称劳动消耗定额，是完成一定的合格产品（工程实体或劳务）规定的付出劳动消耗的数量标准。

材料消耗定额指完成一定合格产品所需消耗材料的数量标准。

机械消耗定额，我国机械消耗定额是以一台机械一个工作班为计量单位，所以又称为机械台班定额，是为完成一定合格产品（工程实体或劳务）所规定的施工机械台班消耗的数量标准。

费用定额规定建筑安装工程概预算造价中间接费、管理费、措施费及规费税金等部分的取费原则和标准。建标〔2013〕44 号《建筑安装工程费用项目组成》，某种意义上就是费

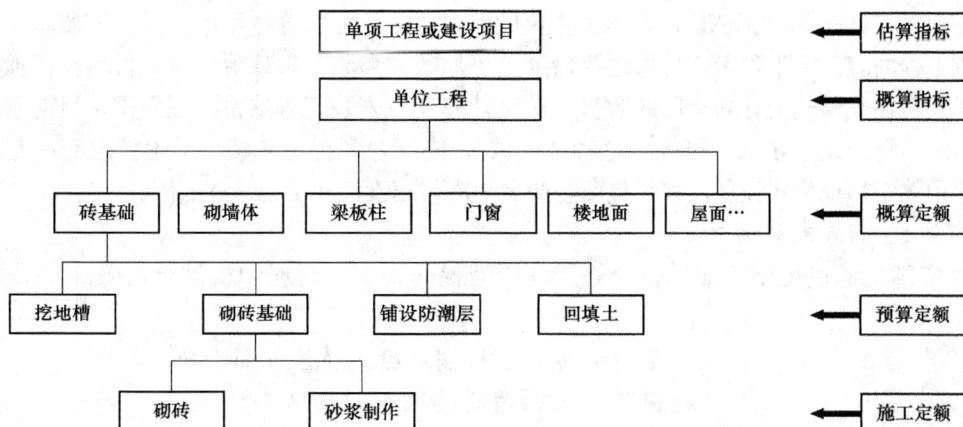

图 3-2　定额子目编制对象示意

用定额，不仅规定了建筑安装工程费用项目组成，也详细规定了各项费用的计算原则方法。《江苏省建设工程费用定额》（2014），也详细列明了江苏省建设工程造价中管理费、利润、措施费及规费税金的计取标准和规定。

工期定额。建筑安装工程工期定额是依据国家建筑工程质量检验评定标准施工及验收规范有关规定，结合各施工条件，本着平均、经济合理的原则制定的，工期定额是编制施工组织设计、安排施工计划和考核施工工期的依据，是编制招标标底，投标标书和签订建筑工程合同的重要依据，如《全国统一建筑安装工程工期定额》（2000）。

3.1.3.4　按定额专业分类

建设工程按专业可以分成建筑工程、安装工程等，同样定额也按专业来编制，如江苏省建设厅目前颁布的主要有建筑与装饰工程、市政工程、安装工程、园林绿化与仿古建筑工程等专业定额。而行业统一定额往往就是专业定额，如矿山工程、公路工程、铁路工程、水利工程等专业定额。

3.1.4　建设工程定额的稳定性、时效性及补充定额

建设工程定额在一段时间内，社会平均生产力水平变化不大，在一定时期内具有相对的稳定性，稳定时间一般为 5～10 年。

但是，随着生产力水平的提高，如新材料、新技术、新工艺等的发展提高，现行定额代表的生产力水平已不能够反映社会平均生产力水平，这就需要对现行定额进行更新，这就是定额的时效性。

有关部门（一般是原预算编制部门）为了补充现行定额中变化和缺项部分而进行修改、调整和补充制定的定额就是补充定额，如江苏省在 2007 颁布了《江苏省建筑与装饰、安装、市政工程补充定额》。

3.1.5　预算定额

3.1.5.1　预算定额概念

预算定额是规定消耗在合格单位基本构造单元产品上的人工、材料和机械台班及费用的数量标准，是计算建筑安装工程造价的基础。所谓基本构造单元，即分项工程或工程结构构件。

在编制施工图预算（标底价）及施工企业投标报价、工程结算过程中，需要按照施工图纸或现场完成工程内容计算工程量，另外还要借助于可靠的"参数"来计算人工、材料和机械台班的消耗量，然后在此基础上计算费用的数量，最终计算建筑安装工程造价。在我国，目前预算定额表现为地区、行业统一定额，可提供这种"参数"，同时，现行制度赋予了预算定额一定的权威性，使得预算定额成为建设单位和承包商企业之间进行招投标和工程结算的依据。

3.1.5.2 预算定额编制

预算定额是通过规定完成单位合格产品所消耗的人工、材料和机械台班及相应费用的数量标准。

$$人工费 = 人工工日消耗量 \times 人工工日单价$$
$$材料费 = 材料消耗量 \times 材料预算单价$$
$$施工机械使用费 = 机械台班消耗量 \times 机械台班单价$$

1. 消耗量确定

先介绍几个概念。

工日：一个工人劳动 8 小时。

机械台班：一台机械工作 8 小时。

时间定额指的是生产单位合格产品所消耗的工日数（或机械台班数）。

产量定额指在正常的技术条件、合理的劳动组织下，每一个工人在一个工日的时间（一个机械台班时间）所生产的合格产品的数量。

（1）人工工日消耗量计算。

人工工日消耗数量的确定有两种方法，一种是以劳动定额（工程基础定额）为基础确定，一种是以现场观察测定资料为基础确定。不管采用哪种方法，都是通过测定在正常施工条件下，生产单位合格产品所必须消耗的基本用工和其他用工两部分。

1）基本用工。

基本用工是指完成单位分项工程或结构构件和各项工作过程的施工任务所必须消耗的技术工种用工。

基本用工时间包括基本工作时间、辅助工作时间、准备与结束时间、必须休息时间和不可避免中断时间，而不包括多余工作时间、施工本身停工时间、违反劳动纪律等其他损失时间，见表 3-3。

基本工作时间是工人完成能生产一定产品的施工工艺过程所消耗的时间，如完成绑扎钢筋、墙体砌筑、抹灰等工作，其工作时间的长短与工作量的大小成正比。

辅助工作时间是为保证基本工作能够顺利完成所消耗的时间，如机械挖土方时标高的控制，其工作时间的长短与工作量的大小无关。

准备与结束时间是执行任务前或任务完成后所消耗的时间。其时间长短与工作量也无关，但与工作内容的复杂与否有关，工作内容越复杂，准备与结束时间越长。

必须休息时间是工人工作过程中为恢复体力所必需的短暂休息和生理需要的时间，与劳动强度和劳动条件有关。

不可避免中断时间是由施工工艺特点引起的工作中断所必需的时间。

多余工作时间是由于工人的差错而引起的时间损失，且不能增加产品的工作，如工作失误返工时间。

施工本身停工时间指施工管理组织不善造成的时间损失。

表 3-3　　　　　　　　　　　　　基 本 用 工 时 间 组 成

基本用工时间（定额时间）					损失时间（非定额时间）		
基本工作时间	辅助工作时间	准备与结束时间	必须休息时间	不可避免中断时间	多余工作时间	施工本身停工时间	违反劳动纪律等其他损失时间

基本用工时间的确定方法主要有经验估计法、比较类推法、统计分析法、技术测定法，其中技术测定法是最精确的一种方法，又包括测时法、写实记录法、工作时写实法，但工作量大。

基本用工定额可采用时间定额和产量定额两种表示方式，时间定额和产量定额互为倒数，一般采用时间定额方式。

例 3-1　某抹灰班组有 13 名工人，抹某住宅楼混砂墙面，面积 3315m²，施工 26 天完成任务，其中一天为损失时间，一天工作 8 小时。试计算该班组的时间定额和产量定额。

解　消耗总工日数＝(26－1)×13＝325 工日

　　　完成产量数＝3315m²

　　　时间定额＝325 工日/3315m²＝0.098 工日/m³

　　　产量定额＝3315m³/325 工日＝10.2m³/工日

2) 其他用工。

其他用工是指基本用工中没有包含的而在预算定额中又必须考虑进去的工时消耗，包括超运距用工、辅助用工和人工幅度差。

超运距用工是指测定基本用工中考虑的材料、半成品场内水平搬运距离与预算定额必须考虑施工现场材料、半成品堆放地点至操作地点的水平搬运距离之差。

　　　　　　超运距＝预算定额取定运距－基本用工已包括运距

需要指出的是，实际工程现场材料、半成品运距超过预算定额取定运距时，可另行计算现场运距产生的费用。

辅助用工指基本用工内不包括而在预算定额内必须考虑的用工。例如，机械土方工程配合用工、材料加工（筛砂、洗石、淋化石膏）、电焊点火用工等。辅助用工可以用基本用工测定的方法来测定这些辅助用工工时。

人工幅度差指基本用工中未包括而在正常施工条件下不可避免但又很难准确计量的用工和各种工时损失。主要包括：①各工种间的工序搭接及交叉作业相互配合或影响所发生的停歇用工；②施工机械在单位工程之间转移及临时停水、停电所造成的停工；③质量检查和隐蔽工程验收工作的影响；④班组操作地点转移用工；⑤工序交接时对前一工序不可避免的修整用工；⑥施工中不可避免的其他零星用工。人工幅度差一般用人工幅度差系数来计算。

　　　　　　人工幅度差＝（基本用工＋辅助用工＋超运距用工）×人工幅度差系数。

人工幅度差系数一般为 10%～15%，在预算定额中，人工幅度差的用工量列入其他用工量中。

（2）材料消耗量计算。

工程施工过程中消耗的建筑材料按其使用次数可以分为一次性使用材料（又称实体材料）和周转性材料。

1) 一次性使用材料。

在预算定额中，一次性使用材料包括施工中使用的主要材料、辅助材料和其他材料。

主要材料指直接构成工程实体的材料，包括成品、半成品的材料。

辅助材料指构成工程实体除主要材料以外的其他材料，如垫木钉子、铅丝等。

其他材料指用量较少，难以计量的零星材料，如棉纱、编号用的油漆等。

一次性使用材料即实体材料的消耗量由材料的净用量和损耗量两部分组成。直接构成建筑安装工程实体的材料数量称为材料净用量，不可避免的施工废料、施工操作损耗及现场内材料运输损耗等为材料损耗量。

$$材料消耗量＝材料净用量＋材料损耗量$$

$$材料损耗率＝材料损耗量/材料净用量$$

$$材料消耗量＝材料净用量×（1＋材料损耗率）$$

一次性使用材料（实体性材料）消耗量的确定方法通常包括现场观测法、实验室试验法、统计分析法和理论计算法。

例 3-2 某墙面瓷砖采用 200mm×300mm 瓷砖，设有嵌缝，缝宽 8mm，缝深 10mm。瓷砖损耗率为 2.5%，嵌缝材料损耗率为 5%，试计算瓷砖和嵌缝材料定额消耗量，定额单位为 10m²。

解 $10m^2$ 墙面瓷砖需要瓷砖净用量＝10/(0.2＋0.008)×(0.3＋0.008)＝156.09 块

瓷砖消耗量＝瓷砖净用量×（1＋损耗率）＝156.09×（1＋2.5%）＝160 块

$10m^2$ 墙面瓷砖需要嵌缝材料净用量＝(10－0.2×0.3×156.09)×0.01＝$0.0063m^3$

嵌缝材料消耗量＝嵌缝材料净用量×（1＋损耗率）＝0.0063×（1＋5%）＝$0.0066m^3$

2）周转性材料。

周转性材料指在施工过程中能经过修理、补充多次周转使用而逐渐消耗尽的材料，如模板、钢板桩、脚手架等，实际上它是作为一种施工工具和措施性的手段而被使用的。

周转性材料消耗量是指每使用一次摊销的数量，按周转性材料在其使用过程中发生消耗的规律，其摊销量的计算公式为

$$摊销量＝一次使用量×损耗率＋一次使用量×\frac{（1－回收折价率）×（1－损耗率）}{周转次数}$$

（3）机械台班消耗量计算。

与人工工日消耗量计算一样，机械台班消耗也分成基本台班消耗和机械台班幅度差两部分。

1）机械基本台班消耗。

机械基本台班消耗按以下方法来测定。

① 拟定机械正常工作条件。主要是指创造机械的正常工作条件，如工作地点的合理组织，施工现场的人、材、机场所的科学合理布置，合理的劳动组织，确定配合工人人数，保证机械和工人正常生产率。

② 确定机械纯工作 1h 的正常生产率。机械纯工作时间指机械必须消耗时间，包括正常负荷下的工作时间、必要的降低负荷下的工作时间、不可避免的无负荷下的工作时间、不可避免的中断时间。

根据机械工作特点，分成循环动作机械和连续动作机械，确定方法不同。

对于循环动作机械，确定机械纯工作 1h 的正常生产率计算公式为

$$机械纯工作 1h 循环次数＝1h/（1 次循环的正常延续时间）$$

$$1 次循环的正常延续时间＝\Sigma（循环各组成部分正常运行时间）＋空转＋不可避免中断时间$$

机械纯工作 1h 的正常生产率＝机械纯工作 1h 循环次数×一次循环生产的产品数量

对于连续动作机械，确定机械纯工作 1h 的正常生产率计算公式为

机械纯工作 1h 的正常生产率＝机械工作时间内完成的产品数量/工作时间(h)

③ 确定施工机械的正常利用系数 k。机械正常利用系数是指机械在工作班内生产时对工作时间的利用率，与机械在工作班内的工作状况有密切关系。

k＝机械在一个工作班内的净工作时间/一个工作班延续时间(8h)

④ 计算施工机械基本台班消耗。机械基本台班消耗＝1/(机械纯工作 1h 正常生产率×工作班延续时间×机械正常利用系数)

例 3-3　一台混凝土搅拌机搅拌一次延续时间为 120s（包括上料、搅拌、出料时间），一次生产混凝土 0.2m³，一个工作班的纯工作时间为 4h，计算该搅拌机的正常利用系数和机械基本台班消耗。

解　混凝土搅拌机搅拌 1 次循环的正常延续时间＝120s

机械纯工作 1h 正常循环次数＝1h/120s/次＝3600s/120s/次＝30 次

机械纯工作 1h 正常生产率＝30 次×0.2m³/次＝6m³

机械正常利用系数 k＝4h/8h＝0.5

机械基本台班消耗＝1/(6×8×0.5)＝1/24 台班/m³

2) 机械台班幅度差。

机械台班幅度差是在机械基本台班消耗中没有包括，而在实际施工过程中又不可避免产生的影响机械或机械停歇的时间。一般包括：①正常施工组织条件下不可避免的机械空转时间，工程开工或尾工工作不饱满所损失的时间；②施工技术原因的中断及合理停滞时间，因供电供水故障及水电线路移动检修而发生的运转中断时间，因气候变化或机械本身故障影响工时利用的时间；③施工机械转移及配套机械相互影响损失的时间，配合机械施工的工人因与其他工种交叉造成的间歇时间；④正常施工组织条件下不可避免的工序间歇时间；⑤因检查工程质量造成的机械停歇时间。

大型机械台班幅度差系数：土方机械 25%，打桩机械 33%，吊装机械 30%。砂浆、混凝土搅拌机由于按小组配用，以小组产量计算机械台班产量，不另增加机械幅度差。其他分部工程中，钢筋加工、木材、水磨石等各项专用机械幅度差系数为 10%。

综上所述，预算定额的机械台班消耗量计算式为

机械台班消耗量＝机械基本台班消耗×(1＋机械台班幅度差系数)

2. 人工、材料、机械台班单价确定

根据中华人民共和国住房和城乡建设部和中华人民共和国财政部联合《建筑安装工程费用项目组成》建标〔2013〕44 号，建议工程造价管理机构编制计价定额（即预算定额）时，对人工、材料、机械台班单价包括的费用内容及计算方法进行了规定。

(1) 人工工日单价。

人工工日单价即人工费，是指按工资总额构成规定，支付给从事建筑安装工程施工的生产工人和附属生产单位工人的各项费用，内容包括以下 5 点。

①计时工资或计件工资：指按计时工资标准和工作时间或对已做工作按计件单价支付给个人的劳动报酬。②奖金：指对超额劳动和增收节支支付给个人的劳动报酬。如节约奖、劳动竞赛奖等。③津贴补贴：指为了补偿职工特殊或额外的劳动消耗和因其他特殊原因支付给

个人的津贴，以及为了保证职工工资水平不受物价影响支付给个人的物价补贴。如流动施工津贴、特殊地区施工津贴、高温（寒）作业临时津贴、高空津贴等。④加班加点工资：指按规定支付的在法定节假日工作的加班工资和在法定日工作时间外延时工作的加点工资。⑤特殊情况下支付的工资：指根据国家法律、法规和政策规定，因病、工伤、产假、计划生育假、婚丧假、事假、探亲假、定期休假、停工学习、执行国家或社会义务等原因按计时工资标准或计时工资标准的一定比例支付的工资。

人工工日单价＝

$$\frac{生产工人平均月工资(计时、计件)＋平均月(奖金＋津贴补贴＋加班加点工资＋特殊情况下支付的工资)}{年平均每月法定工作日}$$

工程计价定额不可只列一个综合工日单价，应根据工程项目技术要求和工种差别适当划分多种日人工单价，确保各分部工程人工费的合理构成。

《江苏省建筑与装饰工程计价定额》（2014）中规定一类工85元/工日，二类工82元/工日，三类工77元/工日，机械人工工资单价82.00元/工日。

（2）材料单价。

材料单价是指施工过程中耗费的原材料、辅助材料、构配件、零件、半成品或成品、工程设备的费用（**营改增后采用一般计税方法，材料单价均不包含增值税可抵扣进项税额**），包括以下内容。

①材料原价：指材料、工程设备的出厂价格或商家供应价格。②运杂费：指材料、工程设备自来源地运至工地仓库或指定堆放地点所发生的全部费用。③运输损耗费：指材料在运输装卸过程中不可避免的损耗。④采购及保管费：指为组织采购、供应和保管材料、工程设备的过程中所需要的各项费用。包括采购费、仓储费、工地保管费、仓储损耗。

工程设备是指房屋建筑及其配套的构成或计划构成永久工程一部分的机电设备、金属结构设备、仪器装置等建筑设备，包括附属工程中电气、采暖、通风空调、给排水、通信及建筑智能等为房屋功能服务的设备，不包括工艺设备。具体划分标准见《建设工程计价设备材料划分标准》（GB/T 50531—2009）。明确由建设单位提供的建筑设备，其设备费用不作为计取税金的基数。

材料单价＝[（材料原价＋运杂费）×（1＋运输损耗率%）]×（1＋采购保管费率%）

工程设备单价＝（设备原价＋运杂费）×（1＋采购保管费率%）

（3）机械台班单价。

据《建筑安装工程费用项目组成》建标〔2013〕44号规定，预算定额中在计算机械费用时应将分摊至该分项工程的仪器仪表使用费考虑进去，即施工机具使用费，是指施工作业所发生的施工机械、仪器仪表使用费或其租赁费（**营改增后采用一般计税方法，机械台班单价和仪器仪表使用费均不包含增值税可抵扣进项税额**）。

1）施工机械使用费以施工机械台班耗用量乘以施工机械台班单价表示，施工机械台班单价应由下列七项费用组成。

①折旧费，指施工机械在规定的使用年限内，陆续收回其原值的费用。②大修理费，指施工机械按规定的大修理间隔台班进行必要的大修理，以恢复其正常功能所需的费用。③经常修理费，指施工机械除大修理以外的各级保养和临时故障排除所需的费用。包括为保障机械正常运转所需的替换设备和随机配备工具附具的摊销和维护费用，机械运转中日常保养所

需润滑与擦拭的材料费用及机械停滞期间的维护和保养费用等。④安拆费及场外运费，安拆费指施工机械（大型机械除外）在现场进行安装与拆卸所需的人工、材料、机械和试运转费用以及机械辅助设施的折旧、搭设、拆除等费用；场外运费指施工机械整体或分体自停放地点运至施工现场或由一施工地点运至另一施工地点的运输、装卸、辅助材料及架线等费用。⑤人工费，指机上司机（司炉）和其他操作人员的人工费。⑥燃料动力费，指施工机械在运转作业中所消耗的各种燃料及水、电费等。⑦税费，指施工机械按照国家规定应缴纳的车船使用税、保险费及年检费等。

2）仪器仪表使用费：指工程施工所需使用的仪器仪表的摊销及维修费用。

$$施工机具使用费＝施工机械台班单价＋仪器仪表使用费$$

其中，施工机械台班单价＝机械台班单价＝台班折旧费＋台班大修费＋台班经常修理费＋台班安拆费及场外运费＋台班人工费＋台班燃料动力费＋台班车船税费

$$仪器仪表使用费＝工程使用的仪器仪表摊销费＋维修费$$

3.2　江苏省建筑与装饰工程计价定额

为了贯彻执行住房和城乡建设部《建设工程工程量清单计价规范》（GB 50500—2013）以及《房屋建筑与装饰工程工程量计算规范》（GB 50584—2013），适应江苏省建设工程市场计价的需要，为工程建设各方提供计价依据，省住房和城乡建设厅组织有关人员对《江苏省建筑与装饰工程计价表》（2004）进行了修订，形成了《江苏省建筑与装饰工程计价定额》（2014）（以下简称计价定额），本定额共分上下册，与《江苏省建设工程费用定额》配套使用。预算定额在江苏省表现为本计价定额。

3.2.1　计价定额的适用范围、编制依据及组成

3.2.1.1　计价定额的适用范围

本计价定额适用于江苏省行政区域范围内一般工业与民用建筑的新建、扩建、改建工程及其单独装饰工程。国有资金投资的建筑与装饰工程应执行本定额，非国有资金投资的建筑与装饰工程可参照使用本计价定额，当工程施工合同约定按本定额规定计价时，应遵守本计价定额的相关规定。

3.2.1.2　本计价定额的编制依据

①《江苏省建筑与装饰工程计价表》［2004 年］；②《全国统一建筑工程基础定额》；③《全国统一建筑装饰装修工程消耗量定额》（GYD-901—2002）；④《建筑工程劳动定额建筑工程》［LD/T 72.1～11—2008］；⑤《建筑工程劳动定额装饰工程》［LD/T 73.1～4—2008］；⑥《全国统一建筑安装工程工期定额》（2000 年）；⑦《全国统一施工机械台班费用编制规则》；⑧南京市 2013 年下半年建筑工程材料指导价格；⑨本计价定额是按在正常的施工条件下，结合江苏省颁发的地方标准《江苏省建筑安装工程施工技术操作规程》（DGJ 32/27～52—2006)）、现行的施工及验收规范和江苏省颁发的部分建筑构、配件通用图作法进行编制。

3.2.1.3　计价定额的作用

①编制工程招标控制价（最高投标限价）的依据；②编制工程标底、结算审核的指导；③工程投标报价、企业内部核算、制定企业定额的参考；④编制建筑工程概算定额的依据；⑤建设行政主管部门调解工程价款争议、合理确定工程造价的依据。

3.2.1.4　计价定额的组成

本计价定额由总说明、24章及9个附录组成，包括一般工业与民用建筑的工程实体项目和部分措施项目；不能列出定额项目的措施费用，应按照《江苏省建设工程费用定额》（2014）的规定进行计算。24章及9个附录内容见表3-4。

表3-4　　　　　　　　　　　　　　　　　计价定额的组成

分类	章序号	章名称	节数	定额子目数	各章内容
建筑工程	第一章	土、石方工程	2	359	① 说明 ② 工程量计算规则 ③ 定额子目表
	第二章	地基处理及边坡支护工程	2	46	
	第三章	桩基工程	2	94	
	第四章	砌筑工程	4	112	
	第五章	钢筋工程	4	51	
	第六章	混凝土工程	3	441	
	第七章	金属结构工程	8	63	
	第八章	构件运输及安装工程	2	153	
	第九章	木结构工程	3	81	
	第十章	屋面及防水工程	4	227	
	第十一章	保温、隔热、防腐工程	2	246	
	第十二章	厂区道路及排水工程	10	70	
装饰工程	第十三章	楼地面工程	6	168	
	第十四章	墙柱面工程	4	228	
	第十五章	天棚工程	6	95	
	第十六章	门窗工程	5	346	
	第十七章	油漆、涂料、裱糊工程	2	250	
	第十八章	其他零星工程	17	114	
措施项目	第十九章	建筑物超高增加费用	2	36	
	第二十章	脚手架工程	2	102	
	第二十一章	模板工程	4	258	
	第二十二章	施工排水、降水	2	21	
	第二十三章	建筑工程垂直运输	4	58	
	第二十四章	场内二次搬运	2	136	
		合计		3755	
附录	附录一	混凝土及钢筋混凝土构件模板、钢筋含量表			
	附录二	机械台班预算单价取定表			
	附录三	混凝土、特种混凝土配合比表			
	附录四	砌筑砂浆、抹灰砂浆、其它砂浆配合比表			
	附录五	防腐耐酸砂浆配合比表			
	附录六	主要建筑材料预算价格取定表			
	附录七	抹灰分层厚度及砂浆种类表			
	附录八	主要材料、半成品损耗率取定表			
	附录九	常用钢材理论重量及形体计算公式表			

3.2.2　计价定额中综合单价的组成及计算

本计价定额中的综合单价由人工费、材料费、施工机具使用费、管理费、利润（包括一定范围内的风险费用，风险费用隐含于综合单价中，用于化解发承包双方在工程合同中约定内容和范围内的市场价格波动风险的费用）五项费用组成。

综合单价＝人工费＋材料费＋施工机具使用费＋管理费＋利润

其计算方式为

$$人工费＝人工工日消耗量×人工工日单价$$

材料费＝∑（材料消耗量×材料预算单价）（**本定额中材料预算单价均包含增值税可抵扣进项税额**）

施工机具使用费＝∑（机械台班消耗量×机械台班单价）＋仪器仪表使用费（**本定额中机械台班单价均包含增值税可抵扣进项税额**）

管理费和利润组成及计算详见 3.2.2.1、3.2.2.2。

3.2.2.1　管理费、利润组成

综合单价由人工费、材料费、机械费、管理费、利润五项费用组成，其中人工费、材料费、施工机械费其消耗量及单价前文已述。本段内容主要讲述管理费及利润的组成及计算。

（1）管理费。

管理费是指施工企业组织施工生产和经营管理所需的费用。内容包括以下几方面。

1）管理人员工资：指按规定支付给管理人员的计时工资、奖金、津贴补贴、加班加点工资及特殊情况下支付的工资等。

2）办公费：指企业管理办公用的文具、纸张、账表、印刷、邮电、书报、办公软件、监控、会议、水电、燃气、采暖、降温等费用。

3）差旅交通费：指职工因公出差、调动工作的差旅费、住勤补助费，市内交通费和误餐补助费，职工探亲路费，劳动力招募费，职工退休、退职一次性路费，工伤人员就医路费，工地转移费以及管理部门使用的交通工具的油料、燃料等费用。

4）固定资产使用费：指企业及其附属单位使用的属于固定资产的房屋、设备、仪器等的折旧、大修、维修或租赁费。

5）工具用具使用费：指企业施工生产和管理使用的不属于固定资产的工具、器具、家具、交通工具和检验、试验、测绘、消防用具等的购置、维修和摊销费，以及支付给工人自备工具的补贴费。

6）劳动保险和职工福利费：指由企业支付的职工退职金、按规定支付给离休干部的经费，集体福利费、夏季防暑降温、冬季取暖补贴、上下班交通补贴等。

7）劳动保护费：企业按规定发放的劳动保护用品的支出。如工作服、手套、防暑降温饮料、高危险工作工种施工作业防护补贴以及在有碍身体健康的环境中施工的保健费用等。

8）工会经费：指企业按《工会法》规定的全部职工工资总额比例计提的工会经费。

9）职工教育经费：指按职工工资总额的规定比例计提，企业为职工进行专业技术和职业技能培训，专业技术人员继续教育、职工职业技能鉴定、职业资格认定以及根据需要对职工进行各类文化教育所发生的费用。

10）财产保险费：指企业管理用财产、车辆的保险费用。

11）财务费：指企业为施工生产筹集资金或提供预付款担保、履约担保、职工工资支付担保等所发生的各种费用。

12）税金：指企业按规定交纳的房产税、车船使用税、土地使用税、印花税等。

13）意外伤害保险费：企业为从事危险作业的建筑安装施工人员支付的意外伤害保险费。

14）工程定位复测费：指工程施工过程中进行全部施工测量放线和复测工作的费用。建筑物沉降观测由建设单位直接委托有资质的检测机构完成，费用由建设单位承担，不包含在工程定位复测费中。

15）检验试验费：施工企业按规定进行建筑材料、构配件等试样的制作、封样、送达和其他为保证工程质量进行的材料检验试验工作所发生的费用。

不包括新结构、新材料的试验费，对构件（如幕墙、预制桩、门窗）做破坏性试验所发生的试样费用和根据国家标准和施工验收规范要求对材料、构配件和建筑物工程质量检测检验发生的第三方检测费用，对此类检测发生的费用，由建设单位承担，在工程建设其他费用中列支。但对施工企业提供的具有合格证明的材料进行检测不合格的，该检测费用由施工企业支付。

16）非建设单位所为四小时以内的临时停水停电费用。

17）企业技术研发费：建筑企业为转型升级、提高管理水平所进行的技术转让、科技研发，信息化建设等费用。

18）其他：业务招待费、远地施工增加费、劳务培训费、绿化费、广告费、公证费、法律顾问费、审计费、咨询费、投标费、保险费、联防费、施工现场生活用水电费等。

19）附加税：国家税法规定的应计入建筑安装工程造价内的城市建设维护税、教育费附加及地方教育附加（**营改增后采用一般计税方法附加税计入企业管理费中，若是简易计税方法附加税则计入税金中**）。

（2）利润。

利润是指施工企业完成所承包工程获得的盈利。

3.2.2.2 管理费、利润计算

建筑与装饰工程的管理费和利润以人工费、施工机具使用费之和为计算基础计取一定的费率而得。

$$管理费＝（人工费＋施工机具使用费）×管理费费率$$
$$利润＝（人工费＋施工机具使用费）×利润率$$

其中建筑与装饰工程企业管理费、利润取费标准按《江苏省建设工程费用定额 2014》规定，据江苏省住房和城乡建设厅《省住房城乡建设厅关于建筑业实施营改增后江苏省建设工程计价依据调整的通知》苏建价〔2016〕154 号对《江苏省建设工程费用定额》（2014）进行了调整，一般计税方法下建筑工程企业管理费、利润取费标准见表 3-5。

表 3-5 建筑工程企业管理费、利润取费标准表

序号	项目名称	计算基础	企业管理费率（%）			利润率（%）
			一类工程	二类工程	三类工程	
一	建筑工程	人工费＋除税施工机具使用费	32/31	29/28	26/25	12/12
二	单独预制构件制作		15/15	13/13	11/11	6/6
三	打预制桩、单独构件吊装		11/11	9/9	7/7	5/5
四	制作兼打桩		17/15	15/13	12/11	7/7
五	大型土石方工程		7/6			4/4
六	单独装饰工程		43/42			15/15

注：/后的数字为此次营改增前《江苏省建设工程费用定额》（2014）规定的费率利润率取费标准，同样也是营改增后简易计税方法下取费标准，不过其计算基础则是人工费＋施工机具使用费

建筑工程类别划分及说明见表 3-6。

表 3-6　　　　　　　　　　　　　　建筑工程类别划分表

工程类型			单位	工程类别划分标准		
				一类	二类	三类
工业建筑	单层	檐口高度	m	≥20	≥16	<16
		跨度	m	≥24	≥18	<18
	多层	檐口高度	m	≥30	≥18	<18
民用建筑	住宅	檐口高度	m	≥62	≥34	<34
		层数	层	≥22	≥12	<12
	公共建筑	檐口高度	m	≥56	≥30	<30
		层数	层	≥18	≥10	<10
构筑物	烟囱	砼结构高度	m	≥100	≥50	<50
		砖结构高度	m	≥50	≥30	<30
	水塔	高度	m	≥40	≥30	<30
	筒仓	高度	m	≥30	≥20	<20
	贮池	容积（单体）	m³	≥2000	≥1000	<1000
	栈桥	高度	m	—	≥30	<30
		跨度	m	—	≥30	<30
大型机械吊装工程		檐口高度	m	≥20	≥16	<16
		跨度	m	≥24	≥18	<18
大型土石方工程		单位工程挖或填土（石）方容量	m³	≥5000		
桩基础工程		预制砼（钢板）桩长	m	≥30	≥20	<20
		灌注砼桩长	m	≥50	≥30	<30

建筑工程类别划分说明：

1) 工程类别划分是根据不同的单位工程，按施工难易程度，结合江苏省建筑工程项目管理水平确定的。

2) 不同层数组成的单位工程，当高层部分的面积（竖向切分）占总面积 30％以上时，按高层的指标确定工程类别，不足 30％的按低层指标确定工程类别。

3) 建筑物、构筑物高度系指设计室外地面标高至檐口顶标高（不包括女儿墙，高出屋面电梯间、楼梯间、水箱间等的高度），跨度系指轴线之间的宽度。

4) 工业建筑工程：指从事物质生产和直接为生产服务的建筑工程，主要包括生产（加工）车间、实验车间、仓库、独立实验室、化验室、民用锅炉房、变电所和其他生产用建筑工程。

5) 民用建筑工程：指直接用于满足人们的物质和文化生活需要的非生产性建筑，主要包括商住楼、综合楼、办公楼、教学楼、宾馆、宿舍及其他民用建筑工程。

6) 构筑物工程：指与工业与民用建筑工程相配套且独立于工业与民用建筑的工程，主要包括烟囱、水塔、仓类、池类、栈桥等。

7) 桩基础工程：指天然地基上的浅基础不能满足建筑物、构筑物稳定要求而采用的一种深基础。主要包括各种现浇和预制桩。

8) 强夯法加固地基、基础钢筋混凝土支撑和钢支撑均按建筑工程二类标准执行。深层搅拌桩、粉喷桩、基坑锚喷护壁按制作兼打桩三类标准执行。专业预应力张拉施工如主体为一类工程按一类工程取费；主体为二、三类工程均按二类工程取费。钢板桩按打预制桩标准取费。

9）预制构件制作工程类别划分按相应的建筑工程类别划分标准执行。

10）与建筑物配套的零星项目，如化粪池、检查井、围墙、道路、下水道、挡土墙等，均按三类标准执行。

11）建筑物加层扩建时要与原建筑物一并考虑套用类别标准。

12）确定类别时，地下室、半地下室和层高小于2.2m的楼层均不计算层数。空间可利用的坡屋顶或顶楼的跃层，当净高超过2.1m部分的水平面积与标准层建筑面积相比达到50%以上时应计算层数。底层车库（不包括地下或半地下车库）在设计室外地面以上部分不小于2.2m时，应计算层数。

13）基槽坑回填砂、灰土、碎石工程量不执行大型土石方工程，按相应的主体建筑工程类别标准执行。

14）凡工程类别标准中，有两个指标控制的，只要满足其中一个指标即可按该指标确定工程类别。

15）单独地下室工程按二类标准取费，如地下室建筑面积大于等于10000m²则按一类标准取费。

16）有地下室的建筑物，工程类别不低于二类。

17）多栋建筑物下有连通的地下室时，地上建筑物的工程类别同有地下室的建筑物，其地下室部分的工程类别同单独地下室工程。

18）桩基工程类别有不同桩长时，按照超过30%根数的设计最大桩长为准。同一单位工程内有不同类型的桩时，应分别计算。

19）施工现场完成加工制作的钢结构工程费用标准按照建筑工程执行。

20）加工厂完成制作，到施工现场安装的钢结构工程（包括网架屋面），安全文明施工措施费按单独发包的构件吊装标准执行。加工厂为施工企业自有的，钢结构除安全文明施工措施费外，其他费用标准按建筑工程执行。钢结构为企业成品购入的，钢结构以成品预算价格计入材料费，费用标准按照单独发包的构件吊装工程执行。

21）在确定工程类别时，对于工程施工难度很大的（如建筑造型、结构复杂、采用新的施工工艺的工程等），以及工程类别标准中未包括的特殊工程，如展览中心、影剧院、体育馆、游泳馆等，由当地工程造价管理机构根据具体情况确定，报上级造价管理机构备案。

22）单独装饰工程是指建设单位单独发包的装饰工程，不分工程类别。

23）幕墙工程按照单独装饰工程取费。

需要指出的是本计价定额，一般建筑工程、打桩工程的管理费与利润，已按照三类工程标准计入综合单价内；一、二类工程和单独发包的专业工程应根据《江苏省建设工程费用定额》（2014）规定，即建筑工程企业管理费、利润取费标准表（表3-5）对管理费和利润进行调整后计入综合单价内。

3.2.3 识读计价定额中的定额子目

计价定额中每一个定额子目都有一个名字（编号），编号的前面一位数字代表的是章号，后面数字是子目编号。例如6-32（P混182）表示第六章（混凝土工程）的第32个定额子目，见表 3-7。查计价定额可以获得子目 6-32 更多的信息：现浇 1m³ 的有梁板，其综合单价为 430.43 元，其中人工费 91.84 元，材料费 290.03 元，机械费 10.64 元，管理费 25.62 元，利润 12.30 元……

表 3-7　　　　　　　　　　　　定额子目 6-32

工作内容：混凝土搅拌、水平运输、浇捣、养护　　　　　　　　　　　　　　计量单位：m³

定额编号					6-32	
项目			单位	单价	有梁板	
					数量	合计
综合单价			元		430.43	
其中	人工费		元		91.84	
	材料费		元		290.03	
	机械费		元		10.64	
	管理费		元		25.62	
	利润		元		12.30	
	二类工		工日	82.00	1.12	91.84
材料	80210118	现浇混凝土 C20	m³	254.72	(1.015)	(258.54)
	80210119	现浇混凝土 C25	m³	269.47	(1.015)	(273.51)
	80210122	现浇混凝土 C30	m³	272.52	1.015	276.61
	80210123	现浇混凝土 C35	m³	285.90	(1.015)	(290.19)
	80210124	现浇混凝土 C40	m³	300.99	(1.015)	(305.50)
	02090101	塑料薄膜	m²	0.80	5.03	4.02
	31150101	水	m³	4.70	2.00	9.40
机械	99050152	滚筒式砼搅拌机（电动）出料容量 400L	台班	156.81	0.057	8.94
	99052108	砼震动器平板式	台班	14.93	0.114	1.70

注：1. 有梁板、平板为斜板，其坡度大于 10°时，人工乘系数 1.03，大于 45°，另行处理。
　　2. 阶梯教室、体育看台底板为斜板时按有梁板子目执行，底板为锯齿形时按有梁板人工乘系数 1.10 执行。

解读：

①工作内容，表示本定额子目完成这些工作。②计量单位，表示本定额子目工程量计量单位。③综合单价 430.43 元＝人工费 91.84 元＋材料费 290.03 元＋机械费 10.64 元＋管理费 25.62 元＋利润 12.30 元。④本定额子目采用的是现浇混凝土 C30，而其他带括号的材料及其价格供选用，不包括在综合单价内，供换算时用。

⑤人工费 91.84 元＝82.00×1.12

　　材料费 290.03 元＝塑料薄膜 4.02＋水 9.40＋现浇 C30 混凝土 276.61

　　机械费 10.64 元＝砼搅拌机 400L8.94＋砼震动器（平板式）1.70

　　管理费 25.62＝（人工费 91.84 元＋机械费 10.64 元）×25％

　　利润 12.30 元＝（人工费 91.84 元＋机械费 10.64 元）×12％

⑥1.015，是指每浇筑 1m³ 有砼梁板，须消耗 1.015m³ 的砼。⑦276.61＝272.52 元/m³×1.015m³/m³。⑧材料、机械前面的编码，是在本计价定额范围内，给予该建筑材料、工程机械的编码，一一对应。在相应附录中可查到该建筑材料、工程机械的单价等详细信息，见表 3-8。

表 3-8 建筑材料、工程机械单价等信息

编码	材料、机构名称	单位	预算单价	附录	页码
80210118	现浇混凝土 C20	m³	254.72	附录三	P 附 1013
02090101	塑料薄膜	m²	0.80	附录六	P 附 1078
99050152	滚筒式砼搅拌机（电动）出料容量 400L	台班	156.81	附录二	P 附 1003

⑨注：表示在使用本定额子目时，如遇到注中所指情况，应按注来进行换算。

3.2.4 计价定额子目的使用

按照定额的使用情况，主要可分为以下两种形式。

3.2.4.1 调整套用

只有实际施工做法、工作内容、施工工艺以及人工、材料、机械的使用与定额完全一致，或虽有不同但不允许换算的情况才采用调整套用，也就是直接使用计价定额中的所有信息（除人、材、机单价和管理费率、利润率根据当前市场信息价和工程情况调整外）。

3.2.4.2 换算套用

实际使用的频率最高。当实际施工做法、工作内容、施工工艺以及人工、材料、机械的使用与定额有出入，且不属于不允许换算的情况，一般根据两者的不同来获得实际做法的综合单价。

换算的计算公式为

$$换算价格＝定额原综合单价－换出价格＋换入价格$$
$$＝定额原综合单价－换出部分工程量×单价＋换入部分工程量×单价$$

3.2.4.3 调整套用的种类

（1）人工、材料、机械台班单价的调整。

例 3-4 2014 年 9 月江苏省人工单价调整为一类工 87 元/工日，二类工 84 元/工日，三类工 79 元/工日，江苏常州 2014 年 9 月份建筑工程信息价显示，240mm×115mm×115mm 砼多孔砖 1.17 元/块，水 5.2 元/m³，其他材料、机械价格不变，试确定定额子目 4—23 多孔砖 1 砖墙综合单价。

解

定额子目	综合单价	人工费	材料费	机械费	管理费	利润
4-23	293.92	97.58＝82×1.19	5.46＋115.67＋32.04＋0.51＋1.00＝154.68	4.05	25.41	12.20
4-23（调整）	调整后单价＝103.53＋353.80＋4.05＋26.90＋12.91＝501.19	103.53＝84×1.19	5.46＋117×2.69＋32.04＋5.2×0.109＋1.00＝353.80	4.05	(103.53＋4.05)×25%＝26.90	(103.53＋4.05)×12%＝12.91

（2）工程类别的调整。

计价定额中是假定针对三类工程的，如实际工程为一类、二类工程，则应对相应的管理费费率进行换算。

例 3-5 某二类工程 240mm×115mm×115mm 砼多孔砖 1 砖墙，其他因素与定额完全相同，计算该子目的综合单价。

分析　该题主要考的是管理费和利润的计算。由于不同工程类别的利润率相同,故只需对管理费进行换算。

解

定额子目	综合单价	人工费	材料费	机械费	管理费	利润
4-23	293.92	97.58	154.68	4.05	25.41	12.20
4-23（调整）	调整后单价＝97.58＋154.68＋4.05＋28.46＋12.20＝296.97	97.58	154.68	4.05	(97.58＋4.05)×28%＝28.46	12.20

3.2.4.4　换算套用的种类

(1) 基本项和增减项换算。

如土石方工程中,人工、人力车、机械运土、石的运距,屋面卷材的层数,刚性防水砾浆厚度,防水层、找平层厚度。

例 3-6　某项目基础土方工程量为 800m³,其中 300m³ 堆放施工现场,运距 40m,另 500m³ 堆放施工现场运距为 280m,使用双轮人力车运土。求不同运距土方单价及合价。

解　基本项定额子目:1～92 运距 50m 内,20.05 元/m³

增减项定额子目:1～95 运距 500m 内,每增 50m,4.22 元/m³

则 300m³ 堆放施工现场,运距 40m

单价＝20.05 元/m³

合价＝20.05×300＝6015.00 元

500m³ 运距为 300m

单价＝20.05＋[(280－50)/50]取整×4.22＝41.15 元/m³

合价＝41.15×500＝20575.00 元

即 800m³ 土方运输费用为 6015.00＋20575.00＝26590.00 元

例 3-7　施工图设计楼面细石混凝土找平层 30mm 厚。面积 210m²。求细石混凝土找平层综合单价及合价。

解　经查计价定额没有直接对应的单一子目,但分别有楼面细石砼找平层 40mm 厚(13-18)和厚度每增减 5mm 厚 (13-19),应组合套用此两子目。

13-18－13-19×2＝206.97－(40－30)/5×23.06＝160.85 元/10m²

合价＝160.85 元/10m²×210m²＝3377.85 元。

(2) 混凝土强度等级、砂浆配合比换算。

例 3-8　某二层小办公楼,采用普通混凝土小型空心砌块砌墙,工程量为 240m³,M2.5 混合砂浆,求其综合单价和合价。

解　定额 4-16 采用的是 M5 混合砂浆,设计采用提 M2.5 混合砂浆,其材料预算单价查附录四。

	砂浆强度	砼材料代号	砂浆材料单价	砼材料用量	综合单价
4-16	M5	80050104	193.00	0.096m³/m³	372.25 元/m³
4-16换	M2.5	80050103	188.64	0.096m³/m³	371.83 元/m³

其中 4-16换:372.25－193.00×0.096＋188.64×0.096

＝371.83 元/m³

合价：371.83 元/m³×240m³＝89239.20 元

（3）规格的换算。

规格的换算主要是指内外墙贴面砖、瓦材等块料规格与定额取定不符，定额规定可以对消耗量进行换算，并给出了相应的换算方法。

例 3-9 某工程中，设计在挂瓦条上铺黏土平瓦屋面，其中平瓦的有效面积为 320mm×220mm，其他条件与定额一致，试求该铺瓦工程综合单价。

解 注意到计价定额 10-1 子目表下注 1：瓦的计算有效面积和计算有效长度分别为黏土（水泥）瓦 315mm×215mm，黏土（水泥）脊瓦 350mm，瓦规格不同，数量可换算，其他不变。

本工程与定额 10-1 中瓦材有效面积不一致，瓦数量需换算。

按照定额说明的换算公式，瓦块数应调整为

黏土瓦净用量＝10m²/(320mm×220mm)＝142 块

黏土瓦消耗量＝净用量×操作损耗＝142×1.025＝146 块

其中　2.5％为黏土瓦损耗率，见计价定额下册 $P_{附1112}$

$10\text{-}1_{换}=434.72-1.52\times250+1.46\times250=419.72$ 元/10m²

（4）系数调整法。

系数调整法是一种比例换算法，比较常见。

例 3-10 某校教学楼内设三个阶梯教室，底板设计成锯齿形状，商品混凝土泵送 C20，求该工程中有梁板综合单价。

解 有梁板子目为 6-207，计价定额上册 $P_{混235}$，据注 2 所述，底板为锯齿形时按有梁板人工乘系数 1.10 执行。同时，定额子目采用 C30，而设计为 C20，须换算混凝土材料，商品混凝土泵送 C20 查计价定额下册附录六 $P_{附1106}$ 单价为 342.00 元/m³。

$$6\text{-}207_{换}=461.46-369.24+342.00\times1.02$$
$$-36.08+36.08\times1.10$$
$$-14.31+(36.08\times1.10+21.15)\times25\%$$
$$-6.87+(36.08\times1.10+21.15)\times12\%$$
$$=446.00 \text{ 元/m}^3$$

（5）数值增减法。

通过增加或减少定额中人、材、机的数量进行换算。

例 3-11 某建筑工程中设计用碎石干铺需灌注混合砂浆 M2.5 地面碎石垫层，夯实机夯实。求该工程中碎石干铺综合单价。

解 碎石干铺子目为 13-9，计价定额下册 $P_{楼522}$，据注 1 所述，设计碎石干铺需灌砂浆时另增人工 0.25 工日，砂浆 0.32m³，水 0.3m³，灰浆搅拌机 200L0.064 台班，同时扣除定额中碎石 5-16mm0.12t，碎石 5-40mm0.04t。

$13\text{-}9_{换}=171.45+0.25\times82+0.32\times188.64+0.3\times4.70+0.064\times122.64-0.12\times68.00-0.04\times62.00+(0.25\times82+0.064\times122.64)\times25\%+(0.25\times82+0.064\times122.64)\times12\%$

$$=261.42 \text{ 元/m}^2$$

其中混合砂浆 M2.5、水材料预算单价和灰浆搅拌机 200L 台班单价查附录计取。

3.3　课　后　练　习

1. 判断：（　　）定额是计划经济的产物，是与市场经济相悖的体制改革对象。

2. 单选：建设工程定额水平是定额取定在完成单位建筑合格产品所消耗的人力、物力与资金数量的多少。定额水平最高的是（　　）。

　　A. 国家统一定额　　　B. 地区统一定额　　　C. 行业统一定额　　　D. 企业定额

　　E. 预算定额

3. 单选：随着科学技术水平和管理水平的提高，社会生产力的水平也必然会提高。原有定额不能适用生产发展时，定额授权部门根据新的情况对定额进行修订和补充。这体现了定额的（　　）。

　　A. 真实性　　　　　　B. 系统性　　　　　　C. 稳定性　　　　　　D. 时效性

4. 多选：工程建设定额按使用范围可分为（　　）。

　　A. 施工定额　　　　　B. 预算定额　　　　　C. 概算定额　　　　　D. 费用定额

　　E. 投资估算指标

5. 单选：以下（　　）的项目划分很细，是工程建设定额中分项最细、定额子目最多的一种定额。

　　A. 施工定额　　　　　B. 预算定额　　　　　C. 概算定额　　　　　D. 费用定额

　　E. 投资估算指标

6. 判断：（　　）时间定额与产量定额互为倒数关系。

7. 多选：人工工日消耗量包括基本用工和其他用工，其中基本用工包括（　　）。

　　A. 基本工作时间　　　　　　　　　B. 辅助工作时间

　　C. 准备与结束工作时间　　　　　　D. 等待时间

　　E. 不可避免的中断时间

8. 单选：某砌砖班组有 12 名工人，砌筑某办公楼 1.5 砖混水外墙需 8 天完成，砌砖墙的时间定额为 1.25 工日/m^3，该班组完成的砌筑工程量是（　　）。

　　A. 80m^3　　　　　B. 76.8m^3　　　　　C. 115.2m^3　　　　　D. 120m^3

9. 单选：某瓦工班组 20 人，砌 1 砖厚砖基础，基础埋深 1.3m，5 天完成 89m^3 的砌筑工程量，砌筑砖基础的时间定额是（　　）。

　　A. 0.89 工日/m^3　　B. 1.12m^3/工日　　C. 0.89m^3/工日　　D. 1.12 工日/m^3

10. 单选：预算定额水平以绝大多数施工单位的施工水平定额为基础，贯彻的是预算定额编制原则中的（　　）。

　　A. 按社会平均先进水平确定预算定额的原则

　　B. 简明实用的原则

　　C. 坚持统一性和差别性相结合的原则

　　D. 按社会平均水平确定预算定额的原则

11. 判断：（　　）预算定额中人工工日消耗量是指在正常施工条件下，生产单位合格产品所必需消耗的人工工日数量，是由分项工程所综合的各个工序劳动定额包括的基本用工、辅助用工两部分组成的。

12. 单选：某砌筑工程，工程量为 10m³，每 m³ 砌体需要基本用工 0.85 工日，辅助用工和超运距用工分别是基本用工的 25％和 15％，人工幅度差系数为 10％，则该砌筑工程的人工工日消耗量是（　　）工日。

A. 13.09　　　　　B. 15.58　　　　　C. 12.75　　　　　D. 12.96

13. 判断：（　　）砂浆、混凝土搅拌机由于按小组配用，以小组产量计算机械台班产量，不另增加机械幅度差。

14. 多选：计价定额中材料预算单价构成包括（　　）。

A. 材料原价　　　B. 采购保管费　　　C. 二次搬运费　　　D. 运杂费

E. 运输损耗费

15. 材料采购保管费包括（　　）。

A. 采购费　　　　B. 场外运输费　　　C. 工地保管费　　　D. 仓储损耗

E. 仓储费

16. 多选：计价定额中的施工机具使用费构成包括（　　）。

A. 折旧费　　　　B. 大修理费　　　C. 人工费　　　D. 燃料动力费

E. 管理费

17. 多选：计价定额中人工工日单价包括（　　）。

A. 计时工资或计件工资　　　　　　B. 奖金

C. 加班加点工资　　　　　　　　　D. 工龄工资

E. 津贴补贴

18. 单选：下列建筑工程中，（　　）的工程类别不是建筑工程二类标准。

A. 檐高 30m，地上层数 10 层，无地下室的办公楼

B. 檐高 30m，地上层数 10 层，有地下室的办公楼

C. 檐高 30m，地上层数 10 层，无地下室的住宅

D. 檐高 30m，地上层数 10 层，有地下室的住宅

19. 单选：检验试验费是指施工企业按规定进行建筑材料、构配件等试样的制作、封样和其他为保证工程质量进行的材料检验试验工作所发生的费用。某工程中，建设单位委托某建筑工程质量检测公司对工程中建筑材料进行检测，并出具报告。则该检测公司收取的检测费用应属于（　　）。

A. 人工费　　　　　　　　　　　　B. 材料费

C. 施工机具使用费　　　　　　　　D. 企业管理费

E. 以上都不属于

20. 识别《江苏省建筑与装饰工程计价定额》上册中，P 砌 125，砌砖外墙定额表中定额 4-35。

问题 1：利润 14.96 元是如何得来的？（列出计算式）

问题 2：材料混合砂浆 M5 行，0.234 表示什么意思？

问题 3：若某工程使用 M10 混合砂浆砌筑砖墙，则砌筑 1m³ 的 1 砖外墙综合单价为多少。

21. 定额换算，填写下表。

子目名称及做法	子目编码	计量单位	综合单价有换算的列简要换算计算过程	综合单位（元）
人工挖沟槽土方，沟槽底宽 3.8m，四类干土，挖土深度 6.1m				
M5 混合砂浆砌 KP1（240×115×90）砖墙（240mm 厚，弧形墙）				
C20 泵送现浇砼平板，板坡度 15⁰				
C20 细石砼刚性防水屋面无分隔缝 50mm 厚				
水泥砂浆贴石材块料面板踢脚线 120mm 高				
外墙贴釉面砖（勾缝，缝宽 10mm，面砖规格 200mm×50mm，单价 3 元/块）				

第 4 章　建筑工程量清单计价概述

4.1　《建设工程工程量清单计价规范》（GB 50500—2013）编制概况

随着我国建设市场的快速发展，招标投标制、合同制的逐步推行，以及加入世界贸易组织（WTO）与国际接轨等要求（目前国际上通用的是工程量清单投标报价）。建设部标准定额司研究所受建设部标准定额司的委托，于 2002 年 2 月 28 日开始组织有关部门和地区工程造价专家编制《全国统一工程量清单计价办法》，为了增强工程量清单计价办法的权威性和强制性，最后改为《建设工程工程量清单计价规范》（GB 50500—2003）（以下简称计价规范），经建设部批准为国家标准，于 2003 年 7 月 1 日正式施行。

2008 年 7 月 9 日，中华人民共和国住房和城乡建设部公告《建设工程工程量清单计价规范》（GB 50500—2008），自 2008 年 12 月 1 日正式施行，《建设工程工程量清单计价规范》（GB 50500—2003）同时废止。

为及时总结我国实施工程量清单计价以来的实践经验和最新理论研究成果，顺应市场要求，结合建设工程行业特点，在新时期统一建设工程工程量清单的编制和计价行为，实现"政府宏观调控、部门动态监管、企业自主报价、市场形成价格"的宏伟目标，住房和城乡建设部及时对《建设工程工程量清单计价规范》（GB 50500—2008）进行全方位修改、补充和完善。修订后的《建设工程工程量清单计价规范》（GB 50500—2013）和九部专业工程工程量计算规范于 2013 年 7 月 1 日起实施。

2013 版《建设工程工程量清单计价规范》的编制是对 2008 版《建设工程工程量清单计价规范》的修改、补充和完善，它不仅较好地解决了原规范执行以来存在的主要问题，而且对清单编制和计价的指导思想进行了深化，在"政府宏观调控、部门动态监管、企业自主报价、市场决定价格"的基础上，新规范规定了合同价款约定、合同价款调整、合同价款中期支付、竣工结算支付以及合同解除的价款结算与支付、合同价款争议的解决方法，展现了加强市场监管的措施，强化了清单计价的执行力度。

进入新世纪以来，我国的建设行业在突飞猛进快速发展。随着与国际市场接轨的步步深化，工程项目管理体制也一直经受着重大的改革与考验，工程造价管理模式正在不断演进，建设工程造价计价方式更是经历了三次重大的变革，从原先传统的定额计价方式转变为 2003 清单计价，历时 5 年，后又转换为 2008 清单计价，最近发布的 2013 版《建设工程工程量清单计价规范》于 2013 年 7 月 1 日开始实施，这是我国工程造价即将面临的第四次革新。

4.2　《建设工程工程量清单计价规范》的构成和规定

4.2.1　《建设工程工程量清单计价规范》的构成

《建设工程工程量清单计价规范》（GB 50500—2013）共包括 16 章和 58 节，见表 4-1。

表 4-1 建设工程工程量清单计价规范构成

章	名称	节数	条数	章	名称	节数	条数
第1章	总则	1	7	第9章	合同价款调整	15	60
第2章	术语	1	52	第10章	合同价款中期支付	3	23
第3章	一般规定	4	19	第11章	竣工结算支付	6	35
第4章	工程量清单编制	6	19	第12章	合同解除的价款结算与支付	1	4
第5章	招标控制价	3	21	第13章	合同价款争议的解决	5	19
第6章	投标报价	2	13	第14章	工程造价鉴定	3	19
第7章	合同价款约定	2	5	第15章	工程计价资料与档案	2	13
第8章	工程计量	3	15	第16章	工程计价表格	1	6
				合计		58	330

配套设置九部专业工程量计算规范，见表 4-2。

表 4-2 九部专业工程量计算规范

序号	专业工程量计算规范	标准号
1	《房屋建筑与装饰工程工程量计算规范》	GB 50854—2013
2	《仿古建筑工程工程量计算规范》	GB 50855—2013
3	《通用安装工程工程量计算规范》	GB 50856—2013
4	《市政工程工程量计算规范》	GB 50857—2013
5	《园林绿化工程工程量计算规范》	GB 50858—2013
6	《矿山工程工程量计算规范》	GB 50859—2013
7	《构筑物工程工程量计算规范》	GB 50860—2013
8	《城市轨道交通工程工程量计算规范》	GB 50861—2013
9	《爆破工程工程量计算规范》	GB 50862—2013

4.2.2 《建设工程工程量清单计价规范》的主要规定

①本规范适用于建设工程发承包及实施阶段的计价活动。②建设工程发承包及实施阶段的工程造价应由分部分项工程费、措施项目费、其他项目费、规费和税金组成。③招标工程量清单、招标控制价、投标报价、工程计量、合同价款调整、合同价款结算与支付以及工程造价鉴定等工程造价文件的编制与核对，应由具有专业资格的工程造价人员承担。④承担工程造价文件的编制与核对的工程造价人员及其所在单位，应对工程造价文件的质量负责。

4.3 工程量清单编制

4.3.1 工程量清单概念

① 工程量清单（bills of quantities，BQ）。载明建设工程分部分项工程项目、措施项目的名称和相应数量以及规费、税金项目等内容的明细清单。② 招标工程量清单（BQ for tendering，参见附录一某框架结构房屋建筑工程工程量清单编制案例）。招标人依据国家标准、招标文件、设计文件以及施工现场实际情况编制的，随招标文件发布供投标报价的工程量清单，包括其说明和表格。

4.3.2 招标工程量清单有关规定

（1）招标工程量清单编制人：招标工程量清单应由具有编制能力的招标人或受其委托、

具有相应资质的工程造价咨询人编制。

（2）招标工程量清单应以单位（项）工程为单位编制，是工程量清单计价的基础，应由分部分项工程量清单、措施项目清单、其他项目清单、规费项目清单、税金项目清单组成。具体详见附录一《某建筑工程工程量清单案例》。

（3）招标工程量清单的编制责任：采用工程量清单计价方式，招标工程量清单必须作为招标文件的组成部分，其准确性完整性由招标人负责，投标人依据工程量清单进行投标报价，对工程量清单不负有核实义务，更不具有修改和调整的权力。

（4）编制招标工程量清单的依据：计价规范和相关工程的国家计量规范；国家或省级、行业建设主管部门颁发的计价定额和办法；建设工程设计文件及相关资料；与建设工程项目有关的标准、规范、技术资料；拟定的招标文件；施工现场情况、地勘水文资料、工程特点及常规施工方案；其他相关资料。

4.4　工程量清单计价

工程量清单计价在建设工程实施阶段具体表现为招标控制价、投标价、竣工结算价。

（1）招标控制价（参见附录二某框架结构房屋建筑工程招标控制价编制案例）。招标人根据国家或省级、行业建设主管部门颁发的有关计价依据和办法，以及拟定的招标文件和招标工程量清单，结合工程具体情况编制的招标工程的最高投标限价。与招标工程量清单一样，应由具有编制能力的招标人或受其委托、具有相应资质的工程造价咨询人编制。

（2）投标价。投标人投标时响应招标工程量清单及招标文件要求所报出的对已标价工程量清单汇总后标明的总价。一般由投标人自行编制。

（3）竣工结算价。发承包双方依据国家有关法律、法规和标准规定，按照合同约定确定的，包括履行合同过程按合同约定进行的合同价款调整，是承包人按合同约定完成了全部承包工作后，发包人应付给承包人的合同总金额。一般由承包人编制，经发包人或受其委托、具有相应资质的工程造价咨询人审核，双方共同确定。

4.4.1　工程量清单计价的有关规定

（1）采用工程量清单计价时，建设工程造价不管是招标控制价还是投标价、竣工结算价，都由分部分项工程费、措施项目费、其他项目费、规费和税金组成。具体详见附录二某建筑工程招标控制价案例。本书主要讲述招标控制价的编制。

（2）工程量清单计价采取综合单价计价。

（3）招标文件中的工程量清单标明的工程量是招标人编制招标控制价和投标人投标报价的共同基础。

（4）竣工结算的工程量按发、承包双方在合同中约定应予计量且实际完成的工程量确定。

4.4.2　工程量清单计价编制的基本方法和程序

工程量清单计价编制的基本过程根据其表现形式不同有所不同，如图 4-1 所示。

（1）招标控制价：在统一的工程量计算规则的基础上，制定工程量清单项目设置及计算规则，根据具体工程的施工图纸计算出各个清单项目的工程量，再根据各种渠道所获得的市场工程造价信息和税费计取规定计算得到招标控制造价。

（2）投标价：投标人根据招标工程量清单及招标文件要求，再根据市场调查所获得的市

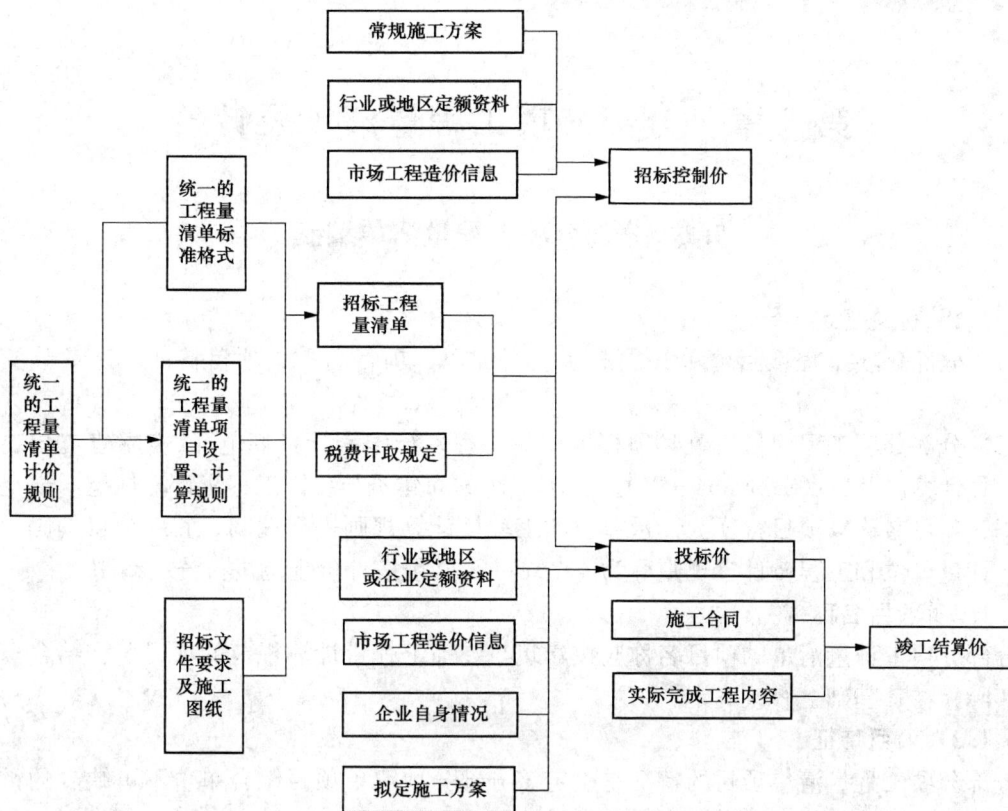

图 4-1　工程量清单计价编制基本过程示意图

场工程造价信息和税费计取规定，结合企业自身情况进行投标报价。

（3）竣工结算价：根据投标价及签订施工合同，结合实际施工完成工程量、工程内容，按合同约定进行计价。

4.5　课 后 练 习

1. 多选：我国《建设工程工程量清单计价规范》经历了哪几个版本？（　　）

A. 1998　　B. 2003　　C. 2008　　D. 2013　　E. 2015

2. 多选：以下关于工程量清单的描述正确的有（　　）。

A. 是招标人编制控制价的依据　　B. 是供投标者报价的参考工程量，投标人必须据工程图纸和现场情况核对调整之后报价　　C. 包括分部分项工程量清单、措施项目清单、其他项目清单　　D. 由具有编制能力的招标人或受其委托具有相应资质的工程造价咨询人编制　　E. 是投标单位投标报价的基础

3. 下列属于招标控制价的编制依据是（　　）。

A. 13 计价规范

B. 国家或省级、行业建设主管部门颁布的计价定额和计价办法

C. 建设工程设计文件及相关资料

D. 建设工程投资估算

第5章　分部分项工程量清单及计价

5.1　分部分项工程量清单编制

5.1.1　有关规定

（1）分部分项工程项目清单必须载明项目编码、项目名称、项目特征、计量单位和工程量。

（2）分部分项工程项目清单必须根据相关工程现行国家计量规范［《房屋建筑与装饰工程工程量计算规范》（GB 50854—2013），本书简称为建筑与装饰工程量计算规范］规定的项目编码、项目名称、项目特征、计量单位和工程量计算规则进行编制。其中项目编码、项目名称、计量单位和工程量计算规则称为4个统一，必须按计价规范进行统一编制。

5.1.2　项目名称

分部分项工程量清单的项目名称应按建筑与装饰工程量计算规范的项目名称结合拟建工程的实际，在其基础上修改确定。

5.1.3　项目特征

分部分项工程量清单项目的特征是确定该分部分项清单项目综合单价不可缺少的重要依据，必须对该项目特征进行准确和全面的描述。

分部分项工程量清单项目特征应按建筑与装饰工程量计算规范中规定的项目特征，结合拟建工程实际予以描述（可修改），能够满足确定综合单价的需要，以确保合同双方准确履行合同义务，减少造价争议。实际操作中，尽量采用规范、简洁、准确、全面的文字、数据来描述，若采用标准图集或施工图纸，可采用详见 XX 图集或 XX 图号的方式。

5.1.4　工程量及计量单位

工程量指以物理计量单位或自然计量单位表示的各个具体工程细目的数量。工程量计算规则指建筑安装工程量计算规定，包括工程量的项目划分、计算内容、计算范围、计算公式和计量单位等，我国工程量计算规则是统一的。

工程量的计算是编制工程量清单中最重要也是最繁琐的一项工作，工程量计算应按建筑与装饰工程量计算规范中规定的工程量计算规则、施工图纸并结合拟建工程实际及拟定的施工方案进行计算，除计算规则另有说明外，分部分项工程量清单项目原则上以施工图纸设计实体工程量为准。

分部分项工程量清单的计量单位应按建筑与装饰工程量计算规范中规定的计量单位确定。对建筑与装饰工程量计算规范附录中有两个或两个以上计量单位的，应结合拟建工程项目的实际情况，选择确定其中一个作为计量单位。在同一个工程项目中，相同分部分项清单项目计量单位应一致。

计量单位均采用基本单位，如重量以"吨（t）"或"千克（kg）"为单位，体积以"立方米（m³）"为单位，面积以"平方米（m²）"为单位，长度以"米（m）"为单位，以自然数计量的则以"个""项""根""组""系统"等为单位，没有具体数量的项目以"宗""项"

为单位。工程计量时每一项目汇总的有效位数应遵守下列规定：

① 以吨（t）为单位，应保留小数点后三位数字，第四位四舍五入。

② 以"立方米（m³）""平方米（m²）""米（m）""kg"为单位，应保留小数点后两位数字，第三位四舍五入。

③ 以"个""项""根""组""系统"等为单位，应取整数。

5.1.5　工作内容

建筑与装饰工程量计算规范附录中有关于各分部分项清单项目工作内容的描述。工作内容是指完成该分部分项清单项目可能发生的具体工作和操作程序。在编制分部分项工程量清单时，工作内容通常无需具体描述，因为在计价规范中，分部分项工程量清单项目通过工程量计算规则、项目特征描述、工作内容一一对应关系。值得注意的是，工作内容往往可以用来确定该分部分项工程量清单项目所含定额子目。

5.1.6　项目编码

分部分项工程量清单的项目编码应采用十二位阿拉伯数字表示。1 至 9 位应按建筑与装饰工程量计算规范附录中的规定设置，10 至 12 位应根据拟建工程的工程量清单项目名称设置由其编制人设置，一般应自 001 起按顺序编制。

以建筑工程"后浇带"项目为例，分部分工程量清单项目编码五级结构如图 5-1 所示。

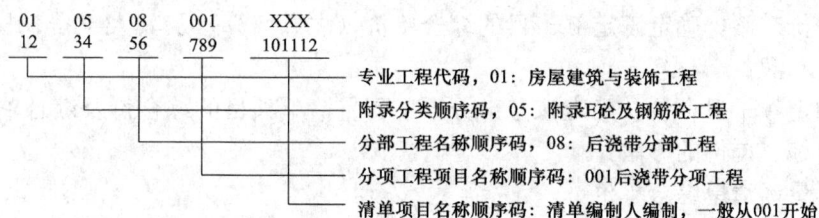

图 5-1　项目编码五级结构

分部分项工程量清单项目编码原则：

①第五级编码由清单编制人自行编制；②同一招标工程的项目编码不得有重复；③不同招标工程重码不可避免；④在同一招标工程中，不同工程特征的应分项列示。

编制工程量清单时如果出现建筑与装饰工程量计算规范附录中未包括的项目，编制人应作补充，并报省级或行业工程造价管理机构备案，省级或行业工程造价管理机构应汇总报往住房和城乡建设部标准定额研究所。

补充项目的编码由本计算规范的代码 01 与 B 和三位阿拉伯数字组成，并应从 01B001 起顺序编制，同一招标工程的补充项目不得重码。补充的工程量清单中需附有补充项目的名称、项目特征、计量单位、工程量计算规则、工作内容。不能计量的措施项目，需附有补充项目的名称、工作内容及包含范围。

5.1.7　分部分项工程量清单编制步骤

（1）确定分部分项工程项目名称、项目编码（12 位数字）及项目特征；

（2）计算工程量（建筑与装饰工程量计算规范附录中工程量计算规则）；

（3）列清单。

5.2 分部分项工程量清单计价

5.2.1 分部分项工程量清单计价的有关规定

（1）分部分项工程量清单应采用综合单价计价。

（2）招标文件中的工程量清单标明的工程量是投标人投标报价的共同基础，竣工结算的工程量按发、承包双方在合同中约定应予计量且实际完成的工程量确定。

（3）采用工程量清单计价方式进行招投标的工程，分部分项工程量清单计价，投标人不得对分部分项工程量清单进行任何修改。

5.2.2 分部分项工程量清单计价的步骤

本书介绍的分部分项工程量清单计价，即在工程量清单计价规范条件下，利用《江苏省建筑与装饰工程计价定额》〔2014〕进行计价。并不考虑人工、材料、机械单价的变化。采用江苏省计价定额，计算分部分项工程量清单计价的步骤：

（1）根据招标人所提供的分部分项工程量清单及设计图纸，及拟定的施工方案，确定该分项工程所含工程内容，从而确定对应的定额子目；

（2）计算各定额子目对应的工程内容的计量单位和工程量（计价定额工程量计算规则，查计价定额每章前面的工程量计算规则）；

（3）查计价定额，确定该定额子目的综合单价（注意换算）及其人工费、材料费、机械费、管理费、利润；

（4）累加定额子目合价，确定该分部分项工程量清单项目的综合价及综合单价；

其中确定综合单价的方法：

清单工程量×清单综合单价

＝∑（计价定额子目工程量×计价定额子目单价）＝综合价

$$则清单综合单价＝\frac{综合价}{清单工程量}＝\frac{\sum（计价定额子目工程量×计价定额子目单价）}{清单工程量}$$

5.2.3 课后练习

1. 多选：工程量计算规则包括（ ）。

    A. 工程量的项目划分

    B. 工程量的计算内容

    C. 工程量计算范围

    D. 工程量计算公式

    E. 工程量的大小

2. 判断：（ ）13 计价规范规定同一招标工程的项目编码不得有重码。

3. 判断：（ ）编制工程量清单出现附录中未包括的项目，编制人应当补充，并报市级或行业工程造价管理机构备案。

4. 判断：（ ）分部分项工程量清单项目特征应只需描述该分部分项工程与价格有关的项目特征即可。

5.3　土石方工程清单及计价（附录 A）

5.3.1　土石方工程量清单计价的有关规定

1. 概况

建筑与装饰工程量计算规范附录 A 共分 3 节 13 个项目。包括土方工程、石方工程、回填。适用于建筑物和构筑物的土石方开挖及回填工程。本章部分常用清单项目见表 5-1。

表 5-1　　　　　　　　　　　　　土石方工程部分常用清单项目

项目编码	项目名称	项目特征	计量单位	工程量计算规则	工作内容
010101001	平整场地	1. 土壤类别 2. 弃土运距 3. 取土运距	m²	按设计图示尺寸以建筑物首层建筑面积计算	1. 土方挖填 2. 场地找平 3. 运输
010101002	挖一般土方	1. 土壤类别 2. 挖土深度 3. 弃土运距	m³	按设计图示尺寸以体积计算	1. 排地表水 2. 土方开挖 3. 围护（挡土板）及拆除 4. 基底钎探 5. 运输
010101003	挖沟槽土方		m³	按设计图示尺寸以基础垫层底面积乘以挖土深度计算	
010101004	挖基坑土方				
010101006	挖淤泥、流砂	1. 挖掘深度 2. 弃淤泥、流砂距离	m³	按设计图示位置、界限以体积计算	1. 开挖 2. 运输
010103001	回填方	1. 密实度要求 2. 填方材料品种 3. 填方粒径要求 4. 填方来源、运距	m³	按设计图示尺寸以体积计算 1. 场地回填：回填面积乘平均回填厚度 2. 室内回填：主墙间面积乘回填厚度，不扣除间隔墙 3. 基础回填：按挖方清单项目工程量减去自然地坪以下埋设的基础体积（包括基础垫层及其他构筑物）	1. 运输 2. 回填 3. 压实
010103002	余方弃置	1. 废弃料品 2. 运距	m³，按挖方清单项目工程量减利用回填方体积（正数）计算	余方点装料运输至弃置点	

2. 工程量清单及计价有关规定

（1）挖土方平均厚度应按自然地面测量标高至设计地坪标高间的平均厚度确定。基础土方开挖深度应按基础垫层底表面标高至交付施工场地标高确定，无交付施工场地标高时，应按自然地面标高确定。

（2）建筑物场地厚度小于等于±300mm 的挖、填、运、找平，应按本表中平整场地项目编码列项。厚度大于±300mm 的竖向布置挖土或山坡切土应按本表中挖一般土方项目编码列项。

（3）沟槽、基坑、一般土方的划分为底宽小于等于 7m 且底长大于 3 倍底宽为沟槽；底长小于等于 3 倍底宽且底面积小于等于 150m² 为基坑；超出上述范围则为一般土方。

（4）挖土方如需截桩头时，应按桩基工程相关项目列项。

（5）桩间挖土不扣除桩的体积，并在项目特征中加以描述。

（6）弃、取土运距可以不描述，但应注明由投标人根据施工现场实际情况自行考虑，决定报价。

（7）土壤的分类应按表 5-2 确定，如土壤类别不能准确划分时，招标人可注明为综合，由投标人根据地勘报告决定报价。

（8）土方体积应按挖掘前的天然密实体积计算。非天然密实土方应按表 5-3 折算。

（9）挖沟槽、基坑、一般土方因工作面和放坡增加的工程量（管沟工作面增加的工程量）是否并入各土方工程量中，应按各省、自治区、直辖市或行业建设主管部门的规定实施，**（据苏建价〔2014〕448 号文规定，江苏省因工作面和放坡增加的土方量并入土方工程清单量中）** 如并入各土方工程量中，办理工程结算时，按经发包人认可的施工组织设计规定计算，编制招标工程量清单时，可按表 5-4 和 5-5 规定计算。

（10）挖方出现流砂、淤泥时，如设计未明确，在编制工程量清单时，其工程数量可为暂估量，结算时应根据实际情况由发包人与承包人双方现场签证确认工程量。

（11）填方密实度要求，在无特殊要求情况下，项目特征可描述为满足设计和规范的要求。

（12）填方材料品种可以不描述，但应注明由投标人根据设计要求验方后方可填入，并符合相关工程的质量规范要求。

（13）如需买土回填应在项目特征填方来源中描述，并注明买土方数量。

表 5-2　　　　　　　　　　　　　　　土 壤 分 类 表

土壤分类	土壤名称	开挖方法
一、二类土	粉土、砂土（粉砂、细砂、中砂、粗砂、砾砂）、粉质粘土、弱中盐渍土、软土（淤泥质土、泥炭、泥炭质土）、软塑红粘土、冲填土	用锹、少许用镐、条锄开挖。机械能全部直接铲挖满载者
三类土	粘土、碎石土（圆砾、角砾）混合土、可塑红粘土、硬塑红粘土、强盐渍土、素填土、压实填土	主要用镐、条锄、少许用锹开挖。机械需部分刨松方能铲挖满载者或可直接铲挖但不能满载者
四类土	碎石土（卵石、碎石、漂石、块石）、坚硬红粘土、超盐渍土、杂填土	全部用镐、条锄挖掘、少许用撬棍挖掘。机械须普遍刨松方能铲挖满载者

注：本表土的名称及其含义按国家标准《岩土工程勘察规范》GB 50021—2001〔2009 年版〕定义。

表 5-3　　　　　　　　　　　　　　土方体积折算系数表

天然密实度体积	虚方体积	夯实后体积	松填体积
0.77	1.00	0.67	0.83
1.00	1.30	0.87	1.08
1.15	1.50	1.00	1.25
0.92	1.20	0.80	1.00

注：1. 虚方指未经碾压、堆积时间小于等于 1 年的土壤。
　　2. 本表按《全国统一建筑工程预算工程量计算规则》GJDGZ—101—95 整理。
　　3. 设计密实度超过规定的，填方体积按工程设计要求执行；无设计要求按各省、自治区、直辖市或行业建设行政主管部门规定的系数执行

表 5-4　　　　　　　　　　　　　　放 坡 系 数 表

土类别	放坡起点（m）	人工挖土	机械挖土		
			在坑内作业	在坑上作业	顺沟槽在坑上作业
一、二类土	1.20	1：0.5	1：0.33	1：0.75	1：0.5
三类土	1.50	1：0.33	1：0.25	1：0.67	1：0.33
四类土	2.00	1：0.25	1：0.10	1：0.33	1：0.25

注：1. 沟槽、基坑中土类别不同时，分别按其放坡起点、放坡系数、依不同土类别厚度加权平均计算；
　　2. 计算放坡时，在交接处的重复工程量不予扣除，原槽、坑作基础垫层时，放坡自垫层上表面开始计算。

表 5-5　　　　　　　　　　　　基础施工所需工作面宽度计算表

基础材料	每边各增加工作面宽度（mm）
砖基础	200
浆砌毛石、条石基础	150
混凝土基础垫层支模板	300
混凝土基础支模板	300
基础垂直面做防水层	1000（防水层面）

注：本表按《全国统一建筑工程预算工程量计算规则》GJDGZ—101—95 整理。

5.3.2　土石方工程计价定额的使用说明

1. 概况

计价定额第一章，设置人工土石方和机械土石方两个部分，共设 23 节 359 个定额子目。见表 5-6。

表 5-6　　　　　　　　　　　　计价定额土石方工程内容

序号	部分内容	节内容	子目数量	序号	部分内容	节内容	子目数量
1	一、人工土、石方	人工挖一般土方	4	11	二、机械土、石方	推土机推土	
2		3m＜底宽≤7m 沟槽挖土 或 20m²＜底面积≤150m² 的基坑挖土	14	12		铲运机铲土	
				13		挖掘机挖土	16
3		底宽≤3m 且底长＞3 倍底宽的沟槽挖土	32	14		挖掘机挖底宽≤3m 且底长＞3 倍底宽的沟槽	8
4		底面积≤20m² 的基坑挖土	32	15		挖掘机挖底面积≤20m² 的基坑	8
5		挖淤泥、流砂，支档土板	3	16		支撑下挖土	5
6		人工、人力车运土石方（碴）	12	17		装载机铲松散土、自装自运土	27
				18		自卸汽车运土	11
7		平整场地、打底夯、回填	9	19		平整场地、碾压	18
				20		机械打眼爆破石方	12
8		人工挖石方	12	21		推土机挖碴	21
9		人工打眼爆破石方	12	22		挖掘机挖碴	6
10		人工清理槽、坑、地面石方	8	23		自卸汽车运碴	30
						小计	359

2. 使用定额计价说明及工程量计算规则

具体详见计价定额第一章土、石方工程的说明及工程量计算规则。节选一些主要的说明及工程量计算规则要点：

（1）挖土深度以设计室外标高为起点，如实际自然地面标高与设计地面标高不同时，工程量在竣工结算时调整。

（2）干土与湿土的划分，应以地质勘查资料为准；无资料时以地下常水位为准，常水位以上为干土，常水位以下为湿土。采用人工降低地下水位时，干、湿土的划分仍以常水位为准。

（3）运余松土或挖堆积期在一年以内的堆积土，除按运土方定额执行外，另增加挖一类土的定额项目（工程量按实方计算，若为虚方按工程量计算规则的折算方法折算成实方）。取自然土回填时，按土壤类别执行挖土定额。

（4）支挡土板不分密撑、疏撑均按定额执行，实际施工中材料不同均不调整。

（5）桩间挖土按打桩后坑内挖土相应定额执行。桩间挖土，指桩（不分材质和成桩方式）顶设计标高以下及桩顶设计标高以上 0.50m 范围内的挖土。

（6）定额中机械土方按三类土取定。如实际土壤类别不同，定额中机械台班量乘以表 5-7 中的系数。

表 5-7 机械台班土壤类别系数

项目	三类土	一、二类土	四类土
推土机推土方	1.00	0.84	1.18
铲运机铲运土方	1.00	0.84	1.26
自行式铲运机铲运土方	1.00	0.86	1.09
挖掘机挖土方	1.00	0.84	1.14

（7）土、石方体积均按天然实体积（自然方）计算；推土机和铲运机推、铲未经压实的堆积土时，按三类土定额项目乘以系数 0.73。

（8）机械挖土方工程量按机械实际完成工程量计算。机械确实挖不到的地方，用人工修边坡、整平的土方工程量按人工挖一般土方定额（最多不得超过挖方量的 10%），人工乘以系数 2。如果同时属于桩间人工清土，则按人工挖一般土方"在挡土板、沉箱下及打桩后坑内挖土"，人工乘以系数 2。机械挖土、石方单位工程量小于 2000m³ 或在桩间挖土、石方，按相应定额乘系数 1.10。

（9）机械挖土均以天然湿度土壤为准，含水率达到或超过 25% 时，定额人工、机械乘以系数 1.15；含水率超过 40% 时另行计算。

（10）本定额自卸汽车运土，对道路的类别及自卸汽车吨位已分别进行综合计算。

（11）自卸汽车运土，按正铲挖掘机挖土考虑，如系反铲挖掘机装车，则自卸汽车运土台班量乘以系数 1.10；拉铲挖掘机装车，自卸汽车运土台班量乘以系数 1.20。

（12）挖掘机在垫板上作业时，其人工、机械乘系数 1.25，垫板铺设所需的人工、材料、机械消耗，另行计算。

（13）推土机推土或铲运机铲土，推土区土层平均厚度小于 300mm 时，其推土机台班乘以系数 1.25，铲运机台班乘以系数 1.17。

（14）按不同的土壤类别、挖土深度、干湿土分别计算工程量。

（15）在同一槽、坑内或沟内有干、湿土时应分别计算，但使用定额时，按槽、坑或沟的全深计算。

（16）平整场地是指建筑物场地挖、填土方厚度在±300mm 以内及找平。建筑物场地厚度在±300mm 以外的竖向布置挖土或山坡切土，均按挖一般土方计算。

（17）平整场地工程量按建筑物外墙外边线每边各加 2m，以平方米计算。这里的建筑物外墙外边线应整体考虑建筑物地上部分外墙和地下室部分外墙，以两者的垂直投影最外边线为准。

（18）沟槽、基坑划分：底宽≤7m 且底长＞3 倍底宽为沟槽。套用定额计价时，应根据底宽的不同，分别按底宽 3～7m 间、3m 以内，套用对应的定额子目；底长≤3 倍底宽且底面积≤150m² 为基坑。套用定额计价时，应根据底面积的不同，分别按底面积 20～150m² 间、20m² 以内，套用对应的定额子目；凡沟槽底宽 7m 以上，基坑底面积 150m² 以上，按挖一般土方计算。

（19）沟槽工程量按沟槽长度乘以沟槽截面积计算。沟槽长度：外墙按图示基础中心线长度计算；内墙按图示基础底宽加工作宽度之间净长度计算。沟槽宽按设计宽度加基础施工所需工作面宽度计算。突出墙面的附墙烟囱、垛等体积并入沟槽土方工程量内。

（20）挖沟槽、基坑、一般土方需放坡和留工作面时，以施工组织设计规定计算，施工组织设计无明确规定时，放坡高度、比例及工作面宽度按表 5-4、5-5 计算。

（21）沟槽、基坑需支挡土板时，挡土板面积按槽、坑边实际支挡板面积（即每块挡板的最长边×挡板的最宽边之积）计算。

（22）回填土区分夯填、松填以立方米计算。基槽、坑回填土工程量＝挖土体积－设计室外地坪以下埋设的体积（包括基础垫层、柱、墙基础及柱等）。室内回填土工程量按主墙间净面积乘填土厚度计算，不扣除附垛及附墙烟囱等体积。

（23）建筑场地原土碾压以面积计算，填土碾压按图示填土厚度以体积计算。

5.3.3　土石方工程量清单计价例题

例 5-1　已知某办公楼工程首层平面图如附录三建施-2 所示，土壤类别为三类土。施工方案为采用推土机 105kW 平整。要求计算：平整场地的工程量清单及计价。

解　1）编制工程量清单。

① 列项目。

平整场地　　010101001001 三类土

② 计算工程量（清单计价规范工程量计算规则）。

$14.2 \times 26.2 + (8+0.4+0.4) \times (5-0.1+0.25) \times 0.5 + (2.56-0.1+0.1) \times (6.8+0.2) \times 0.5 = 403.66m²$ **（按设计图示尺寸以建筑物首层建筑面积计算，据《建筑工程建筑面积计算规范》GBT 50353—2013）**

③ 列清单。

分部分项工程量清单

序号	项目编码	项目名称	项目特征	计量单位	工程数量
1	010101001001	平整场地	三类土	m²	403.66

2）工程量清单计价。

① 确定对应定额子目（根据工程内容、项目特征和施工方案确定定额子目）。

平整场地：1-274（采用推土机 105kW 平整场地）。

② 计算定额子目工程量（计价定额工程量计算规则）。

1-274：$(14.2+4) \times (26.2+4) = 549.64m² = 0.55 \underline{1000m²}$（按建筑物外墙外边线每边各加 2m）

③ 确定定额子目综合单价（注意换算）

1-274_换＝（当道路及场地平整的工程量少于 4000m² 时，定额中机械含量乘以系数 1.18）

$845.38-540.06+0.523\times1.18\times1032.61-154.27+(77+0.523\times1.18\times1032.61)\times25\%-74.05+(77+0.523\times1.18\times1032.61)\times12\%=978.54$ 元/1000m²

④ 累加定额子目合价，确定清单综合单价。

合价＝978.54 元/1000m²×0.55 1000m²＝538.20 元

综合单价＝538.20 元/403.66m²＝1.33 元/m²

分部分项工程量清单计价表　　　　　　　　单位：元

序号	项目编码	项目名称	计量单位	工程数量	综合单价	合价
1	010101001001	平整场地	m²	403.66	1.33	538.20
定额子目	1-274换	平整场地	1000m²	0.55	978.54	538.20

例 5-2　某建筑物基础平面图及基础详图如图 5-2 所示，图中轴线为墙中心线，柱外边线与墙外边平齐，砖基础为 M10 水泥砂浆砌 Mu15 混凝土标准砖一砖墙，2 层等高大放脚，C15 素砼垫层，C25 钢筋混凝土独立基础，C25 钢筋混凝土柱，室外地面标高为－0.300m。施工方案为人工挖土方，人力双轮车运至 150m 处堆放，人工回填土，夯填。要求计算：1. 挖沟槽、基坑土方、回填方的工程量清单及计价。

解　1）编制工程量清单。

① 列项目：挖沟槽土方　010101003001　三类土、干土，挖土深度 1.6m，运距 150m

　　　　　挖基坑土方　010101004001　三类土、干土，挖土深度 1.6m，运距 150m

　　　　　回填方　010103001001　夯填，运距 150m

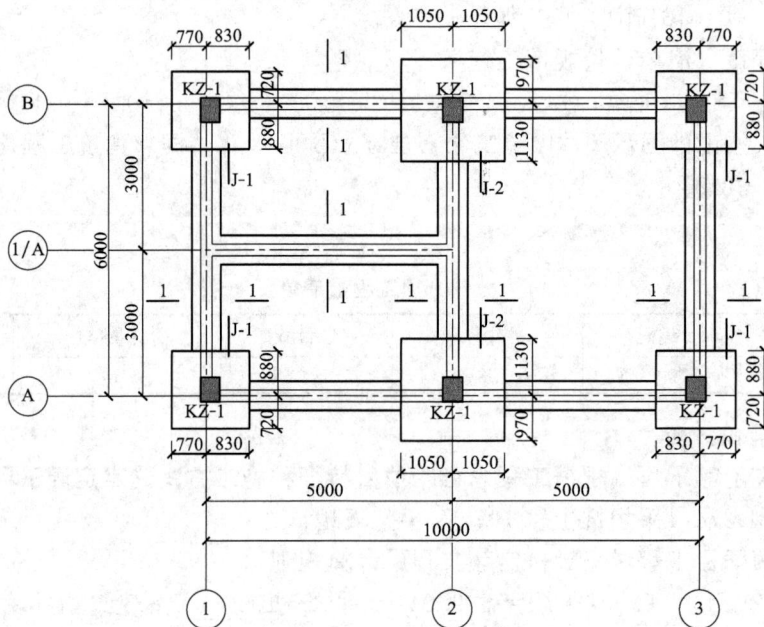

图 5-2　基础平面图及基础详图（一）

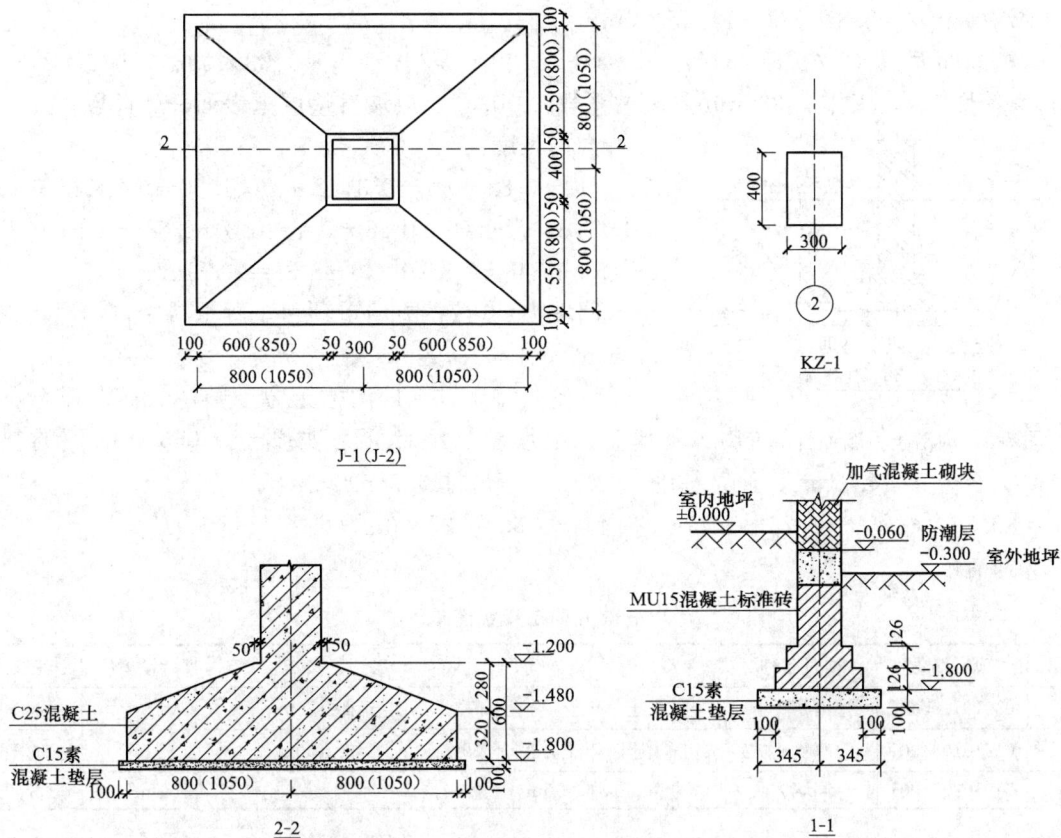

J-1 (J-2)

KZ-1

2-2

1-1

图 5-2　基础平面图及基础详图（二）

② 计算工程量。

挖基坑土方：JK1＋JK2＝53.08＋36.51＝89.56m³

独立基础土方为截头矩形角锥形状见图 5-3，截头矩形角锥体积计算公式为

$$V=[A×B+(A+a)×(B+b)+a×b]×h/6$$

JK1＝{(2.4×2.4×0.1)＋[2.4×2.4＋(2.4＋2.4＋2×1.5×0.33)×(2.4＋2×1.5×0.33)＋(2.4＋2×1.5×0.33)×(2.4＋2×1.5×0.33)]×1.5/6}×4＝53.08m³（见计算简图 5-4，工作面 300mm，放坡系数 1：0.33，放坡自垫层上表面开始计算）

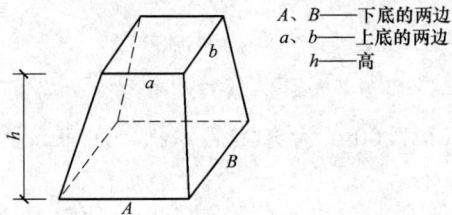

A、B——下底的两边
a、b——上底的两边
h——高

图 5-3　截头矩形角锥示意

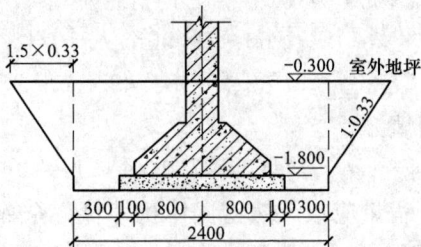

图 5-4　基坑土方计算简图

JK2＝{[(2.1＋0.1×2＋0.3×2)×2.9×0.1]＋[2.9×2.9＋(2.9＋2.9＋2×1.5×0.33)×(2.9＋2.9＋2×1.5×0.33)＋(2.9＋2×1.5×0.33)×(2.9＋2×1.5×0.33)]×1.5/6}×2＝36.51m³

挖沟槽土方：$2.81 \times 23.31 = 65.50 \text{m}^3$

沟槽断面面积：$(0.69 + 0.3 \times 2) \times 0.1 + (1.29 + 1.29 + 1.5 \times 0.33 \times 2) \times 1.5 / 2 = 2.81 \text{m}^2$

（见计算简图 5-5，工作面 300mm，放坡系数 1∶0.33，放坡自垫层上表面开始计算）

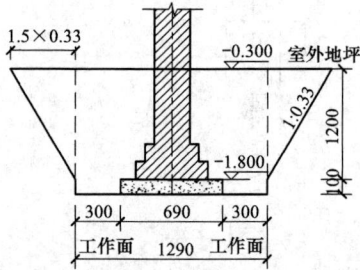

图 5-5　沟槽土方断面计算简图

沟槽长度：

$(10 - 0.83 - 0.1 - 0.3 - 2.1 - 0.1 \times 2 - 0.3 \times 2 - 0.83 - 0.1 - 0.3) \times 2 + (6 - 0.88 - 0.1 - 0.3 - 0.88 - 0.1 - 0.3) \times 3 + (5 - 0.345 - 0.3 - 0.345 - 0.3) = 23.31 \text{m}$

回填方：（按挖方清单项目工程量减去自然地坪以下埋设的基础体积）

= 挖基坑土方 + 挖沟槽土方 − 垫层 − 砖基础 − 独立基础 − 矩形柱（经计算，埋设于 −0.300 以下的垫层 4.26m^3，砖基础 14.71m^3，独立基础 8.44m^3，矩形柱 0.65m^3）

$= 89.56 + 65.50 - 4.26 - 14.71 - 8.44 - 0.65 = 127.00 \text{m}^3$

③列清单。

分部分项工程量清单

序号	项目编码	项目名称	项目特征	计量单位	工程数量
1	010101003001	挖沟槽土方	三类土、干土，挖土深度 1.3m，运距 150m	m³	65.50
2	010101004001	挖基坑土方	三类土、干土，挖土深度 1.3m，运距 150m	m³	89.56
3	010103001001	回填方	夯填，运距 150m	m³	127.00

2）工程量清单计价。

① 确定对应定额子目。

挖沟槽土方：人工挖沟槽 1-28，人力双轮车运土 1-92、1-95

挖基坑土方：人工挖基坑 1-60，人力双轮车运土 1-92、1-95

回填方：人工挖一般土方 1-1，人力双轮车运土 1-92、1-95，基（槽）坑回填土夯填 1-104

② 计算定额子目工程量。

挖沟槽土方：$1\text{-}28 = 65.50 \text{m}^3$（计算规则同清单，工作面 300mm，放坡系数 1∶0.33，放坡自垫层上表面开始计算）

$\qquad$ 1-92、1-95：65.50m^3

挖基坑土方

$\qquad$ 1-60：89.56m^3

$\qquad$ 1-92、1-95：89.56m^3

回填方

$\qquad$ 1-1：$127.00 \times 1.15 = 146.05 \text{m}^3$（$127.00 \text{m}^3$ 为夯实后体积，而 1-1 及 1-92、1-95 工程量应按天然密实体积计算，系数参见表 5-3）

$\qquad$ 1-92、1-95：$127.00 \times 1.15 = 146.05 \text{m}^3$

$\qquad$ 1-104：127.00m^3

③ 确定定额子目综合单价。

挖沟槽土方

$1\text{-}28＝53.80 \, 元/\text{m}^3$

$1\text{-}92＝20.05 \, 元/\text{m}^3；1\text{-}95＝4.22 \, 元/\text{m}^3$

挖基坑土方

$1\text{-}60＝62.24 \, 元/\text{m}^3$

$1\text{-}92＝20.05 \, 元/\text{m}^3；1\text{-}95＝4.22 \, 元/\text{m}^3$

回填方

$1\text{-}1＝10.55 \, 元/\text{m}^3$

$1\text{-}92＝20.05 \, 元/\text{m}^3，1\text{-}95＝4.22 \, 元/\text{m}^3$

$1\text{-}104＝31.17 \, 元/\text{m}^3$

④ 累加定额子目合价，确定清单综合单价。

挖沟槽土方

合价＝$65.50\text{m}^3×53.80 \, 元/\text{m}^3＋65.50\text{m}^3×28.49 \, 元/\text{m}^3＝5390.00 \, 元$

综合单价＝$5390.00 \, 元/65.50\text{m}^3＝82.29 \, 元/\text{m}^3$

挖基坑土方

合价＝$89.56\text{m}^3×62.24 \, 元/\text{m}^3＋89.56\text{m}^3×28.49 \, 元/\text{m}^3＝8125.78 \, 元$

综合单价＝$8125.78 \, 元/89.56\text{m}^3＝90.73 \, 元/\text{m}^3$

回填方

合价＝$146.05\text{m}^3×10.55 \, 元/\text{m}^3＋146.05\text{m}^3×28.49 \, 元/\text{m}^3＋127.00\text{m}^3×$
$31.17 \, 元/\text{m}^3＝9660.38 \, 元$

综合单价＝$9660.38 \, 元/127.00\text{m}^3＝76.07 \, 元/\text{m}^3$

分部分项工程量清单计价表　　　　单位：元

序号	项目编码	项目名称	计量单位	工程数量	综合单价	合价
1	010101003001	挖沟槽土方	m³	65.50	82.29	5390.00
定额子目	1-28	人工挖沟槽	m³	65.50	53.80	3523.90
	1-92＋2×1－95	人力双轮车运土 150m	m³	65.50	28.49	1866.10
2	010101004001	挖基坑土方	m³	89.56	90.73	8125.78
定额子目	1-60	人工挖基坑	m³	89.56	62.24	5574.21
	1-92＋2×1－95	人力双轮车运土 150m	m³	89.56	28.49	2551.56
3	010103001001	回填方	m³	127.00	76.07	9660.38
定额子目	1-1	人工挖一般土方	m³	146.05	10.55	1540.83
	1-92＋2×1－95	人力双轮车运土 150m	m³	146.05	28.49	4160.96
	1-104	基（槽）坑回填土夯填	m³	127.00	31.17	3958.59

注：埋设于－0.300 以下的垫层、砖基础、独立基础、矩形柱工程量计算如下。

垫层体积：

＝$1.8×1.8×0.1×4＋2.3×2.3×0.1×2＋[0.69×10×0.1－0.69×(0.93＋2.3＋0.93)×0.1]×2＋0.69×(6－0.98－0.98)×0.1×2＋0.69×(6－1.23－1.23)×0.1＋0.69×(5－0.345－0.345)×0.1＝4.26\text{m}^3$

砖基础：（算至－0.300 处）

＝$[(1.8－0.3)×0.24＋0.0473]×[(6－0.44－0.44)×2＋(6－0.565－0.565)＋(10－0.415－1.05－0.415)×2＋(5－0.12－0.12)]＝14.71\text{m}^3$

独立基础：

$J1＝\{1.6×1.6×0.32＋[1.6×1.6＋(1.6＋0.4)×(1.6＋0.5)＋0.4×0.5]×0.28/6\}×4＝4.576\text{m}^3$

$J2＝\{2.1×2.1×0.32＋[2.1×2.1＋(2.1＋0.4)×(2.1＋0.5)＋0.4×0.5]×0.28/6\}×2＝3.859\text{m}^3$

$J1＋J2＝4.576＋3.859＝8.44\text{m}^3$

矩形柱 KZ-1：（算至－0.300 处）

＝$0.3×0.4×(1.2－0.3)×6＝0.65\text{m}^3$

例 5-3　市区某建筑物地下室基础平面、剖面图如图 5-6 所示,室外地坪−0.300m,三类土,地下常水位−2.00m。基坑土方开挖回填方案:采用 1.25m³ 挖掘机开挖基坑,轻型井点降水施工措施,轻型井点井管 75 根,地下室工程工期 40 天。土方垂直开挖,支护方式另行考虑。自卸汽车外运运距 5km,其中回填土方用量土方用 2m³ 装载机运至 50m 处,基础完工后装载机运土方回填、人工夯实。地下室垫层 C15 混凝土,筏板基础及混凝土墙为混凝土 C25/P6,C25/P6 混凝土顶板,商品混凝土泵送,复合木模板。外墙防水采用改性沥青热熔法铺贴。试计算该工程挖土方及回填土工程量清单及计价。

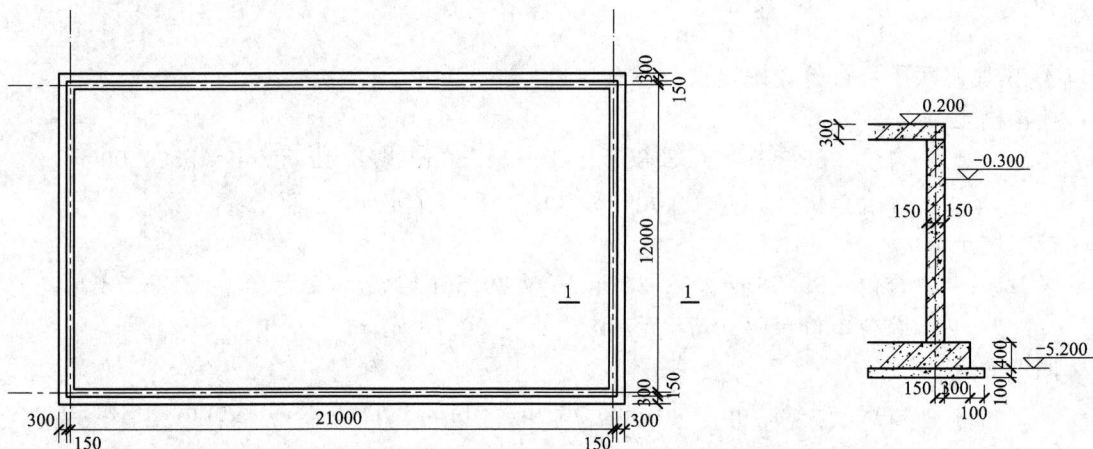

图 5-6　某地下室基础平面及剖面图

解:1) 编制工程量清单

① 列项目。挖一般土方:010101002001 三类土、挖深 5m,弃土运距 5km

回填方:010103002001 运距 50m,夯填

② 计算工程量。

挖一般土方:$(21+0.15+1.00+0.15+1.00) \times (12+0.15+1.00+0.15+1.00) \times (5.2+0.1-0.3)=1665.95m^3$(工作面每边增加 1m,从墙防水层外表面至坑边)

回填方:$1665.95-28.95-113.00-1178.96=345.04m^3$

其中垫层体积:$(21+0.15+0.3+0.1+0.15+0.3+0.1) \times (12+0.15+0.3+0.1+0.15+0.3+0.1) \times 0.1=28.95m^3$

筏板基础体积:$(21+0.15+0.3+0.15+0.3) \times (12+0.15+0.3+0.15+0.3) \times 0.4=113.00m^3$

−0.300 以下混凝土墙及地下室净空体积:$(21+0.15+0.15) \times (12+0.15+0.15) \times (5.2-0.3-0.4)=1178.96m^3$

③ 列清单。

分部分项工程量清单

序号	项目编码	项目名称	项目特征	计量单位	工程数量
1	010101002001	挖一般土方	三类土、挖深 5m,弃土运距 5km	m³	1665.95
2	010103001001	回填方	运距 50m,夯填	m³	345.04

2）工程量清单计价。

① 确定对应定额子目。

挖一般土方：1-206（采用挖掘机 1.25m³ 挖土装车）

　　　　　　1-3（人工坑底整平修边坡）

　　　　　　1-264

　　　　　　1-207（采用挖掘机 1.25m³ 挖土不装车）

　　　　　　1-254（装载机 2m³ 运土，运距加转向距离 45m 计算）

回填方：1-254（装载机 2m³ 运土，运距加转向距离 45m 计算）

　　　　1-104

② 计算定额子目工程量。

挖一般土方

1-206：$1665.95 \times 0.9 - 345.04 = 1154.32$m³ $= 1.15$ <u>1000m³</u>

1-3：$1665.95 \times 0.9 = 166.60$（取总挖土量的 10%）

1-264：$1665.95 - 345.04 = 1320.91$m³ $= 1.32$ <u>1000m³</u>

1-207：345.04m³ $= 0.35$ <u>1000m³</u>

1-254：345.04m³ $= 0.35$ <u>1000m³</u>

回填方

1-254：345.04m³ $= 0.35$ <u>1000m³</u>

1-104：345.04m³

③ 确定定额子目综合单价。

挖一般土方

$1\text{-}206_{换} = 4707.66 \times 1.10 = 5178.43$ 元/1000m³（单位工程量小于 2000m³ 乘以系数 1.10）

$1\text{-}3_{换} = 26.37 + 19.25 \times (1 + 37\%) = 52.74$ 元/m³

$1\text{-}264_{换} = 20022.91 + 884.59 \times 16.213 \times 0.1 \times (1 + 25\% + 12\%) = 21987.74$ 元/1000m³

（反铲挖掘机装车，自卸汽车运土台班量乘以系数 1.10）

$1\text{-}207_{换} = 3831.92 \times 1.10 = 4215.11$ 元/1000m³（单位工程量小于 2000m³ 乘以系数 1.10）

$1\text{-}254 = 6438.78$ 元/1000m³

回填方

$1\text{-}254 = 6438.78$ 元/1000m³

$1\text{-}104 = 31.17$ 元/m³

④ 累加定额子目合价，确定清单综合单价。

挖一般土方

合价 $= 5178.43 \times 1.15 + 52.74 \times 166.60 + 21987.74 \times 1.32 + 4215.11 \times 0.35 + 6438.78 \times 0.35$
$= 47494.36$ 元

综合单价 $= 47494.36$ 元/1665.95m³ $= 28.51$ 元/m³

回填方

合价 $= 6438.78 \times 0.35 + 31.17 \times 345.04 = 13008.47$ 元

综合单价 $= 13008.47$ 元/345.04m³ $= 37.70$ 元/m³

分部分项工程量清单计价表　　　　　　　　　　　　单位：元

序号	项目编码	项目名称	计量单位	工程数量	综合单价	合价
1	010101002001	挖一般土方	m³	1665.95	28.51	47494.36
定额子目	1-206换	反铲挖土装车	1000m³	1.15	5178.43	5955.19
	1-3换	人工挖一般土方	m³	166.60	52.74	8786.48
	1-264换	自卸汽车运土5km内	1000m³	1.32	21987.74	29023.82
	1-207换	反铲挖土不装车	1000m³	0.35	4215.11	1475.29
	1-254	铲装松散土自铲自运100m内	1000m³	0.35	6438.78	2253.57
2	010103001001	回填方	m³	345.04	37.70	13008.47
定额子目	1-254	铲装松散土自铲自运100m内	1000m³	0.35	6438.78	2253.57
	1-104	回填土夯填	m³	345.04	31.17	10754.90

5.3.4 课后练习

1. 已知某建筑物基础平面图及基础详图如图5-2所示，土壤类别为三类土。施工方案为人工平整场地。要求计算：平整场地的工程量清单及计价。

2. 某办公楼工程基础平面图及基础详图如附录三结施-02。施工方案为人工挖土方，人力双轮车运至300m处堆放，人工回填土，夯填。要求计算：1. 挖沟槽、基坑土方、回填方的工程量清单及计价。

3. 市区某建筑物地下室基础平面、剖面图如图5-6所示，基础底板底标高改为－3.200，室外地坪－0.300m，三类土，地下常水位－2.00m。基坑土方开挖回填方案：采用挖掘机开挖基坑，集水坑排水，边坡放坡。自卸汽车外运运距5km，其中回填土方用土方装载机运至50m处，基础完工后装载机运土方回填、人工夯实。地下室垫层C15混凝土，筏板基础及混凝土墙为混凝土C25/P6，C25/P6混凝土顶板，商品混凝土泵送，复合木模板。外墙防水采用改性沥青热熔法铺贴。试计算该工程挖土方及回填土工程量清单及计价。

5.4 地基处理及边坡支护工程清单及计价（附录B）

5.4.1 地基处理及边坡支护工程工程量清单计价的有关规定

1. 概况

建筑与装饰工程量计算规范附录B共分2节28个项目。包括地基处理、基坑与边坡支护。本章部分常用清单项目见表5-8。

2. 工程量清单及计价有关规定

（1）地层情况按表5-2和表5-9的规定，并根据岩土工程勘察报告按单位工程各地层所占比例（包括范围值）进行描述。对无法准确描述的地层情况，可注明由投标人根据岩土工程勘察报告自行决定报价。

（2）项目特征中的桩长应包括桩尖，空桩长度＝孔深－桩长，孔深为自然地面至设计桩底的深度。

表 5-8　　　　　　　　　地基处理及边坡支护工程部分常用清单项目

项目编码	项目名称	项目特征	计量单位	工程量计算规则	工作内容
010201001	换填垫层	1. 材料种类及配比 2. 压实系数 3. 掺加剂品种	m³	按设计图示尺寸以体积计算	1. 分层铺填 2. 碾压、振密或夯实 3. 材料运输
010201004	强夯地基	1. 夯击能量 2. 夯击遍数 3. 夯击点布置形式、间距 4. 地耐力要求 5. 夯填材料种类	m²	按设计图示处理范围以面积计算	1. 铺设夯填材料 2. 强夯 3. 夯填材料运输
010201009	深层搅拌桩	1. 地层情况 2. 空桩长度、桩长 3. 桩截面尺寸 4. 水泥强度等级、掺量			1. 预搅下钻、水泥浆制作、喷浆搅拌提升成桩 2. 材料运输
010201010	粉喷桩	1. 地层情况 2. 空桩长度、桩长 3. 桩径 4. 粉体种类、掺量 5. 水泥强度等级、石灰粉要求	m	按设计图示尺寸以桩长计算	1. 预搅下钻、喷粉搅拌提升成桩 2. 材料运输
010201012	高压喷射注浆桩	1. 地层情况 2. 空桩长度、桩长 3. 桩截面 4. 注浆类型、方法 5. 水泥强度等级			1. 成孔 2. 水泥浆制作、高压喷射注浆 3. 材料运输
010201014	灰土（土）挤密桩	1. 地层情况 2. 空桩长度、桩长 3. 桩径 4. 成孔方法 5. 灰土级配		按设计图示尺寸以桩长（包括桩尖）计算	1. 成孔 2. 灰土拌和、运输、填充、夯实
010201016	注浆地基	1. 地层情况 2. 空钻深度、注浆深度 3. 注浆间距 4. 浆液种类及配比 5. 注浆方法 6. 水泥强度等级	1. m 2. m³	1. 以米计量，按设计图示尺寸以钻孔深度计算 2. 以立方米计量，按设计图示尺寸以加固体积计算	1. 成孔 2. 注浆导管制作、安装 3. 浆液制作、压浆 4. 材料运输
010202006	钢板桩	1. 地层情况 2. 桩长 3. 板桩厚度	1. t 2. m²	1. 以吨计量，按设计图示尺寸以质量计算 2. 以平方米计量，按设计图示墙中心线长乘以桩长以面积计算	1. 工作平台搭拆 2. 桩机移位 3. 打拔钢板桩
010202007	锚杆（锚索）	1. 地层情况 2. 锚杆（索）类型、部位 3. 钻孔深度 4. 钻孔直径 5. 杆体材料品种、规格、数量 6. 预应力 7. 浆液种类、强度等级	1. m 2. 根	1. 以米计量，按设计图示尺寸以钻孔深度计算 2. 以根计量，按设计图示数量计算	1. 钻孔、浆液制作、运输、压浆 2. 锚杆（锚索）制作、安装 3. 张拉锚固 4. 锚杆（锚索）施工平台搭设、拆除

续表

项目编码	项目名称	项目特征	计量单位	工程量计算规则	工作内容
010202008	土钉	1. 地层情况 2. 钻孔深度 3. 钻孔直径 4. 置入方法 5. 杆体材料品种、规格、数量 6. 浆液种类、强度等级	1. m 2. 根	1. 以 m 计量，按设计图示尺寸以钻孔深度计算 2. 以根计量，按设计图示数量计算	1. 钻孔、浆液制作、运输、压浆 2. 土钉制作、安装 3. 土钉施工平台搭设、拆除
010202009	喷射混凝土、水泥砂浆	1. 部位 2. 厚度 3. 材料种类 4. 混凝土（砂浆）类别、强度等级	m^2	按设计图示尺寸以面积计算	1. 修整边坡 2. 混凝土（砂浆）制作、运输、喷射、养护 3. 钻排水孔、安装排水管 4. 喷射施工平台搭设、拆除
010202011	钢支撑	1. 部位 2. 钢材品种、规格 3. 探伤要求	t	按设计图示尺寸以质量计算。不扣除孔眼质量，焊条、铆钉、螺栓等不另增加质量	1. 支撑、铁件制作（摊销、租赁） 2. 支撑、铁件安装 3. 探伤 4. 刷漆 5. 拆除 6. 运输

（3）高压喷射注浆类型包括旋喷、摆喷、定喷，高压喷射注浆方法包括单管法、双重管法、三重管法。

（4）土钉置入方法包括钻孔置入、打入或射入等。

（5）喷射混凝土（砂浆）的钢筋网等涉及钢筋制作、安装，按本规范附录 E 中相关项目列项。本分部未列的基坑与边坡支护的排桩按本规范附录 C 中相关项目列项。砖、石挡土墙、护坡按本规范附录 D 中相关项目列项。混凝土挡土墙按本规范附录 E 中相关项目列项。采用桩进行基坑支护处理时，清单按规范附录 B 列项，定额子目套用第三章相应子目执行。

表 5-9　　　　　　　　　　　　　　　岩 石 分 类 表

岩石分类		代表性岩石	开挖方法
极软岩		1. 全风化的各种岩石 2. 各种半成岩	部分用手凿工具、部分用爆破法开挖
软质岩	软岩	1. 强风化的坚硬岩或较硬岩 2. 中等风化—强风化的较软岩 3. 未风化—微风化的页岩、泥岩、泥质砂岩等	用风镐和爆破法开挖
	较软岩	1. 中等风化—强风化的坚硬岩或较硬岩 2. 未风化—微风化的凝灰岩、千枚岩、泥灰岩、砂质泥岩等	用爆破法开挖
硬质岩	较硬岩	1. 微风化的坚硬岩 2. 未风化—微风化的大理岩、板岩、石灰岩、白云岩、钙质砂岩等	用爆破法开挖

续表

岩石分类		代表性岩石	开挖方法
硬质岩	坚硬岩	未风化—微风化的花岗岩、闪长岩、辉绿岩、玄武岩、安山岩、片麻岩、石英岩、石英砂岩、硅质砾岩、硅质石灰岩等	用爆破法开挖

注： 本表依据国家标准《工程岩体分级标准》GB 50218—94 和《岩土工程勘察规范》GB 50021—2001（2009 年版）整理

5.4.2　地基处理及边坡支护工程计价定额的使用说明

1. 概况

计价定额第二章，设置地基处理和基坑边坡支护两个部分，共设 9 节 46 个定额子目，见表 5-10。

表 5-10　　　　　　　　　　　计价定额地基处理及边坡支护工程内容

序号	部分内容	节内容	定额子目数量
1	一、地基处理	强夯法加固地基	9
2		深层搅拌桩和粉喷桩	5
3		高压旋喷桩	4
4		灰土挤密桩	2
5		压密注浆	2
6	二、基坑与边坡支护	基坑锚喷护壁	11
7		斜拉锚桩成孔	1
8		钢筋支撑	5
9		打、拔钢板桩	7
		小计	46

2. 使用定额计价说明及工程量计算规则

具体详见计价定额第二章地基处理及基坑与边坡支护工程的说明及工程量计算规则。节选一些主要的说明及工程量计算规则要点：

（1）换填垫层适用于软弱地基的换填材料加固，按第四章相应定额子目执行。

（2）强夯法加固地基是在天然地基土上或在填土地基上进行作业的，不包括强夯前的试夯工作和费用。如设计要求试夯，可按设计要求另行计算。

（3）深层搅拌桩不分桩径大小，执行相应子目。设计水泥量不同可换算，其他不调整。

（4）深层搅拌桩（三轴除外）和粉喷桩是按四搅二喷施工编制，设计为二搅一喷，定额人工、机械乘以系数 0.7；六搅三喷，定额人工、机械乘以系数 1.4。

（5）高压旋喷桩、压密注浆的浆体材料用量可按设计含量调整。

（6）基坑钢筋支撑为周转摊销材料，其场内运输、回库保养均已包括在内。支撑处需挖运土方、围檩与基坑护壁的填充混凝土未包括在内，发生时应按实另行计算。场外运输按金属Ⅲ类构件计算。

（7）打、拔钢板桩单位工程打桩工程量小于 50t 时，人工、机械乘以系数 1.25。场内运输超过 300m 时，应按相应构件运输子目执行，并扣除打桩子目中的场内运输费。

（8）强夯加固地基，以夯锤底面积计算，并根据设计要求的夯击能量和每点夯击数执行相应定额。

（9）深层搅拌桩、粉喷桩加固地基，按设计长度另加 500mm（设计有规定的按设计要求）乘以设计截面积以立方米计算（重叠部门面积不得重复计算），群桩间的搭接不扣除。

（10）高压旋喷桩钻孔长度按自然地面至设计桩底标高以长度计算，喷浆按设计加固桩的截面面积乘以设计桩长以体积计算。

（11）灰土挤密桩按设计图示尺寸以桩长计算（包括桩尖）。

（12）压密注浆钻孔按设计长度计算。注浆工程量按以下方式计算：设计图纸注明加固土体体积的，按注明的加固体积计算；设计图纸按布点形式图示土体加固范围的，则按两孔间距的一半作为扩散尺寸，以布点边线各加扩散半径形成计算平面，计算注浆体积；如果设计图纸上注浆点在钻孔灌注桩之间，按两注浆孔距的一半作为每孔的扩散半径，以此圆柱体体积计算。

（13）打、拔钢板桩按设计钢板桩质量计算。

（14）基坑锚喷护壁成孔、斜拉锚桩成孔及孔内注浆按设计图示尺寸以长度计算。护壁喷射混凝土按设计图示尺寸以面积计算。

（15）土钉支护钉土锚杆按设计图示尺寸以长度计算。挂钢筋网按设计图纸以面积计算。

（16）基坑钢筋支撑以坑内的钢立柱、支撑、围檩、活络接头、法兰盘、预埋铁件的合并质量计算。

5.4.3 地基处理及边坡支护工程量清单计价例题

例 5-4 市区某建筑物地下室基础平面、剖面图如图 5-6 所示。施工单位制定基坑支护方案如图 5-7 所示，采用土钉加喷射混凝土支护方案，人工钉土钉孔径 130mm，钻孔倾角 25°，素水泥一次注浆 0.8MPa，边坡采用喷射混凝土护坡厚 8cm，φ8@500mm 挂钢筋网，土方 1∶0.25 放坡开挖。试计算该工程土钉及喷射混凝土工程量清单及计价。

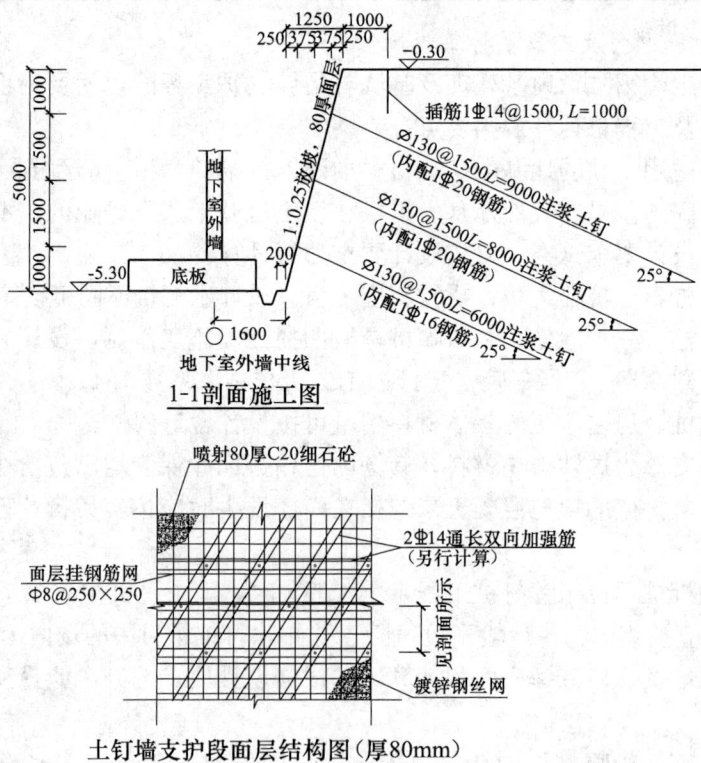

图 5-7 土钉加喷射混凝土支护方案图（一）

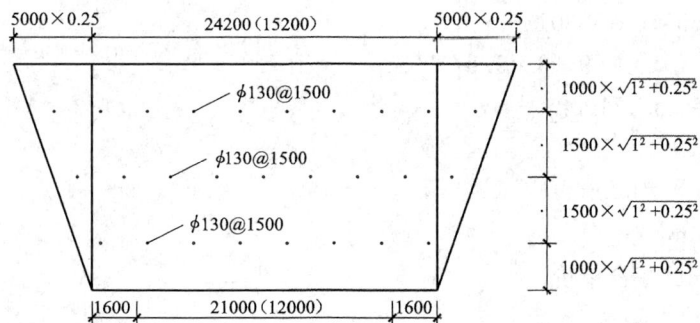

坡面示意图

图 5-7　土钉加喷射混凝土支护方案图（二）

解　1）编制工程量清单。

① 列项目。

土钉 010202008001　孔深 6、8、9m，孔径 130mm，人工钉土钉，φ16、φ20，素水泥浆

喷射混凝土　010202009001　8cm 厚

② 计算工程量。

土钉：

土钉孔数量＝周长/间距＋1

6m 深孔数量：$(21+1.6\times2+1.0\times0.25\times2+12+1.6\times2+1.0\times0.25\times2)\times2/1.5+1=55$ 根

8m 深孔数量：$(21+1.6\times2+2.5\times0.25\times2+12+1.6\times2+2.5\times0.25\times2)\times2/1.5+1=57$ 根

6m 深孔数量：$(21+1.6\times2+4.0\times0.25\times2+12+1.6\times2+4.0\times0.25\times2)\times2/1.5+1=59$ 根

$55\times6+57\times8+59\times9=1317$m

喷射混凝土：

$2\times(21+1.6\times2+21+1.6\times2+5\times0.25\times2)\times\sqrt{5^2+(5\times0.25)^2}/2+2\times(12+1.6\times2+12+1.6\times2+5\times0.25\times2)\times\sqrt{5^2+(5\times0.25)^2}/2=431.91$m²

③ 列清单。

分部分项工程量清单

序号	项目编码	项目名称	项目特征	计量单位	工程数量
1	010202008001	土钉	孔深 6m、8m、9m，孔径 130mm，人工钉土钉，φ16、φ20，素水泥浆	m	1317
2	010202009001	喷射混凝土	8cm 厚	m²	431.91

2）工程量清单计价。

① 确定对应定额子目。

土钉：2-24、2-31、2-26

喷射混凝土：2-28、2-29

② 计算定额子目工程量。

土钉：

2-24：1317m＝13.17100m

2-31（φ16）：55×6＝3.30<u>100m</u>

2-31（φ20）：57×8＋59×9＝9.87<u>100m</u>

2-26：1317m＝13.17<u>100m</u>

喷射混凝土：

2-28、2-29：4.32<u>100m²</u>

2-32：4.32<u>100m²</u>

③ 确定定额子目综合单价。

土钉：

2-24：1888.95 元/100m

2-31（φ16）：

2147.34－1013.04＋1.58kg/m×100m/1000kg/t×1.02（损耗率）×4020 元/t＝1782.16 元/100m

2-31（φ20）：2147.34 元/100m

2-26：5246.47 元/100m

喷射混凝土：

2-28－2-29×2：10984.61－416.32×2＝10151.97 元/100m²

2-32：2006.63 元/100m²

④ 累加定额子目合价，确定清单综合单价。

土钉：

合价＝1888.95 元/100m×13.17 <u>100m</u>＋1782.16 元/100m×3.3 <u>100m</u>＋2147.34 元/100m×9.87 <u>100m</u>＋5246.47 元/100m×13.17 <u>100m</u>＝121048.86 元

综合单价＝121048.86 元/1317m＝91.91 元/m²

喷射混凝土：

合价＝10151.97 元/100m²×4.32 <u>100m²</u>＋2006.63 元/100m²×4.32 <u>100m²</u>＝52525.15 元

综合单价＝52525.15 元/431.91m²＝121.61 元/m²

分部分项工程量清单计价表　　　　　　单位：元

序号	项目编码	项目名称	计量单位	工程数量	综合单价	合价
1	010202008001	土钉	m	1317	91.91	121048.86
	2-24	水平成孔	100m	13.17	1888.95	24877.47
	2-31	人工钉土锚杆（φ16）	100m	3.3	1782.16	5881.13
	2-31	人工钉土锚杆（φ20）	100m	9.87	2147.34	21194.25
	2-26	一次注浆	100m	13.17	5246.47	69096.01
2	010202009001	喷射混凝土	m²	431.91	121.61	52525.15
	2-28－2-29×2	喷射混凝土	100m²	4.32	10151.97	43856.51
	2-32	挂钢筋网	100m²	4.32	2006.63	8668.64

注：其他钢筋应另列项目计取，参见 5.7 钢筋工程及清单计价。

5.4.4　课后练习

1. 某工程采用压密注浆法进行复合地基加固，压密注浆孔孔径 φ50mm，孔顶标高－1.0m，孔底标高－6.00m，自然地面标高－0.50m，水泥用量按定额用量不调整，孔间距 1.0×

1.0m,沿基础满布,压密注浆每孔加固范围按1m²计算,注浆孔数量 230 根,试计算该工程注浆地基工程量清单及计价。

2. 某工程地基加固采用水泥搅拌桩,桩径φ500mm,水泥 42.5 级掺入比:15%,桩长:有效桩长不得小于 4800mm,桩顶标高:桩控制至－2.850m,设计标高－3.35m,施工桩顶标高高出设计桩顶 500mm,待基础开挖时截断,桩顶应平整,桩复合体上部设 250mm 厚 1:3 砂石垫层,如图 5-8 所示。试计算深层搅拌桩工程量清单及计价。

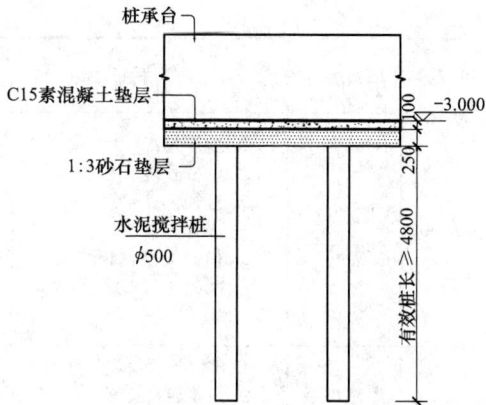

图 5-8 水泥搅拌桩剖面图

5.5 桩基工程清单及计价(附录 C)

5.5.1 桩基工程工程量清单计价的有关规定

1. 概况

建筑与装饰工程量计算规范附录 C 共分 2 节 11 个项目。包括打桩、灌注桩。本章部分常用清单项目见表 5-11。

表 5-11 桩基工程工程部分常用清单项目

项目编码	项目名称	项目特征	计量单位	工程量计算规则	工作内容
010301001	预制钢筋混凝土方桩	1. 地层情况 2. 送桩深度、桩长 3. 桩截面 4. 桩倾斜度 5. 沉桩方法 6. 接桩方式 7. 混凝土强度等级	1. m 2. m³ 3. 根	1. 以 m 计量,按设计图示尺寸以桩长(包括桩尖)计算 2. 以 m³ 计量,按设计图示截面积乘以桩长(包括桩尖)以实体积计算 3. 以根计量,按设计图示数量计算	1. 工作平台搭拆 2. 桩机竖拆、移位 3. 沉桩 4. 接桩 5. 送桩
010301002	预制钢筋混凝土管桩	1. 地层情况 2. 送桩深度、桩长 3. 桩外径、壁厚 4. 桩倾斜度 5. 沉桩方法 6. 桩尖类型 7. 混凝土强度等级 8. 填充材料种类 9. 防护材料种类			1. 工作平台搭拆 2. 桩机竖拆、移位 3. 沉桩 4. 接桩 5. 送桩 6. 桩尖制作安装 7. 填充材料、刷防护材料
010301004	截(凿)桩头	1. 桩类型 2. 桩头截面、高度 3. 混凝土强度等级 4. 有无钢筋	1. m³ 2. 根	1. 以 m³ 计量,按设计桩截面乘以桩头长度以体积计算 2. 以根计量,按设计图示数量计算	1. 截(切割)桩头 2. 凿平 3. 废料外运

续表

项目编码	项目名称	项目特征	计量单位	工程量计算规则	工作内容
010302001	泥浆护壁成孔灌注桩	1. 地层情况 2. 空桩长度、桩长 3. 桩径 4. 成孔方法 5. 护筒类型、长度 6. 混凝土类别、强度等级	1. m 2. m³ 3. 根	1. 以 m 计量，按设计图示尺寸以桩长（包括桩尖）计算 2. 以 m³ 计量，按不同截面在桩上范围内以体积计算 3. 以根计量，按设计图示数量计算	1. 护筒埋设 2. 成孔、固壁 3. 混凝土制作、运输、灌注、养护 4. 土方、废泥浆外运 5. 打桩场地硬化及泥浆池、泥浆沟
010302007	灌注桩后压浆	1. 注浆导管材料、规格 2. 注浆导管长度 3. 单孔注浆量 4. 水泥强度等级	孔	按设计图示以注浆孔数计算	1. 注浆导管制作、安装 2. 浆液制作、运输、压浆

2. 工程量清单及计价有关规定

（1）地层情况按本规范表 5-2 和表 5-9 的规定，并根据岩土工程勘察报告按单位工程各地层所占比例（包括范围值）进行描述。对无法准确描述的地层情况，可注明由投标人根据岩土工程勘察报告自行决定报价。

（2）项目特征中的桩截面、混凝土强度等级、桩类型等可直接用标准图代号或设计桩型进行描述。

（3）预制钢筋混凝土方桩、预制钢筋混凝土管桩项目以成品桩编制，应包括成品桩购置费，如果用现场预制，应包括现场预制桩的所有费用。

（4）打试验桩和打斜桩应按相应项目单独列项，并应在项目特征中注明试验桩或斜桩（斜率）。

（5）截（凿）桩头项目适用于本规范附录 B、附录 C 所列桩的桩头截（凿）。

（6）预制钢筋混凝土管桩桩顶与承台的连接构造按本规范附录 E 相关项目列项。

（7）项目特征中的桩长应包括桩尖，空桩长度＝孔深－桩长，孔深为自然地面至设计桩底的深度。

（8）泥浆护壁成孔灌注桩是指在泥浆护壁条件下成孔，采用水下灌注混凝土的桩。其成孔方法包括冲击钻成孔、冲抓锥成孔、回旋钻成孔、潜水钻成孔、泥浆护壁的旋挖成孔等。

（9）混凝土灌注桩的钢筋笼制作、安装，按本规范附录 E 中相关项目编码列项。

5.5.2　桩基工程计价定额的使用说明

1. 概况

计价定额第三章，设置打桩工程、灌注桩两个部分，共设 15 节 94 个定额子目，见表 5-12。

表 5-12　　　　　　　　　　　计价定额土石方工程内容

序号	部分内容	节内容	定额子目数量
1	一、打桩工程	打预制钢筋混凝土方桩、送桩	8
2		打预制离心管桩、送桩	4
3		静力压预制钢筋混凝土方桩、送桩	8
4		静力压预制钢筋混凝土离心管桩、送桩	4
5		电焊接桩	3

序号	部分内容	节内容	定额子目数量
6	二、灌注桩	回旋钻机钻孔	6
7		旋挖钻机钻孔	5
8		混凝土搅拌及运输、泥浆运输	8
9		长螺旋钻孔灌注混凝土	2
10		钻盘式钻机灌注混凝土桩	1
11		打孔沉管灌注桩	24
12		打孔夯扩灌注混凝土桩	8
13		灌注桩后注浆	3
14		人工挖孔桩	7
15		人工凿预留桩头、截断桩	3
		小计	94

2. 使用定额计价说明及工程量计算规则

具体详见计价定额第三章桩基工程的说明及工程量计算规则。节选一些主要的说明及工程量计算规则要点：

（1）本定额适用于一般工业与民用建筑工程的桩基础，不适用于支架上、室内打桩。打试桩可按相应定额项目的人工、机械乘以系数 2，试桩期间的停置台班结算时应按实调整。

（2）本定额打桩机的类别、规格执行中不换算。打桩机及为打桩机配套的施工机械的进（退）场费和组装、拆卸费用，另按实际进场机械的类别、规格计算。

（3）预制钢筋砼方桩的制作费，另按相关章节规定计算。打桩如设计有接桩，另按接桩定额执行。

（4）本定额土壤级别已综合考虑，执行中不换算。子目中的桩长度是指包括桩尖及接桩后的总长度。

（5）电焊接桩钢材用量，设计与定额不同时，按设计用量乘以系数 1.05 调整，人工、材料、机械消耗量不变。

（6）每个单位工程的打（灌注）桩工程量小于表 5-13 规定数量时，其人工、机械（包括送桩）按相应定额项目乘以系数 1.25。

表 5-13　　　　　　　　　　　单位打桩工程工程量表

项　　　　目	工程量
预制钢筋混凝土方桩	150m³
预制钢筋混凝土离心管桩（空心方桩）	50m³
打孔灌注混凝土桩	60m³
打孔灌注砂桩、碎石桩、砂石桩	100m³
钻孔灌注混凝土桩	60m³

（7）本定额以打直桩为准，如打斜桩，斜度在 1∶6 以内，按相应定额项目人工、机械乘系数 1.25；如斜度大于 1∶6，按相应定额项目人工、机械乘以系数 1.43。

（8）地面打桩坡度以小于 15°为准，大于 15°打桩按相应定额项目人工、机械乘以系数 1.15。如在基坑内（基坑深度大于 1.15m）打桩或在地坪上打坑槽内（坑槽深度大于 1.0m）桩时，按相应定额项目人工、机械乘以系数 1.11。

（9）本定额打桩（包括方桩、管桩）已包括 300m 内的场内运输，实际超过 300m 时，应按相应构件运输定额子目执行，并扣除定额内的场内运输费。

（10）各种灌注桩中的材料用量预算暂按表5-14内的充盈系数和操作损耗计算，结算时充盈系数按打桩记录灌入量进行调整，操作损耗不变。各种灌注桩中设计钢筋笼时，按第五章钢筋笼定额执行。设计混凝土强度、等级或砂、石级配与定额取定不同，应按设计要求调整材料，其他不变。

表 5-14　　　　　　　　　　　各种灌注桩充盈系数和操作损耗

项目名称	充盈系数	操作损耗率（%）
打孔沉管灌注混凝土桩	1.20	1.50
打孔沉管灌注砂（碎石）桩	1.20	2.00
打孔沉管灌注砂石桩	1.20	2.00
钻孔灌注混凝土桩（土孔）	1.20	1.50
钻孔灌注混凝土桩（岩石孔）	1.10	1.50
打孔沉管夯扩灌注混凝土桩	1.15	2.00

（11）钻孔灌注桩的钻孔深度是按50m内综合编制的，超过50m的桩，钻孔人工、机械乘以系数1.10。钻孔灌注桩钻土孔含极软岩，钻入岩石以软岩为准（参照表5-9岩石分类表），如钻入较软岩时，人工、机械乘以系数1.15，如钻入较硬岩以上时，应另行调整人工、机械用量。

（12）灌注桩后注浆的注浆管理设定额按桩底注浆考虑，如设计采用侧向注浆，则人工和机械乘以系数1.2。注浆管、声测管如遇材质、规格不同时，可以换算，其余不变。

（13）本定额不包括打桩、送桩后场地隆起土的清除、清孔及填桩孔的处理（包括填的材料），现场实际发生时，应另行计算。

（14）凿出后的桩端部钢筋与底板或承台钢筋焊接应按第五章中相应定额执行。

（15）因设计修改在桩间补打桩时，补打桩按相应打桩定额子目人工、机械乘以系数1.15。

（16）打预制钢筋砼混凝土的体积，按设计桩长（包括桩尖，不扣除桩尖虚体积）乘以桩截面面积计算；管桩（空心方桩）的空心体积应扣除，管桩（空心方桩）的空心部分设计要求灌注混凝土或其他填充材料时，应另行计算。

（17）接桩：按每个接头计算。

（18）送桩：以送桩长度（自桩顶面至自然地坪另加500mm）乘以桩截面面积以体积计算。

（19）钻土孔与钻岩石孔工程量应分别计算。土与岩石地层分类详见表5-2和表5-9。钻土孔自自然地面至岩石表面之深度乘以设计桩截面积以体积计算；钻岩石孔以入岩深度乘以桩截面积以体积计算。

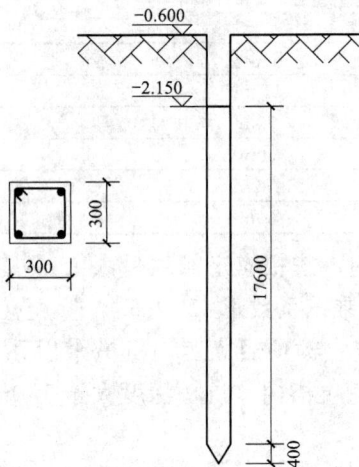

图 5-9　方桩剖面图

（20）混凝土灌入量以设计桩长（含桩尖长）另加一个直径（设计有规定的，按设计要求）乘以桩截面积以体积计算；地下室基础超灌高度按现场具体情况另行计算。

（21）泥浆外运的体积按钻孔的体积计算。

（22）灌注桩后注浆按设计注入水泥用量，以质量计算；注浆管、声测管按打桩前的自然地坪标高至设计桩底标高的长度另加0.2m，按长度计算。

（23）凿灌注混凝土桩头按体积计算，凿、截断预制方（管）桩均以根计算。

5.5.3 桩基工程量清单计价例题

例 5-5　某单位工程桩基础，如图5-9所示，设计为预制方桩 300×300mm，每根工程桩长 18m（6＋6＋6），共 200 根，C30，桩顶标高为－2.15m，设计室外地面标高为－0.60m。施工方案：液压静力压桩机施工，电焊接桩（方桩包角钢），桩为购买成品，每根（6m）运至现场 810 元/根。要求计算预制钢筋混凝土方桩的工程量清单计价。

解　1）编制工程量清单。

① 列项目。

预制钢筋混凝土方桩　010301001001　桩长 18m（6＋6＋6），桩截面 300×300mm，200根，C30，桩顶标高为－2.15m，设计室外地面标高为－0.60m，液压静力压桩机施工，电焊接桩（方桩包角钢）。

② 计算工程量。

预制钢筋混凝土桩：18×200＝3600m

③ 列清单。

分部分项工程量清单

序号	项目编码	项目名称	项目特征	计量单位	工程数量
1	010301001001	预制钢筋混凝土方桩	桩长 18m（6＋6＋6），桩截面 300×300mm，200根，C30，桩顶标高为－2.15m，设计室外地面标高为－0.60m，液压静力压桩机施工，电焊接桩（方桩包角钢）	m	3600

2）工程量清单计价。

① 确定对应定额子目。

静力压预制混凝土方桩 18m 以内：3-14

送预制混凝土方桩 18m 以内：3-18

电焊接桩（方桩包角钢）：3-25

② 计算定额子目工程量。

3-14：$18×0.3×0.3×200＝324m^3$

3-18：$0.3×0.3×200×（2.15－0.6＋0.5）＝36.90m^3$

3-25：2×200＝400 个

③ 确定定额子目综合单价。

3-14$_换$：$236.91－13.00＋1500×0.01＝238.91$ 元$/m^3$

打（压）桩定额子目中没有包括预制方桩、管桩材料费，但列出了预制钢筋砼方桩、管桩损耗取定 C35 钢筋砼损耗量及单价，设计要求及使用的方桩、管桩砼强度等级及单价不同，损耗量不变，桩单价差价调整，方桩单价为 **810/（0.3×0.3×6）＝1500 元$/m^3$**

预制方桩材料费：3×810＝2430 元/根，工程量为 200 根。

3-18：190.67 元$/m^3$

3-25$_换$：$205.47＋22.01×（1＋25\%＋12\%）＝235.62$ 元/个（P$_桩$85 注 2）

④ 累加定额子目合价，确定清单综合单价。

合价＝238.91×324＋190.67×36.90＋235.62×400＋2430.00×200＝664690.56 元

综合单价＝664690.56 元/3600m＝184.64 元/m

分部分项工程量清单计价表　　　　　　　　　　　单位：元

序号	项目编码	项目名称	计量单位	工程数量	综合单价	合价
1	010301001001	预制钢筋混凝土方桩	m	3600	184.64	664690.56
定额子目	3-14换	静力压预制混凝土方桩 18m 以内	m³	324	238.91	77406.84
	3-18	送预制混凝土方桩 18m 以内	m³	36.9	190.67	7035.72
	3-25换	电焊接桩（方桩包角钢）	个	400	235.62	94248.00
		预制方桩材料费	根	200	2430.00	486000.00

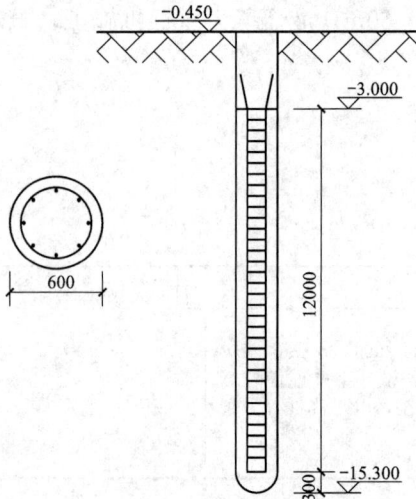

图 5-10　钻孔灌注混凝土桩剖面图

③ 列清单。

例 5-6　某工程桩基础为钻孔灌注混凝土桩，见图 5-10，C30 商品混凝土泵送，土孔中混凝土充盈系数为 1.25，自然地面标高－0.45m，桩顶标高－3.00m，设计桩长 12.30m，桩进入软岩层 1.0m，桩直径 600mm，计 100 根。施工方案：回旋钻机钻孔，泥浆护壁，砖砌泥浆池，泥浆外运 5km。要求计算：钻孔灌注混凝土桩的工程量清单及计价。

解：1）编制工程量清单。

① 列项目。

泥浆护壁成孔灌注桩　010302001001　桩长 12.3m，桩直径 600mm，C30 商品混凝土泵送，桩顶标高－3.0m，桩进入岩层 1m，机械钻孔。

② 计算工程量（清单计价规范工程量计算规则）。

12.3×100＝1230m

分部分项工程量清单

序号	项目编码	项目名称	项目特征	计量单位	工程数量
1	010302001001	泥浆护壁成孔灌注桩	桩长 12.3m，桩直径 600mm，C30 商品混凝土泵送，桩顶标高－3.0m，桩进入岩层 1m，机械钻孔	m	1230

2）工程量清单计价。

① 确定对应定额子目。

钻土孔：3-28

钻岩石孔：3-31

土孔灌注混凝土桩：3-43

岩石孔灌注混凝土桩：3-45

泥浆外运：3-41

泥浆池砌筑、拆除（见计价定额 P桩86 注）

② 计算定额子目工程量。

3-28：(15.30－0.45－1.0)×3.14×0.3×0.3×100＝391.40m³

3-31：1.0×3.14×0.3×0.3×100＝28.26m³

3-43：(12.30＋0.6－1.0)×3.14×0.3×0.3×100＝336.29m³

3-45：$1.0 \times 3.14 \times 0.3 \times 0.3 \times 100 = 28.26 \text{m}^3$

3-41：$391.40 + 28.26 = 419.66 \text{m}^3$

泥浆池砌筑、拆除：$12.30 \times 3.14 \times 0.3 \times 0.3 \times 100 = 347.60 \text{m}^3$

③ 确定定额子目综合单价。

3-28：300.96 元/m^3

3-31：1298.80 元/m^3

3-43：混凝土用量系数，原为 $1.224 = $ 充盈系数 $1.2 \times (1+0.015$ 损耗率 $+0.005$ 泵送损耗增加$)$

$$换为 1.275 = 1.25 \times (1+0.02)$$

所以 $3\text{-}43_{换} = 492.79 - 443.09 + 362 \times 1.275 = 511.25$ 元/m^3

3-45：452.84 元/m^3

3-41：112.21 元/m^3

泥浆池砌筑、拆除：2 元/m^3

④ 累加定额子目合价，确定清单综合单价。

合价 $= 300.96 \times 391.4 + 1298.80 \times 28.26 + 511.25 \times 336.29 + 452.84 \times 28.26 + 112.21 \times 419.66 + 347.60 \times 2.00 = 387010.60$ 元

综合单价 $= 387010.60$ 元/$1230\text{m} = 314.64$ 元/m

分部分项工程量清单计价表　　　　　　　　　　　　　　　　单位：元

序号	项目编码	项目名称	计量单位	工程数量	综合单价	合价
1	010302001001	泥浆护壁成孔灌注桩	m	1230	314.64	387010.60
定额子目	3-28	钻土孔	m³	391.4	300.96	117795.74
	3-31	钻岩石孔	m³	28.26	1298.80	36704.09
	3-43换	土孔灌注混凝土桩	m³	336.29	511.25	171928.26
	3-45	岩石孔灌注混凝土桩	m³	28.26	452.84	12797.26
	3-41	泥浆外运	m³	419.66	112.21	47090.05
		泥浆池砌筑、拆除	m³	347.60	2.00	695.20

5.5.4　课后练习

1. 某工程管桩基础设计如图 5-11 所示，管桩数量为 220 根，桩外径 700mm，壁厚 110mm，自然地面标高－0.30m，桩顶标高－3.6m，螺栓加焊接接桩，管桩接桩接点周边设计用钢板，采用静力压桩，管桩为成品桩，运至现场 1800 元/m^3，单根桩长 13m，a 型桩头 250 元/个，管桩场内运输按 250m 考虑。试计算预制钢筋混凝土管桩的工程量清单及计价。

2. 某工程桩基础为钻孔灌注混凝土桩，见图 5-10，图中尺寸和其他情况变更如下，C35 现场搅拌混凝土，土孔中混凝土充盈系数为 1.30，自然地面标高－0.30m，桩顶标高－4.50m，设计桩长 15.30m，桩直径 1200mm，计 250 根。施工方案：旋挖钻机钻孔，泥浆护壁，砖砌泥浆池，泥浆外运 7km。要求计算：钻孔灌注混凝土桩的工程量清单及计价。

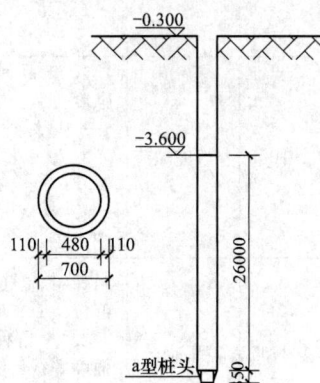

图 5-11　静力压顶应力管桩

5.6 砌筑工程清单及计价（附录 D）

5.6.1 砌筑工程量清单计价的有关规定

1. 概况

建筑与装饰工程量计算规范附录 D 共分 4 节 27 个项目。包括砖砌体、砌块砌体、石砌体、垫层。本章部分常用清单项目见表 5-15。

表 5-15   砌筑工程部分常用清单项目

项目编码	项目名称	项目特征	计量单位	工程量计算规则	工作内容
010401001	砖基础	1. 砖品种、规格、强度等级 2. 基础类型 3. 砂浆强度等级 4. 防潮层材料种类	m³	按设计图示尺寸以体积计算 包括附墙垛基础宽出部分体积，扣除地梁（圈梁）、构造柱所占体积，不扣除基础大放脚 T 形接头处的重叠部分及嵌入基础内的钢筋、铁件、管道、基础砂浆防潮层和单个面积≤0.3m² 的孔洞所占体积，靠墙暖气沟的挑檐不增加 基础长度：外墙按外墙中心线，内墙按内墙净长线计算	1. 砂浆制作、运输 2. 砌砖 3. 防潮层铺设 4. 材料运输
010401003	实心砖墙	1. 砖品种、规格、强度等级 2. 墙体类型 3. 砂浆强度等级、配合比	m³	按设计图示尺寸以体积计算。扣除门窗、洞口、嵌入墙内的钢筋混凝土柱、梁、圈梁、挑梁、过梁及凹进墙内的壁龛、管槽、暖气槽、消火栓箱所占体积，不扣除梁头、板头、檩头、垫木、木楞头、沿缘木、木砖、门窗走头、砖墙内加固钢筋、木筋、铁件、钢管及单个面积≤0.3m² 的孔洞所占的体积。凸出墙面的腰线、挑檐、压顶、窗台线、虎头砖、门窗套的体积亦不增加。凸出墙面的砖垛并入墙体体积内计算	1. 砂浆制作、运输 2. 砌砖 3. 刮缝 4. 砖压顶砌筑 5. 材料运输
010401004	多孔砖墙				
010402001	砌块墙	1. 砌块品种、规格、强度等级 2. 墙体类型 3. 砂浆强度等级		1. 墙长度：外墙按中心线、内墙按净长计算 2. 墙高度：详见表下"注 1" 3. 框架间墙：不分内外墙按墙体净尺寸以体积计算 4. 围墙：高度算至压顶上表面（如有混凝土压顶时算至压顶下表面），围墙柱并入围墙体积内	1. 砂浆制作、运输 2. 砌砖、砌块 3. 勾缝 4. 材料运输
010401008	填充墙	1. 砖品种、规格、强度等级 2. 墙体类型 3. 填充材料种类及厚度 4. 砂浆强度等级、配合比		按设计图示尺寸以填充墙外形体积计算	1. 砂浆制作、运输 2. 砌砖 3. 装填充料 4. 刮缝 5. 材料运输
010401012	零星砌砖	1. 零星砌砖名称、部位 2. 砖品种、规格、强度等级 3. 砂浆强度等级、配合比	1. m³ 2. m² 3. m 4. 个	1. 以 m³ 计量，按设计图示尺寸截面积乘以长度计算 2. 以 m² 计量，按设计图示尺寸水平投影面积计算 3. 以 m 计量，按设计图示尺寸长度计算 4. 以个计量，按设计图示数量计算	1. 砂浆制作、运输 2. 砌砖 3. 刮缝 4. 材料运输

续表

项目编码	项目名称	项目特征	计量单位	工程量计算规则	工作内容
010401013	砖散水、地坪	1. 砖品种、规格、强度等级 2. 垫层材料种类、厚度 3. 散水、地坪厚度 4. 面层种类、厚度 5. 砂浆强度等级	m²	按设计图示尺寸以面积计算	1. 土方挖、运、填 2. 地基找平、夯实 3. 铺设垫层 4. 砌砖散水、地坪 5. 抹砂浆面层
010401014	砖地沟、明沟	1. 砖品种、规格、强度等级 2. 沟截面尺寸 3. 垫层材料种类、厚度 4. 混凝土强度等级 5. 砂浆强度等级	m	以米计量，按设计图示以中心线长度计算	1. 土方挖、运、填 2. 铺设垫层 3. 底板混凝土制作、运输、浇筑、振捣、养护 4. 砌砖 5. 刮缝、抹灰 6. 材料运输
010404001	垫层	垫层材料种类、配合比、厚度	m³	按设计图示尺寸以 m³ 计算	1. 垫层材料的拌制 2. 垫层铺设 3. 材料运输

注　(1) 外墙：斜（坡）屋面无檐口天棚者算至屋面板底；有屋架且室内外均有天棚者算至屋架下弦底另加 200mm；无天棚者算至屋架下弦底另加 300mm，出檐宽度超过 600mm 时按实砌高度计算；与钢筋混凝土楼板隔层者算至板底。平屋顶算至钢筋混凝土板底；(2) 内墙：位于屋架下弦者，算至屋架下弦底；无屋架者算至天棚底另加 100mm；有钢筋混凝土楼板隔层者算至楼板底；有框架梁时算至梁底；(3) 女儿墙：从屋面板上表面算至女儿墙顶面（如有混凝土压顶时算至压顶下表面）；(4) 内、外山墙：按其平均高度计算。

2. 工程量清单计价有关规定

（1）砖基础项目适用于各种类型砖基础：柱基础、墙基础、管道基础等。

（2）基础与墙（柱）身使用同一种材料时，以设计室内地面为界（有地下室者，以地下室室内设计地面为界），以下为基础，以上为墙（柱）身。基础与墙身使用不同材料时，且不同材料分界线位于设计室内地面高度 H 小于等于 ±300mm 时，以不同材料为分界线，以下是基础，以上是墙身；高度 H 大于 ±300mm 时，以设计室内地面为分界线，以下是基础，以上是墙身，如图 5-12 所示。

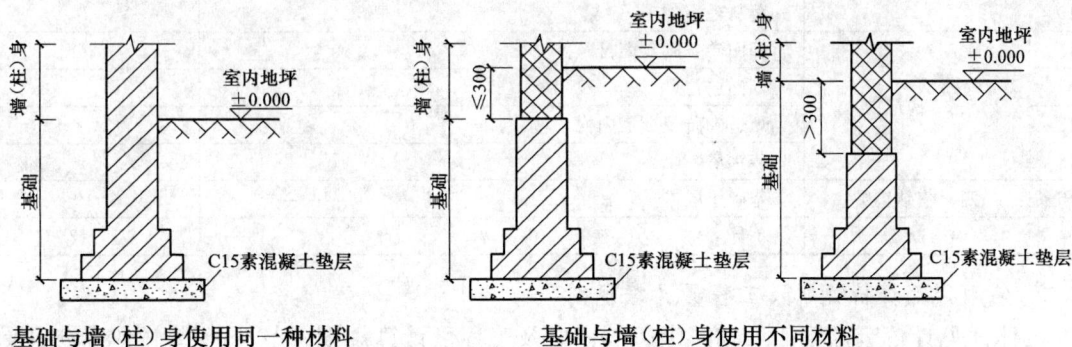

图 5-12　基础与墙身划分示意图

（3）砖围墙以设计室外地坪为界，以下为基础，以上为墙身。

（4）框架外表面的镶贴砖部分，按零星项目编码列项。

（5）附墙烟囱、通风道、垃圾道、应按设计图示尺寸以体积（扣除孔洞所占体积）计算并入所依附的墙体体积内。当设计规定孔洞内需抹灰时，应按本规范附录 M 中零星抹灰项目编码列项。

（6）台阶、台阶挡墙、梯带、锅台、炉灶、蹲台、池槽、池槽腿、砖胎模、花台、花池、楼梯栏板、阳台栏板、地垄墙、小于等于 $0.3m^2$ 的孔洞填塞等，应按零星砌砖项目编码列项。砖砌锅台与炉灶可按外形尺寸以个计算，砖砌台阶可按水平投影面积以平方米计算，小便槽、地垄墙可按长度计算、其他工程按立方米计算。

（7）砖、砌块砌体内钢筋加固、墙体拉结，应按本规范附录 E 中相关项目编码列项。

（8）砖砌体勾缝按本规范附录 M 中相关项目编码列项。

（9）除混凝土垫层应按本规范附录 E 中相关项目编码列项外，其他材料的垫层应按本章垫层项目编码列项。外墙基础垫层长度按外墙中心线长度计算，内墙基础垫层长度按内墙基础垫层净长计算。

5.6.2　砌筑工程计价定额的使用说明

1. 概况

计价定额第四章，设置砌砖、砌石、构筑物、基础垫层四个部分，共设 15 节 112 个定额子目，见表 5-16。

表 5-16　　　　　　　　　　计价定额砌筑工程

序号	部分内容	节内容	定额子目数量
1	一、砌砖	砖基础、砖桩	4
2		砌块墙、多孔砖墙	28
3		砖砌外墙	6
4		砖砌内墙	6
5		空斗墙、空花墙	3
6		填充墙、墙面砌贴砖	4
7		墙基防潮及其他	7
8	二、砌石	毛石基础、护坡、墙身	6
9		方整石墙、桩、台阶	5
10		荒料毛石加工	5
11	三、构筑物	烟囱砖基础、筒身及砖加工	7
12		烟囱内衬	3
13		烟道砌砖及烟道内衬	5
14		砖水塔	4
15	四、基础垫层	基础垫层	19
		小计	112

2. 使用定额计价说明及工程量计算规则

具体详见计价定额第四章砌筑工程的说明及工程量计算规则。节选一些主要的说明及工程量计算规则要点：

（1）标准砖墙不分清、混水墙及艺术形式复杂程度。砖券、砖过梁、砖圈梁、腰线、砖垛、砖挑檐、附墙烟囱等因素已综合在定额内，不得另列项目计算。阳台砖隔断按相应内墙定额执行。

（2）砌体使用配砖与定额不同时，不作调整。

（3）砌块墙、多孔砖墙中，窗台虎头砖、腰线、门窗洞边接茬用标准砖已包括在定额内。

（4）各种砖砌体的砖、砌块是按下表编制的，规格不同时，可以换算，具体见表 5-17。

表 5-17　　　　　　　　　　　　　砖、砌块规格表

砖名称	长×宽×高（mm）	砖名称	长×宽×高（mm）
标准砖	240×115×53	九孔砖	190×190×190
七五配砖	190×90×40	页岩模数多孔砖	240×190×90　240×140×90 240×90×90　190×120×90
KP1 多孔砖	240×115×90	普通混凝土小型空心砌块（双孔）	390×190×190
多孔砖	240×240×115　240×115×115	普通混凝土小型空心砌块（单孔）	190×190×190
KM1 空心砖	190×190×90	粉煤灰硅酸盐砌块	880×430×240　580×430×240 430×430×240　280×430×240
三孔砖	190×190×90	加气混凝土块	600×240×150　600×200×250 600×100×250
六孔砖	190×190×140		

（5）除标准砖墙外，本定额的其他品种砖弧形墙其弧形部分每立方米砌体按相应定额人工增加 15%，砖 5%，其他不变。

（6）砖砌体内的钢筋加固及转角、内外墙的搭接钢筋，按设计图示钢筋长度乘以单位理论质量计算，执行《计价定额》第五章的"砌体、板缝内加固钢筋"子目。

（7）砖砌挡土墙以顶面宽度按相应墙厚内墙定额执行，顶面宽度超过一砖按砖基础定额执行。

（8）零星砌砖系指砖砌门蹲、房上烟囱、地垄墙、水槽、水池脚、垃圾箱、台阶面上矮墙、花台、煤箱、垃圾箱、容积在 3m³ 内的水池、大小便槽（包括踏步）、阳台栏板等砌体。

（9）砖砌围墙如设计为空斗墙、砌块墙时，应按相应项目执行，其基础与墙身除定额注明外应分别套用定额。

（10）多孔砖、空心砖墙、加气混凝土、硅酸盐砌块、小型空心砌块墙均按砖或砌块的厚度计算，不扣除砖或砌块本身的空心部分体积。

（11）标准砖墙计算厚度见表 5-18。

表 5-18　　　　　　　　　标准砖墙计算厚度

砖墙计算厚度（mm）	1/4	1/2	3/4	1	3/2	2
标准砖	53	115	178	240	365	490

（12）砖砌体、砌块砌体等墙体的工程量计算规则同清单规范工程量计算规则。

（13）基础与墙身划分同清单规范规定。

（14）墙基防潮层按墙基顶面水平宽度乘以长度以面积计算，有附垛时将其面积并入墙基内。

（15）砖砌台阶可按水平投影面积以面积计算。

（16）基础垫层的工程量计算规则同清单规范工程量计算规则。

5.6.3　砌筑工程量清单计价例题

例 5-7　某单位工程基础平面图及基础详图见图 5-2，图中轴线为墙中心线，柱外边线与墙外边平齐，室内地坪±0.00m，防潮层−0.06m，室外地坪−0.30m，1：2 水泥砂浆防水砂浆防潮层以下用 M10 水泥砂浆砌 Mu15 混凝土砖 240mm×115mm×53mm 一砖墙基础，2 层等高大放脚，防潮层以上为 M7.5 混合砂浆砌加气混凝土砌块墙身，Mu15 混凝土砖 0.55 元/块。要求计算：砖基础的工程量清单及计价，并填写综合单价分析表。

解　1）编制工程量清单。

① 列项目。

砖基础 010401001001 M10 水泥砂浆砌 Mu15 混凝土砖 240mm×115mm×53mm，条形基础，1：2 水泥砂浆防水砂浆防潮层。

② 计算工程量。

砖基础长度：(6−0.44−0.44)×2+(6−0.565−0.565)+(10−0.415−0.525×2−0.415)×2(砖基础与独立基础交接处算至独立基础一半处)+(5−0.12−0.12)(内墙按净长计算，基础大放脚 T 形接头处重叠部分不扣除)=36.11m

砖基础断面积=基础墙高×基础墙宽+大放脚增加面积

或砖基础断面积=基础墙宽×(基础墙高+折加高度)

其中折加高度=大放脚增加面积/基础墙宽

砖基础大放脚就是把砖基础砌成台阶（踏步）形状。砖基础大放脚通常采用等高式或间隔式两种形式。等高式大放脚是每二皮砖（高度为 2 皮砖加 2 灰缝=53×2+10×2=126mm）一收，每次收进 1/4 砖即（砖长 240+灰缝 10)/4=62.5mm，如图 5-13A 所示。间隔式大放脚是二皮一收与一皮（高度为 1 皮砖加 1 灰缝=53+10=63mm）一收相间隔，每次收进 1/4 砖，一般要求二皮砖层的在最下面。间隔式大放脚按其错台层数又分成错台为偶数砖基础（如图 5-13B 所示，以一皮砖层开始）和错台为奇数砖基础（如图 5-13C 所示，以二皮砖层开始）。

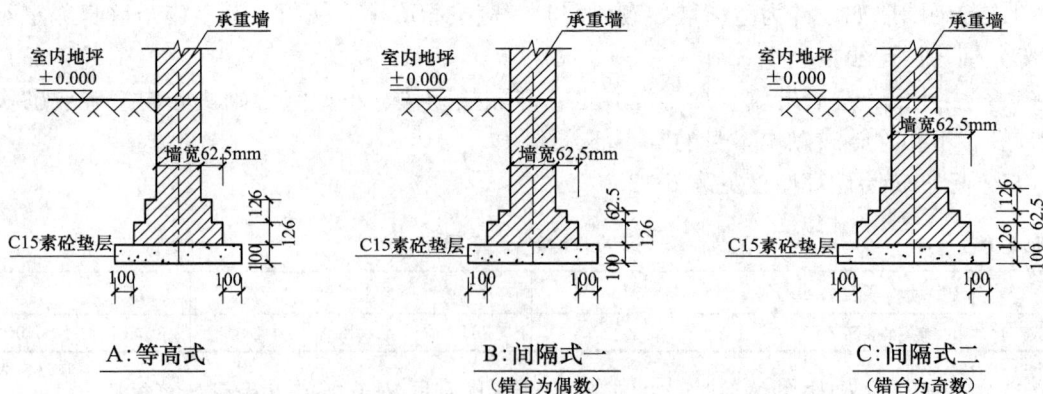

图 5-13　砖基础大放脚示意图

以一砖墙砖基础为例说明砖基础大放脚增加面积和折加高度的计算。

a. 二层等高式（双面）。

大放脚增加面积=0.0625m×0.126m×3×2=0.0473m²

折加高度=0.0473m²/0.24m=0.197m

b. 二层间隔式（双面）。

大放脚增加面积＝0.0625m×0.063m×2＋0.0625m×0.126m×2×2＝0.0394m²

折加高度＝0.0394m²/0.24m＝0.164m

c. 三层间隔式（双面）。

大放脚增加面积＝0.0625m×0.126m×2＋0.0625m×0.063m×2×2＋0.0625m×0.126m×3×2＝0.0788m²

折加高度＝0.0788m²/0.24m＝0.328m

节选部分砖砌大放脚增加面积及折加高度数据见表 5-19。

表 5-19　　　　　　　　　砖砌大放脚增加面积及折加高度表

放脚层数		双面系数			单面系数		
		折加高度（m）		增加断面（m²）	折加高度（m）		增加断面（m²）
	放脚形式	11.5	24		11.5	24	
1	等高式	0.137	0.066	0.0158	0.069	0.033	0.0079
	间隔式	0.137	0.066	0.0158	0.069	0.033	0.0079
2	等高式	0.411	0.197	0.0473	0.206	0.099	0.0237
	间隔式	0.343	0.164	0.0394	0.171	0.082	0.0197
3	等高式	0.822	0.394	0.0945	0.411	0.197	0.0473
	间隔式	0.685	0.328	0.0788	0.343	0.164	0.0394
4	等高式	1.370	0.656	0.1575	0.685	0.328	0.0788
	间隔式	1.096	0.525	0.1260	0.548	0.263	0.0630
5	等高式	2.055	0.985	0.2363	1.028	0.493	0.1181
	间隔式	1.643	0.788	0.1890	0.822	0.394	0.0945
6	等高式	2.876	1.378	0.3308	1.438	0.689	0.1654
	间隔式	2.260	1.083	0.2599	1.130	0.542	0.1299
7	等高式	3.835	1.838	0.4410	1.918	0.919	0.2205
	间隔式	3.93	1.444	0.3465	1.507	0.722	0.1733

砖基础高度：1.8−0.06＝1.74m

该砖基础为等高式，240mm墙厚，2 层，双面，折加高度等于 0.197m，增加断面面积等于 0.0473m²。

砖基础断面积＝0.24×(1.74＋0.197)＝0.24×1.74＋0.0473＝0.465m²

砖基础体积＝砖基础长度×砖基础断面积＝36.11×0.465＝16.79m³

③ 列清单。

分部分项工程量清单

序号	项目编码	项目名称	项目特征	计量单位	工程数量
1	010401001001	砖基础	M10 水泥砂浆砌 Mu15 混凝土砖 240×115×53mm，条形基础，1：2 水泥砂浆防水砂浆防潮层	m³	16.79

2）工程量清单计价。

① 确定对应定额子目。

直形砖基础：4-1

防水砂浆墙基防潮层：4-52

② 计算定额子目工程量。

4—1：16.79m³

4—52：0.24×36.11＝8.67m²

③ 确定定额子目综合单价。

4—1换＝406.25－43.65＋46.35－219.24＋55×5.22＝476.81 元/m³

4—52：173.94 元/10m²

④ 累加定额子目合价，确定清单综合单价。

合价＝476.81×16.79＋173.94×0.87＝8156.97 元

综合单价＝8156.97/16.79＝485.82 元/m³

分部分项工程量清单计价表　　　　　　　　　　　　　　　单位：元

序号	项目编码	项目名称	计量单位	工程数量	综合单价	合价
1	010401001001	砖基础	m³	16.79	485.82	8156.97
定额子目	4—1换	直形砖基础	m³	16.79	476.81	8005.64
	4—52	防水砂浆墙基防潮层	10m²	0.87	173.94	151.33

3) 综合单价分析表。

综 合 单 价 分 析 表

工程名称：　　　　　　　标段：　　　　　　　　　　　　　　第 页 共 页

项目编码	010401001001	项目名称	砖基础		计量单位	m³	工程量	16.79

清单综合单价组成明细

定额编号	定额项目名称	定额单位	数量	单价					合价				
				人工费	材料费	机械费	管理费	利润	人工费	材料费	机械费	管理费	利润
4-1换	M10 水泥砂浆直形砖基础	m³	1.0000	98.4	333.94	5.89	26.07	12.51	98.4	333.94	5.89	26.07	12.51
4-52	1：2 防水砂浆墙基防潮层	10m²	0.0518	58.22	87.13	5.15	15.84	7.60	3.02	4.51	0.27	0.82	0.39
综合人工工日		小计							101.42	338.45	6.16	26.89	12.90
1.2368 工日		未计价材料费											
清单项目综合单价									485.82				

材料费明细	主要材料名称、规格、型号	单位	数量	单价（元）	合价（元）	暂估单价（元）	暂估合价（元）
	Mu15 混凝土砖 240mm×115mm×53mm	百块	5.22	55	287.10		
	水泥砂浆 M10	m³	0.242	191.53	46.35		
	水	m³	0.104	4.70	0.49		
	防水砂浆 1：2	m³	0.01088	414.89	4.51		
	其他材料费			—			—
	材料费小计			—	338.45		—

注：1. 如不使用省级或行业建设主管部门发布的计价依据，可不填定额编号、名称等。

2. 招标文件提供了暂估单价的材料，按暂估的单价填入表内"暂估单价"栏及"暂估合价"栏。

营改增后本题解：

例 5-7[*]　某单位工程基础平面图及基础详图见图 5-2，图中轴线为墙中心线，柱外边线与墙外边平齐，室内地坪±0.00m，防潮层−0.06m，室外地坪−0.30m，1：2 水泥砂浆防水砂浆防潮层以下用 M10 水泥砂浆砌 Mu15 混凝土砖 240mm×115mm×53mm 一砖墙基础，2 层等高大放脚，防潮层以上为 M7.5 混合砂浆砌加气混凝土砌块墙身，Mu15 混凝土砖除税单价为 47.17 元/块。要求计算：砖基础的工程量清单及计价，并填写综合单价分析表。

解　1）编制工程量清单

① 列项目。

砖基础 010401001001 M10 水泥砂浆砌 Mu15 混凝土砖 240mm×115mm×53mm，条形基础，1：2 水泥砂浆防水砂浆防潮层。

② 计算工程量。

砖基础长度：

$(6-0.44-0.44)\times 2+(6-0.565-0.565)+(10-0.415-0.525\times 2-0.415)\times 2+(5-0.12-0.12)=36.11m$

砖基础断面面积：

$0.24\times(1.74+0.197)=0.24\times 1.74+0.0473=0.465m^2$

砖基础体积＝砖基础长度×砖基础断面面积＝$36.11\times 0.465=16.79m^3$

③ 列清单。

分部分项工程量清单

序号	项目编码	项目名称	项目特征	计量单位	工程数量
1	010401001001	砖基础	M10 水泥砂浆砌 Mu15 混凝土砖 240mm×115mm×53mm，条形基础，1：2 水泥砂浆防水砂浆防潮层	m³	16.79

2）工程量清单计价

① 确定对应定额子目。

直形砖基础：4-1

防水砂浆墙基防潮层：4-52

② 计算定额子目工程量。

4-1：$16.79m^3$

4-52：$0.24\times 36.11=8.67m^2$

③ 确定定额子目综合单价。

注：营改后，人工费不需调整，材料费单价、施工机具使用费单价均应扣减其进项税额，人、材、机消耗量不变，管理费率和利润率按调整后费率计取。

以水为例，原含进项税额预算单价为 4.70 元/m³

扣除采保费 2%的出厂含增值税价＝4.70/(1+2%)＝4.61 元/m³

（所有采购材料均取 2%采保费）

扣除 3%增值税的除税出厂价＝4.61/(1+3%)＝4.48 元/m³

不同材料进项增值税率不同，**砂、石料、砖（不含混凝土砖）、瓦、石灰、自来水、商品混凝土按 3%税率扣进项增值税，其他材料大多按 17%税率扣进项增值税**

采保费＝4.61×2%＝0.09 元/m³

水除税预算单价＝4.48＋0.09＝4.57 元/m³

按此方法，水泥砂浆 M10 除税预算单价＝178.18 元/m³，灰浆搅拌机除税台班单价＝120.64 元/台班。(具体可参见苏建价〔2016〕154 号附件 2、3)

4-1换

＝82×1.20＋47.17×5.22＋178.18×0.242＋4.57×0.104＋120.64×0.048＋(82×1.20＋120.64×0.048)×(26%＋12%)＝433.61 元/m³

同理 4-52＝82×0.71＋369.90×0.21＋120.64×0.042＋(82×0.71＋120.64×0.042)×(26%＋12%)＝165.02 元/10m²

④ 累加定额子目合价，确定清单综合单价。

合价＝433.61×16.79＋165.02×0.87＝7423.88 元

综合单价＝7423.88/16.79＝442.16 元/m³

分部分项工程量清单计价表　　单位：元

序号	项目编码	项目名称	计量单位	工程数量	综合单价	合价
1	010401001001	砖基础	m³	16.79	442.16	7423.88
定额子目	4-1换	直形砖基础	m³	16.79	433.61	7280.31
	4-52	防水砂浆墙基防潮层	10m²	0.87	165.02	143.57

3) 综合单价分析表。

综合单价分析表

工程名称：　　　标段：　　　第 页 共 页

项目编码	010401001001	项目名称		砖基础		计量单位		m³	工程量	16.79

清单综合单价组成明细

定额编号	定额项目名称	定额单位	数量	单价					合价				
				人工费	材料费	机械费	管理费	利润	人工费	材料费	机械费	管理费	利润
4-1换	M10 水泥砂浆直形砖基础	m³	1.0000	98.4	289.83	5.79	27.09	12.50	98.4	289.83	5.79	27.09	12.50
4-52	1:2 防水砂浆墙基防潮层	10m²	0.0518	58.22	77.68	5.07	16.46	7.59	3.02	4.03	0.26	0.85	0.39
综合人工工日		小计							101.42	293.86	6.05	27.94	12.89
1.2368 工日		未计价材料费											
清单项目综合单价									442.16				

材料费明细	主要材料名称、规格、型号	单位	数量	单价(元)	合价(元)	暂估单价(元)	暂估合价(元)
	Mu15 混凝土砖 240mm×115mm×53mm	百块	5.22	47.17	246.23		
	水泥砂浆 M10	m³	0.242	178.18	43.12		
	水	m³	0.104	4.57	0.48		
	防水砂浆 1:2	m³	0.01088	369.90	4.02		
	其他材料费			—		—	
	材料费小计			—	293.86	—	

注：1. 如不使用省级或行业建设主管部门发布的计价依据，可不填定额编号、名称等。
2. 招标文件提供了暂估单价的材料，按暂估的单价填入表内"暂估单价"栏及"暂估合价"栏。

例 5-8　某办公楼工程如附录三建施-2 所示，第一层墙体，外墙采用 200 厚 A5 蒸压轻质砂加气混凝土砌块（B06），360 元/m³，内墙采用 200 厚 A3.5 蒸压轻质砂加气混凝土砌块（B05），340 元/m³，M5 混合砂浆，厕所间为 100 厚 A3.5 蒸压轻质砂加气混凝土砌块（B05），M5 混合砂浆，试计算该办公楼工程一层内、外墙砌块墙工程量清单及计价。

解　1）编制工程量清单。

① 列项目。

砌块墙　010402001001 200 厚 A5 蒸压轻质砂加气混凝土砌块（B06），外墙，M5 混合砂浆

砌块墙　010402001002 200 厚 A3.5 蒸压轻质砂加气混凝土砌块（B05），内墙，M5 混合砂浆

砌块墙　010402001003 100 厚 A3.5 蒸压轻质砂加气混凝土砌块（B05），内墙，M5 混合砂浆

② 计算工程量。

砌块墙工程量体积＝墙长度×墙高度×墙厚度

砌块墙 200 厚外墙：$34.75-4.02-0.90-0.42-1.10-0.66-0.25=27.40$m³

外墙：$[(8-0.10-0.10)$墙长$\times(4.15+0.06-0.75)$墙高$+(6-0.50-0.40)\times(4.15+0.06-0.6)+(6.8-0.40-0.30)\times(4.15+0.06-0.75)+(2.2-0.10-0.40)\times(4.15+0.06-0.4)+(8+9-0.10-0.5-0.40)\times(4.15+0.06-0.75)+(6-0.50-0.40)\times(4.15-0.06-0.6)+(8-0.10-0.10)\times(4.15+0.06-0.75)]\times0.20$墙厚$=34.75$m³

扣门窗：$-(1.5\times2.8\times2+1.7\times1.8+1.8\times0.6\times2+1.8\times1.8\times2)\times0.20=-4.02$m³

扣门窗过梁：$-0.20\times0.29\times[(1.5+0.30\times2)\times2+1.7+(1.8+0.30\times2)\times4]=-0.90$m³

扣窗台梁：$-0.12\times0.20\times(2.2+8+9-0.1-0.5-0.5-0.4)=-0.42$m³

扣构造柱：$-(0.20\times0.20\times4+0.20\times0.03\times8$马牙槎$)\times(4.15+0.06-0.75)-(0.20\times0.20\times2+0.20\times0.03\times4)\times(4.15+0.06-0.6)=-1.10$m³

扣 MZ：$-0.29\times0.20\times(2.8+0.06)\times2\times2=-0.66$m³

扣 TZ：$-0.20\times0.3\times(2.314+0.06-0.35)-0.20\times0.3\times(2.35+0.06-0.35)=-0.25$

其中马牙槎的计算示意图如图 5-14 所示。

砌块墙 200 厚内墙：$28.54-2.20-0.43-0.79-0.25=24.87$m³

内墙：$[(14-0.1-0.65-0.4)\times(4.15+0.06-0.7)\times2+(6-0.1-0.1)\times(4.15+0.06-0.12)+(9-0.4-0.4)\times(4.15+0.06-0.7)]\times0.20=28.54$m³

扣门窗：$-(1.5\times2.2\times2+1.0\times2.2\times2)\times0.20=-2.20$m³

扣门窗过梁：$-0.20\times0.29\times[(1.5+0.3\times2)\times2+(1.0+0.3\times2)\times2]=-0.43$m³

扣构造柱：$-(0.20\times0.20\times3+0.20\times0.03\times6)\times(4.15+0.06-0.7)-(0.20\times0.20\times1+0.20\times0.03\times4)\times(4.15+0.06-0.5)=-0.79$m³

扣 TZ：$-0.20\times0.3\times(2.35+0.06-0.35)\times2=-0.25$m³

砌块墙 100 厚内墙：$1.61-0.06-0.40=1.15$m³

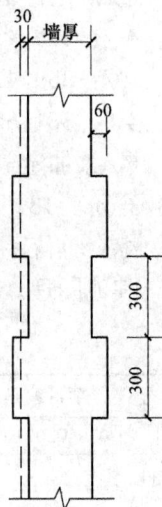

图 5-14　马牙槎计算示意图

内墙：$(8-0.1-0.1)\times(2.35+0.06-0.35)\times0.10=1.61m^3$

扣 TZ：$-0.10\times0.3\times(2.35+0.06-0.35)=-0.06m^3$

扣门窗：$-1.0\times2.0\times2\times0.10=-0.40m^3$

③列清单。

分部分项工程量清单

序号	项目编码	项目名称	项目特征	计量单位	工程数量
1	010402001001	砌块墙	200厚A5蒸压轻质砂加气混凝土砌块（B06），外墙，M5混合砂浆	m³	27.40
2	010402001002	砌块墙	200厚A3.5蒸压轻质砂加气混凝土砌块（B05），内墙，M5混合砂浆	m³	24.87
3	010402001003	砌块墙	100厚A3.5蒸压轻质砂加气混凝土砌块（B05），内墙，M5混合砂浆	m³	1.15

2）工程量清单计价。

①确定对应定额子目。

砌块墙200厚外墙：4-7

砌块墙200厚内墙：4-7

砌块墙100厚内墙：4-9

②计算定额子目工程量。

4-7：$27.40m^3$

4-7：$24.87m^3$

4-9：$1.15m^3$

③确定定额子目综合单价。

4-7：$359.41-204.05+0.915\times360=484.76$ 元/m³

4-7：$359.41-204.05+0.915\times340=466.46$ 元/m³

4-9：$381.69-215.64+0.967\times340=494.83$ 元/m³

④累加定额子目合价，确定清单综合单价。

合价$=484.76$ 元/m³$\times27.26m^3=13214.56$ 元

综合单价$=13214.56$ 元/$27.26m^3=484.76$ 元/m³

其他同理。

分部分项工程量清单计价表   单位：元

序号	项目编码	项目名称	计量单位	工程数量	综合单价	合价
1	010402001001	砌块墙	m³	27.26	484.76	13214.56
定额子目	4-7	普通砂浆砌筑加气混凝土砌块墙200厚	m³	27.26	484.76	13214.56
2	010402001002	砌块墙	m³	24.87	466.46	11600.86
定额子目	4-7	普通砂浆砌筑加气混凝土砌块墙200厚	m³	24.87	466.46	11600.86
3	010402001003	砌块墙	m³	1.15	494.83	569.05
定额子目	4-9	普通砂浆砌筑加气混凝土砌块墙100厚	m³	1.15	494.83	569.05

5.6.4　课后练习

1. 某办公楼工程基础平面图如附录三结施-02 所示，其中 Mu20 标准混凝土砖 0.65 元/块计价，试计算该砖基础工程量清单及计价。

2. 计算某办公楼工程附录三建施-3 所示第二层砌体内、外墙工程及建施-6、建施-10 所示屋面女儿墙工程量清单及计价，其他条件参见例 5-7、5-8。

5.7　钢筋工程清单及计价（附录 E15、E16）

5.7.1　钢筋工程工程量清单计价的有关规定

1. 概况

钢筋工程在建筑与装饰工程计算规范中属于附录 E 的第 15 节和 16 节，包括钢筋工程和螺栓、铁件，共 14 个清单项目。部分常用清单项目见表 5-20。

表 5-20　　　　　　　　　　　钢筋工程部分常用清单项目

项目编码	项目名称	项目特征	计量单位	工程量计算规则	工作内容
010515001	现浇构件钢筋				1. 钢筋制作、运输 2. 钢筋安装 3. 焊接（绑扎）
010515002	预制构件钢筋				
010515003	钢筋网片	1. 钢筋种类 2. 规格	t	按设计图示钢筋（网）长度（面积）乘单位理论质量计算	1. 钢筋网制作、运输 2. 钢筋网安装 3. 焊接（绑扎）
010515004	钢筋笼				1. 钢筋笼制作、运输 2. 钢筋笼安装 3. 焊接（绑扎）
010515009	支撑钢筋（铁马）			按钢筋长度乘单位理论质量计算	钢筋制作、焊接、安装
010515010	声测管	1. 材质 2. 规格型号		按设计图示尺寸以质量计算	1. 检测管截断、封头 2. 套管制作、焊接 3. 定位、固定
010516002	预埋铁件	1. 钢材种类 2. 规格 3. 铁件尺寸		按设计图示尺寸以质量计算	1. 螺栓、铁件制作、运输 2. 螺栓、铁件安装
010516003	机械连接	1. 连接方式 2. 螺纹套筒种类 3. 规格	个	按数量计算	1. 钢筋套丝 2. 套筒连接
010516004	钢筋电渣压力焊接头	1. 钢筋种类 2. 规格	个	按数量计算	1. 接头清理 2. 焊接固定

2. 工程量清单及计价有关规定

（1）现浇构件中伸出构件的锚固钢筋应并入钢筋工程量内。除设计（包括规范规定）标明的搭接外，其他施工搭接不计算工程量，在综合单价中综合考虑。

（2）现浇构件中固定位置的支撑钢筋、双层钢筋用的"铁马"、机械连接等在编制工程量清单时，如果设计未明确，其工程数量可按 1 个/m² 为暂估量，结算时按现场签证数量计算。

5.7.2　钢筋工程计价定额的使用说明

1. 概况

计价定额第五章，设置现浇构件、预制构件、预应力构件及其他四个部分，共设 5 节 51 个定额子目，见表 5-21。

表 5-21　　　　　　　　　　　　　计价定额钢筋工程内容

序号	部分内容	节内容	定额子目数量
1	一、现浇构件	现浇构件	8
2	二、预制构件	预制构件	6
3	三、预应力构件	先张法、后张法钢筋	3
4		后张法钢丝束、钢绞线束钢筋	7
5	四、其他	其他（砌体加筋、铁件、电渣压力焊、机械连接等）	27
		小计	51

2. 使用定额计价说明及工程量计算规则

具体详见计价定额第五章钢筋工程的说明及工程量计算规则。节选一些主要的说明及工程量计算规则要点：

（1）钢筋工程内容包括除锈、平直、制作、绑扎（点焊）、安装以及浇灌混凝土时维护钢筋用工。

（2）钢筋搭接所耗用的电焊条、电焊机、铅丝和钢筋余头损耗已包括在定额内，设计图纸注明的钢筋接头长度以及未注明的钢筋接头按规范的搭接长度应计入设计钢筋用量中。

（3）粗钢筋接头采用电渣压力焊、直螺纹、套管接头等接头者，应分别执行钢筋接头定额。计算了钢筋接头的不能再计算钢筋搭接长度。

（4）对构筑物工程，其钢筋可按表 5-22 所列系数调整定额中人工和机械用量。

表 5-22　　　　　　　　构筑物工程钢筋定额人工、机械用量调整系数

项目	构筑物					
系数范围	烟囱烟道	水塔水箱	贮仓		栈桥通廊	水池油池
			矩形	圆形		
人工机械调整系数	1.70	1.70	1.25	1.50	1.20	1.20

（5）钢筋制作、绑扎需拆分者，制作按 45%、绑扎按 55% 拆算。

（6）钢筋、铁件在加工厂制作时，由加工厂至现场的运输费应另列项目计算。在现场制作的不计算此项费用。

（7）铁件是指质量在 50kg 以内的预埋铁件。

（8）管桩与承台连接所用钢筋和钢板分别按钢筋笼和铁件执行。

（9）编制预算时，钢筋工程量可暂按构件体积（或水平投影面积、外围面积、延长米）×钢筋含量计算，详见附录一。结算工程量计算应按设计图示、标准图集和规范要求计算。

（10）钢筋工程应区别现浇构件、预制构件、加工厂预制构件、预应力构件、点焊网片

等以及不同规格分别按设计展开长度（展开长度、保护层、搭接长度应符合规范规定）乘单位理论质量计算。

（11）计算钢筋工程量时，搭接长度按规范规定计算。当梁、板（包括整板基础）Φ8mm以上的通筋未设计搭接位置时，预算书暂按 9m 一个双面电焊接头考虑，结算时应按钢筋实际定尺长度调整搭接个数，搭接方式按已审定的施工组织设计确定。

（12）电渣压力焊、直螺纹、冷压套管挤压等接头以"个"计算。预算书中，底板、梁暂按 9m 长一个接头的 50% 计算；柱按自然层每根钢筋 1 个接头计算。结算时应按钢筋实际接头个数计算。

（13）地脚螺栓制作、端头螺杆螺帽制作按设计尺寸以质量计算。

（14）植筋按设计数量以根数计算。

（15）钢筋直（弯）、弯钩、箍筋及其他长度计算详见例题。

5.7.3　钢筋工程量计算相关知识

1. 钢筋工程量计算原理

计算钢筋工程量时，其最终原理就是计算钢筋的长度。本书参考 11G101 钢筋平法图集中的一些参数和表示方法来计算钢筋工程量。

钢筋重量＝钢筋长度×根数×理论重量

其中，钢筋长度＝净长＋节点锚固＋搭接＋弯钩（φ钢筋）

而钢筋的锚固、搭接长度与钢筋混凝土构件的混凝土标号、抗震等级和钢筋级别都有关系。

2. 钢筋理论重量

钢筋理论重量见表 5-23。

表 5-23　　　　　　　　　　　　钢筋每米重量表

公称直径（mm）	6.5	8	10	12	14	16	18	20	22	25	28	32
重量 kg/m	0.260	0.395	0.617	0.888	1.21	1.58	2.00	2.47	2.98	3.85	4.83	6.31

注：以 φ6.5 取代 φ6。

3. 钢筋混凝土保护层

钢筋混凝土构件中的受力钢筋外边缘至构件的表面有一定厚度，称为混凝土保护层。它能保证钢筋和混凝土之间有良好的黏结性，防止钢筋的锈蚀氧化。

计算钢筋工程量时混凝土保护层最小厚度参见表 5-24。

表 5-24　　　　　　　　　　　　混凝土保护层最小厚度（mm）

环境类别	一	二 a	二 b	三 a	三 b
板、墙	15	20	25	30	40
梁、柱	20	25	35	40	50

注：1. 表中混凝土保护层厚度是指最外层钢筋外边缘至混凝土表面的距离，适用于设计使用年限为 50 年的混凝土结构。

2. 构件中受力钢筋的保护层厚度不应小于钢筋的公称直径。

3. 设计使用年限为 100 年的混凝土结构，一类环境中，最外层钢筋的保护层厚度不应小于表中数值的 1.4 倍；二、三类环境中，应采取专门的有效措施。

4. 混凝土强度等级不大于 C25 时，表中保护层厚度数值应增加 5mm。

5. 基础底面钢筋的保护层厚度，有混凝土垫层时应从垫层顶面算起，且不应小于 40mm。

其中混凝土结构的环境类别见表 5-25。

表 5-25　　　　　　　　　　　　　　**混凝土结构的环境类别**

环境类别	条 件
一	室内干燥环境；无侵蚀性静水浸没环境
二 a	室内潮湿环境；非严寒和非寒冷地区的露天环境；非严寒和非寒冷地区与无侵蚀性的水或土壤直接接触的环境；严寒和寒冷地区的冰冻线以下与无侵蚀性的水或土壤直接接触的环境。
二 b	干湿交替环境；水位频繁变动环境；严寒和寒冷地区的露天环境；严寒和寒冷地区的冰冻线以上与无侵蚀性的水或土壤直接接触的环境
三 a	严寒和寒冷地区冬季水位变动区环境；受除冰盐影响环境；海风环境
三 b	盐渍土环境；受除冰盐作用环境；海岸环境
四	海水环境
五	受人为或自然的侵蚀性物质影响的环境

4. 受拉钢筋锚固长度

受拉钢筋基本锚固长度 L_{ab}、L_{abE} 见表 5-26。

表 5-26　　　　　　　　　　　　**受拉钢筋基本锚固长度 L_{ab}、L_{abE}**

钢筋种类	抗震等级	混凝土强度等级								
		C20	C25	C30	C35	C40	C45	C50	C55	≥C60
HPB300	一、二级（L_{abE}）	45d	39d	35d	32d	29d	28d	26d	25d	24d
	三级（L_{abE}）	41d	36d	32d	29d	26d	25d	24d	23d	22d
	四级（L_{abE}）	39d	34d	30d	28d	25d	24d	23d	22d	21d
	非抗震（L_{ab}）									
HRB335 HRBF335	一、二级（L_{abE}）	44d	38d	33d	31d	29d	26d	25d	24d	24d
	三级（L_{abE}）	40d	35d	31d	28d	26d	24d	23d	22d	22d
	四级（L_{abE}）	38d	33d	29d	27d	25d	23d	22d	21d	21d
	非抗震（L_{ab}）									
HRB400 HRBF400 RRB400	一、二级（L_{abE}）	—	46d	40d	37d	33d	32d	31d	30d	29d
	三级（L_{abE}）	—	42d	37d	34d	30d	29d	28d	27d	26d
	四级（L_{abE}）	—	40d	35d	32d	29d	28d	27d	26d	25d
	非抗震（L_{ab}）									
HRB500 HRBF500	一、二级（L_{abE}）	—	55d	49d	45d	41d	39d	37d	36d	35d
	三级（L_{abE}）	—	50d	45d	41d	38d	36d	34d	33d	32d
	四级（L_{abE}）	—	48d	43d	39d	36d	34d	32d	31d	30d
	非抗震（L_{ab}）									

受拉钢筋锚固长度 L_a、抗震钢筋锚固长度 L_{aE} 见表 5-27。

本书中用 A 表示φ钢筋 HPB300，B 表示φ钢筋 HRB335，C 表示φ钢筋 HRB400。

表 5-27　　　　　　　　　　**受拉钢筋锚固长度 L_a、抗震钢筋锚固长度 L_{aE}**

非抗震	抗震	注：
$L_a = \xi_a L_{ab}$	$L_{aE} = \xi_{aE} L_a$	1. L_a 不应小于 200。 2. 锚固长度修正系数 ξ_a 按受拉钢筋锚固长度修正系数 ξ_a 表取用，当多于一项时，可按连乘计算，但不应小于 0.6。 3. ξ_{aE} 为抗震锚固长度修正系数，对一、二抗震等级取 1.15，对三级抗震等级取 1.05，对四级抗震等级取 1.0

纵向受拉钢筋锚固长度修正系数 ξ_a

锚固条件	ξ_a	备注
带肋钢筋的公称直径大于 25mm	1.10	—
环氧树脂层带肋钢筋	1.25	—
施工过程中易受扰动的钢筋	1.10	—
保护层厚度	3d	0.8	注：中间时按内插值，d 为锚固钢筋直径
	5d	0.7	

5. 纵向受拉钢筋连接

钢筋连接可采用绑扎搭接、机械连接或焊接。机械连接接头及焊接接头的类型及质量应符合国家现行有关标准的规定。混凝土结构中受力钢筋的连接接头宜设置在受力较小处。在同一根受力钢筋上宜少设接头。

纵向受拉钢筋绑扎搭接接头的搭接长度，应根据位于同一连接区段内的钢筋搭接接头面积百分率按表 5-28 公式计算。

表 5-28　　　　　　　　纵向受拉钢筋绑扎搭接长度 L_1、L_{IE}

抗震		非抗震		1. 当不同直径的钢筋搭接时 L_1、L_{IE} 按直径较小的钢筋计算
$L_{IE}=\xi_1 L_{aE}$		$L_1=\xi_1 L_a$		2. 在任务情况上 L_1 不得小于 300mm
纵向受拉钢筋搭接长度修正系数 ξ_1				3. 式中 L_1 为纵向受拉钢筋搭接长度修正系数，当纵向钢筋搭接接头百分率为表的中间值时，可按内插取值
纵向受拉钢筋搭接接头面积百分率（%）	≤25	50	100	
ξ_1	1.2	1.4	1.6	

6. 主要构件需要计算钢筋种类

梁、板、柱需要计算的钢筋种类见表 5-29。

表 5-29　　　　　　　　梁、板、柱需要计算钢筋种类

构件		需要计算钢筋种类
梁	纵筋	上部贯通筋、支座负筋（包括端支座和中间支座）、上部架立筋、中部构造腰筋和抗扭腰筋、下部贯通筋和非贯通筋
	拉筋	
	箍筋	
板	上、下部纵筋	
	板洞口加筋	
	支座负筋	包括端支座和中间支座
	分部筋和温度筋	
柱	纵筋	基础插筋、中间层纵筋、顶层纵筋
	拉筋	
	箍筋	

5.7.4　钢筋工程量清单计价例题

例 5-9　某办公楼工程如附录三结施-07 所示，选择该工程中二层框架梁 KLx101，300×750，C8@ 100/200（2），2C22，5C18，N6C12，其他配筋如图所示，C30，三级抗震，HRB400Φ16～Φ22，直螺纹连接，Φ12～Φ14，绑扎连接，钢筋定尺 9m，同一连接区段内钢

筋接头面积百分率不宜大于 50%，拉筋为 HPB300，按图纸设计和 11G101，要求计算：钢筋的工程量清单及计价。

解 1) 编制工程量清单。

① 列项目：现浇构件钢筋　010515001001　Φ12 以内钢筋

现浇构件钢筋　010515001002　Φ12～Φ25 钢筋

机械连接　　　010516003001　直螺纹连接

② 计算工程量

h_c——支座宽

h_b——梁高

b_b——梁宽

c——柱混凝土保护层厚度

b——梁混凝土保护层厚度

d——钢筋直径

具体计算如下面内容，关于 KLx101 梁钢筋的计算可参见图 5-15。

首先判断支座是否可以直锚。当支座宽$-c \geq L_{aE}$时，可直锚，直锚长度$=\max(L_{aE}, 0.5h_c+5d)$。当支座宽$-c < L_{aE}$时，需弯锚，弯锚长度$=\max(0.4L_{abE}+15d, h_c-c+15d)$。

$h_c - c = 500 - 20 = 480\text{mm} < L_{aE} = 37d = 37 \times 22 = 814\text{mm}$，所以需弯锚。左支座需弯锚，右支座也弯锚。

◆$1^{\#}$筋，2C22，上部通长筋

$$L_1 = 跨净长 + \max(0.4L_{abE}+15d, h_c-c+15d) \times 2$$
$$= 26000 - 400 - 400 + \max(0.4 \times 37 \times 22 + 15 \times 22, 500 - 20 + 15 \times 22) \times 2$$
$$= 25200 + 480 \times 2 + 330 \times 2$$
$$= 26820\text{mm}$$

钢筋长度超过钢筋定尺 9m，直螺纹连接，一根需要 2 个接头，共 4 个直螺纹连接接头。

◆$2^{\#}$筋，2C22，1 跨左支座负筋（第一排）

$$L_2 = 1 跨净长/3 + \max(0.4L_{abE}+15d, h_c-c+15d) \times 2$$
$$= (9000 - 400 - 400)/3 + \max(0.4 \times 37 \times 22 + 15 \times 22, 500 - 20 + 15 \times 22)$$
$$= 2733 + 480 + 330$$
$$= 3543\text{mm}$$

◆$3^{\#}$筋，2C18，1 跨左支座负筋（第二排）

$$L_3 = 1 跨净长/4 + \max(0.4L_{abE}+15d, h_c-c+15d) \times 2$$
$$= (9000 - 400 - 400)/4 + \max(0.4 \times 37 \times 18 + 15 \times 18, 500 - 20 + 15 \times 18)$$
$$= 2050 + 480 + 270$$
$$= 2800\text{mm}$$

◆$4^{\#}$筋，2C22，1、2 跨间支座负筋（第一排）

$$L_4 = \max(1 跨净长/3, 2 跨净长/3) \times 2 + h_c$$
$$= \max[(9000 - 400 - 400)/3, (8000 - 100 - 100)/3] \times 2 + 500$$
$$= 2733 \times 2 + 500$$
$$= 5966\text{mm}$$

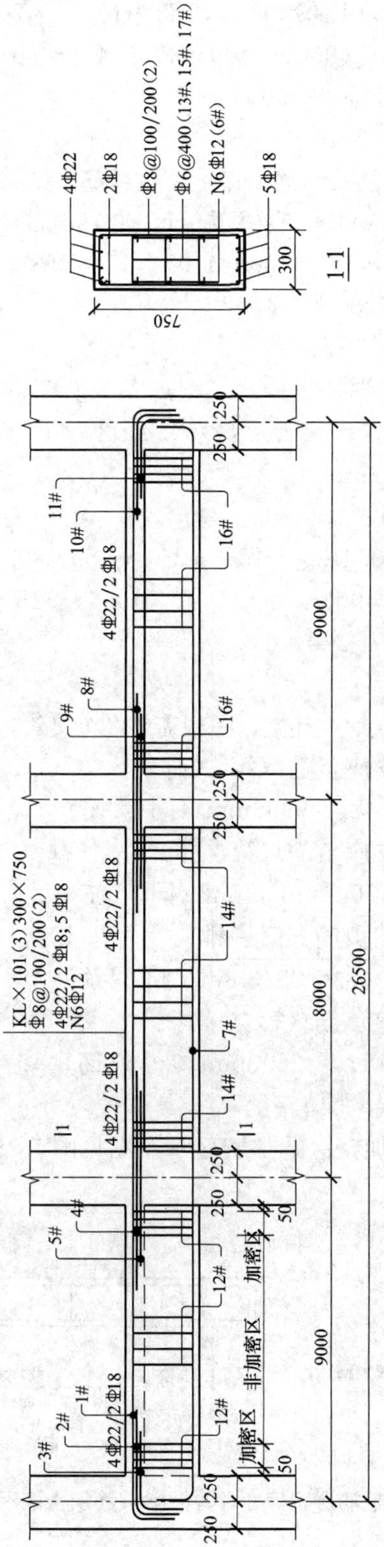

图5-15 框架梁KL×101配筋及钢筋计算示意图

◆5#筋，2C18，1、2 跨间支座负筋（第二排）

$$L_5 = \max(1\text{跨净长}/4, 2\text{跨净长}/4) \times 2 + h_c$$
$$= \max[(9000-400-400)/4, (8000-100-100)/4] \times 2 + 500$$
$$= 2050 \times 2 + 500$$
$$= 4600\text{mm}$$

◆6#筋，N6C12，侧面受扭通长纵筋（N：受扭纵筋，G：构造腰筋）

$$L_6 = \text{跨净长} + \text{直锚} L_{aE}(\text{N})\text{或} 15d(\text{G}) \times 2$$
$$= (26000-400-400) + 37 \times 12 \times 2$$
$$= 25200 + 444 \times 2$$
$$= 26088\text{mm}$$

钢筋长度超过钢筋定尺 9m，绑扎连接，一根需要 2 个接头。

一根钢筋接头增加长度 $= L_{lE} \times 2 = \xi_1 L_{aE} \times 2 = 1.4 \times 37 \times 12 \times 2 = 622 \times 2 = 1244\text{mm}$

故 $L_6 = 26088 + 1244 = 27332\text{mm}$

◆7#筋，5C18，下部通长筋

$$L_7 = \text{跨净长} + \max(0.4L_{abE} + 15d, h_c - c + 15d) \times 2$$
$$= (26000-400-400) + \max(0.4 \times 37 \times 18 + 15 \times 18, 500 - 20 + 15 \times 18) \times 2$$
$$= 25200 + 480 \times 2 + 270 \times 2$$
$$= 26700\text{mm}$$

钢筋长度超过钢筋定尺 9m，直螺纹连接，一根需要 2 个接头，共 10 个直螺纹连接接头。

◆8#筋，2C22，2、3 跨间支座负筋（第一排）

$$L_8 = 5966\text{mm}（同 4^{\#}筋）$$

◆9#筋，2C18，2、3 跨间支座负筋（第二排）

$$L_9 = 4600\text{mm}（同 5^{\#}筋）$$

◆10#筋，2C22，3 跨右支座负筋（第一排）

$$L_{10} = 3543\text{mm}（同 2^{\#}筋）$$

◆11#筋，2C18，3 跨右支座负筋（第二排）

$$L_{11} = 2800\text{mm}（同 3^{\#}筋）$$

◆12#筋，C8@100/200 (2)，1 跨箍筋

箍筋形状尺寸计算及梁箍筋加密区非加密区示意图见图 5-16。

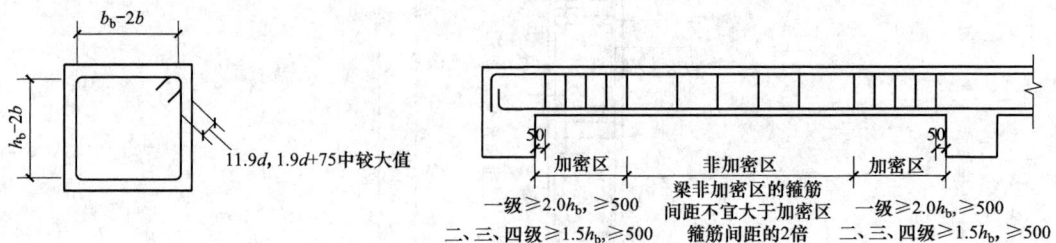

11.9d, 1.9d+75中较大值

加密区　　　非加密区　　　加密区
梁非加密区的箍筋
间距不宜大于加密区
箍筋间距的2倍
一级≥2.0h_b, ≥500　　　　一级≥2.0h_b, ≥500
二、三、四级≥1.5h_b, ≥500　　二、三、四级≥1.5h_b, ≥500

图 5-16　箍筋形状尺寸计算及梁箍筋加密区示意图

$$L_{12}=(h_b-2b+b_b-2b)\times 2+1.9d\times 2+\max(10d,75)\times 2$$
$$=(750-2\times 20+300-2\times 20)\times 2+1.9\times 8\times 2+\max(10\times 8,75)\times 2$$
$$=710\times 2+260\times 2+95.2\times 2$$
$$=2130\text{mm}$$

箍筋根数＝加密区根数＋非加密区根数
$$=[(梁高\times 1.5-起步距离)/加密区间距+1](向上取整)\times 2$$
$$+(净跨长-梁高\times 1.5\times 2)/非加密区间距(向上取整)-1$$
$$=[(750\times 1.5-50)/100+1]\times 2+(9000-400-400-750\times 1.5\times 2)/200-1$$
$$=12\times 2+29=53\ 根$$

◆13#筋，A6，1 跨拉筋

说明：当梁宽小于等于 350mm 时，拉筋直径为 6mm，梁宽大于 350mm 时，拉筋直径为 8mm。拉筋间距为非加密区箍筋间距的 2 倍。当设有多排拉筋时，上下两排拉筋竖向错开设置。

$$L_{13}=b_b-2b+1.9d\times 2+\max(10d,75)\times 2$$
$$=300-2\times 20+1.9\times 6\times 2+\max(10\times 6,75)\times 2$$
$$=260+86.4\times 2$$
$$=433\text{mm}$$

单排拉筋根数＝(净跨长−起步距离×2)/(非加密区间距×2)(向上取整)+1
$$=(9000-400-400-50\times 2)/(200\times 2)+1$$
$$=22\ 根$$

因侧面受扭纵筋是 N6C12,6 根,故需设置 3 排拉筋,所以

拉筋根数＝22×3＝66 根

◆14#筋,C8@100/200(2),2 跨箍筋

$L_{14}=2130\text{mm}$(同 12#筋)

箍筋根数＝[(750×1.5−50)/100+1]×2+(8000−100−100−750×1.5×2)/200−1
$$=12\times 2+27=51\ 根$$

◆15#筋，A6，2 跨拉筋

$L_{15}=433\text{mm}$（同 13#筋）

单排拉筋根数＝(净跨长−起步距离×2)/(非加密区间距×2)(向上取整)+1
$$=(8000-100-100-50\times 2)/(200\times 2)+1$$
$$=21\ 根$$

因侧面受扭纵筋是 N6C12，6 根，故需设置 3 排拉筋，所以

拉筋根数＝21×3＝63 根

◆16#筋，C8@100/200 (2)，3 跨箍筋

$L_{16}=2130\text{mm}$ （同 12#筋）

箍筋根数＝53 根 （同 12#筋）

◆17#筋，A6，3 跨拉筋

$L_{17}=433\text{mm}$ （同 13#筋）

拉筋根数＝66 根 （同 13#筋）

KLx101 钢筋重量计算汇总表

编号	公称直径（mm）	重量 kg/m	单根长度（m）	根数	重量（kg）	钢筋长度计算示意图
1#	22	2.98	26.82	2	159.85	330└480 25200 480┐330
2#	22	2.98	3.543	2	21.12	330└480 2733
3#	18	2.00	2.80	2	11.20	270└480 2050
4#	22	2.98	5.966	2	35.56	2733 500 2733
5#	18	2.00	4.60	2	18.40	2050 500 2050
6#	12	0.888	27.332	6	145.62	444 622 25200 622 444
7#	18	2.00	26.70	5	267.00	270└480 25200 480┐270
8#	22	2.98	5.966	2	35.56	同 4# 筋
9#	18	2.00	4.60	2	18.40	同 5# 筋
10#	22	2.98	3.543	2	21.12	同 2# 筋
11#	18	2.00	2.80	2	11.20	同 3# 筋
12#	8	0.395	2.13	53	44.59	略
13#	6	0.260	0.433	66	7.43	1.9d+75 260 1.9d+75
14#	8	0.395	2.13	51	42.91	略
15#	6	0.260	0.433	63	7.09	同 13# 筋
16#	8	0.395	2.13	53	44.59	略
17#	6	0.260	0.433	66	7.43	同 13# 筋
	12～25mm	kg			599.39	
	12mm 以内	kg			299.67	
	直螺纹连接	个			14	

12～25mm：599.39kg×/1000＝0.599t

12mm 以内：299.67kg×/1000＝0.300t

直螺纹连接：14 个

③列清单。

分部分项工程量清单

序号	项目编码	项目名称	项目特征	计量单位	工程数量
1	010515001001	现浇构件钢筋	Φ12 以内	t	0.300
2	010515001002	现浇构件钢筋	Φ12～Φ25	t	0.599
3	010516003001	机械连接	直螺纹连接	个	14

2）工程量清单计价

① 确定对应定额子目。

现浇混凝土构件钢筋 Φ12 以内：5-1

现浇混凝土构件钢筋 Φ12～Φ25：5-2

直螺纹接头 Φ25 以内：5-33

② 计算定额子目工程量。

5-1：0.300t

5-2：0.599t

5-33：14 个

③ 确定定额子目综合单价。

5-1：5470.42 元/t

5-2：4998.87 元/t

5-33：89.79 元/10 个接头

④ 累加定额子目合价，确定清单综合单价。

现浇构件钢筋（Φ12 以内）：

合价＝5470.42 元/t×0.300t＝1641.13 元

综合单价＝1641.13 元/0.300t＝5470.42 元/t

现浇构件钢筋（Φ12～Φ25）：

合价＝4998.87 元/t×0.599t＝2994.32 元

综合单价＝2994.32 元/0.599t＝4998.87 元/t

机械连接：

合价＝89.79 元/10 个接头×1.410 个接头＝125.71 元

综合单价＝125.71 元/14 个＝8.98 元/个

分部分项工程量清单计价表　　　　　　　　　　单位：元

序号	项目编码	项目名称	计量单位	工程数量	综合单价	合价
1	010515001001	现浇构件钢筋	t	0.300	5470.42	1641.13
定额子目	5-1	现浇混凝土构件钢筋 Φ12 以内	t	0.300	5470.42	1641.13
2	010515001002	现浇构件钢筋	t	0.599	4998.87	2994.32
定额子目	5-2	现浇混凝土构件钢筋 Φ12～Φ25	t	0.599	4998.87	2994.32
3	010516003001	机械连接	个	14	8.98	125.71
定额子目	5-33	直螺纹接头 Φ25 以内	10 个	1.4	89.79	125.71

例 5-10　某办公楼工程如附录三结施-03、结施-04 所示，选择该工程中 KZ7，500×500，配筋：基础顶～4.15，4C25＋8C20；4.15～11.35，4C22＋8C18；11.35～15.00，4C22＋8C18，箍筋 C8@100，C30，三级抗震，柱纵筋电渣压力焊连接，按图纸设计和 11G101 规范，要求计算：钢筋的工程量清单及计价。

解　1. 编制工程量清单。

（1）列项目。

现浇构件钢筋　010515001001　Φ12 以内钢筋

现浇构件钢筋　010515001002　Φ12～Φ25 钢筋

钢筋电渣压力焊接头　010516004001

（2）计算工程量。

h_c——柱截面长边尺寸（圆柱为截面直径）

h_b——柱截面短边尺寸（圆柱为截面直径）

H_n——所在楼层的柱净高（为下层楼面或基础顶面至上一层楼面高差扣除梁高）

c——柱混凝土保护层厚度

C——基础混凝土保护层厚度

d——钢筋直径

因为柱配筋每层往往不同，所以对于每层钢筋应当分开计算。

另外，整个柱纵筋个数一般为偶数，根据规范要求，在同一连接区钢筋连接接头面积百分率不宜大于 50%，可取一半纵筋与另一半纵筋错开一个连接区距离。本例 KZ7 纵筋共 12 根，角筋和 H 边、B 边各选 2 根，计 6 根与另 6 根错开。

具体计算如下，关于纵筋的计算可参见图 5-17。

1）基础层　-1.40（独立基础底面）～-0.80（独立基础顶面）

◆1#筋，2C20，B 边插筋（短筋）

L_1＝基础厚度-C＋15d＋H_{n1}/3（上层露出长度）

＝600-40＋15×20＋(4150＋1400-600-750)/3

＝600-40＋15×20＋1400＝1960＋300

＝2260mm

◆2#筋，2C20，B 边插筋（长筋）

L_2＝基础厚度-C＋15d＋H_{n1}/3（上层露出长度）＋max(35d,500)（错开距离）

＝600-40＋15×20＋(4150＋1400-600-750)/3＋35×20

＝600-40＋15×20＋2100＝2660＋300

＝2960mm

◆3#筋，2C20，H 边插筋（短筋）

L_3＝L_1＝2960mm

◆4#筋，2C20，H 边插筋（长筋）

L_4＝L_3＝2260mm

◆5#筋，2C25，角插筋（短筋）

L_5＝基础厚度-C＋15d＋H_{n1}/3（上层露出长度）

＝600-40＋15×25＋4200/3　其中 H_{n1}＝4150＋1400-600-750＝4200mm

$$=600-40+15\times25+1400=1960+375$$

$$=2335mm$$

◆6#筋，2C25，角插筋（长筋）

$L_6=$ 基础厚度$-C+15d+H_{n1}/3$（上层露出长度）$+\max(35d,500)$（错开距离）

$$=600-40+15\times25+4200/3+35\times25$$

$$=600-40+15\times25+2275=2835+375$$

$$=3210mm$$

◆7#筋，C8，独立基础中箍筋

$L_7=(h_c-2c+h_b-2c)\times2+1.9d\times2+\max(10d,75)\times2$

$$=(500-2\times20+500-2\times20)\times2+1.9\times8\times2+\max(10\times8,75)\times2$$

$$=460\times2+460\times2+11.9\times8\times2$$

$$=2030mm$$

根据设计图纸要求 $H=600$，2 根。

2）一层 -0.80（独立基础顶面）~4.15

◆1#筋，2C20，B 边纵筋（短筋）

$L_1=$ 本层层高（基础顶面至 1 层楼面）$-$ 插筋本层露出长度$+$上层露出长度

$$=(4150+1400-600)-1400+\max(H_{n2}/6,h_c,500)$$

$$=4950-1400+\max(2850/6,500,500)\text{其中}$$

$H_{n2}=3600-750=2850mm$

$$=4950-1400+500$$

$$=4050mm$$

◆2#筋，2C20，B 边纵筋（长筋）

$L_2=$ 本层层高（基础顶面至 1 层楼面）$-$ 插筋本层露出长度$+$上层露出长度$+\max(35d,500)$（错开距离）

$$=4950-2100+\max(H_{n2}/6,500,500)+\max(35\times20,500)$$

$$=4950-2100+1200$$

$$=4050mm$$

◆3#筋，2C20，H 边纵筋（短筋）

$L_3=L_1=4050mm$

◆4#筋，2C20，H 边纵筋（长筋）

$L_4=L_2=4050mm$

◆5#筋，2C25，角筋（短筋）

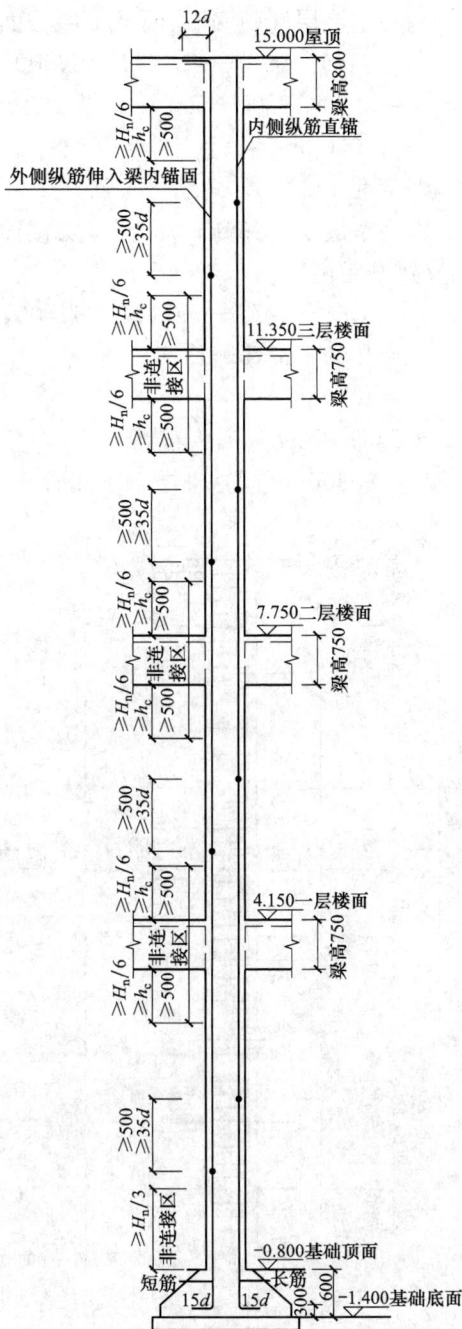

图 5-17　KZ7 纵筋计算示意图

L_5＝本层层高（基础顶面至 1 层楼面）－插筋本层露出长度＋上层露出长度

$$＝4950-1400+\max(H_{n2}/6,500,500)$$

$$＝4950-1400+500$$

$$＝4050\text{mm}$$

◆$6^\#$筋，2C25，角筋（长筋）

L_6＝本层层高（基础顶面至 1 层楼面）－插筋本层露出长度＋上层露出长度＋$\max(35d,500)$（错开距离）

$$＝4950-2275+\max(H_{n2}/6,500,500)+\max(35\times25,500)$$

$$＝4950-2275+1375$$

$$＝4050\text{mm}$$

◆$7^\#$筋，C8@100，大箍筋

L_7＝2030mm（同基础层 $7^\#$ 箍筋）

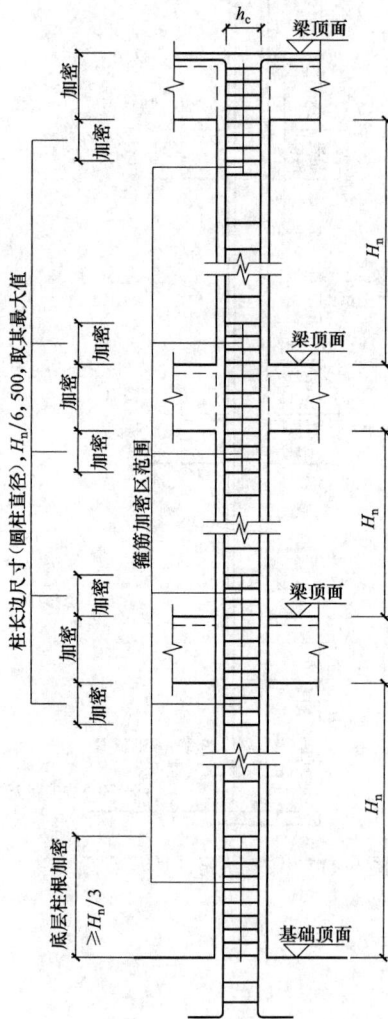

图 5-18　柱箍筋加密区、非加密区
示意图

计算柱箍筋根数，首先判断本楼层柱是否为"短柱"。

当 $H_n/h_c\leqslant4$ 时，为"短柱"，箍筋应沿全高加密。

当 $H_n/h_c>4$ 时，不是"短柱"，应分为加密区和非密区布置箍筋，如图 5-18 所示。

a. 底层柱根加密区$\geqslant H_{n1}/3$。

b. 楼面梁及上下部位的加密区：梁底下部加密区＋梁截面高度＋梁顶上部加密区。

其中，梁底下部加密区为 $\max(H_n/6,h_c,500)$（H_n为梁底下一层柱净高）。

梁顶上部加密区为 $\max(H_n/6,h_c,500)$（H_n为梁顶上一层柱净高）。

具体到 KZ7，$H_{n1}/h_c＝(4950-750)/500＝8.4>4$

$$H_{n2}/h_c＝(3600-750)/500＝5.7>4$$

$$H_{n3}/h_c＝(3600-750)/500＝5.7>4$$

$$H_{n4}/h_c＝(3650-800)/500＝5.7>4$$

不是"短柱"，但据图纸设计，KZ7 全高加密 C8@100，按设计要求计算。

根数＝（1 层层高－起步距离）/间距＋1（向上取整）

$$＝(4950-50)/100+1＝50 \text{ 根}$$

◆$8^\#$筋，C8@100，小箍筋

复合箍筋中大、小箍筋见图 5-19。

$L_8=2\times\{(h_b-2c-2d-D)/[(J-1)\times(j-1)]+D+2d+(h_c-2c)\}+1.9d\times2+\max(10d,75)\times2$

$$=2\times\{(500-2\times20-2\times8-25)/[(4-1)\times(2-1)]+25+2\times8+(500-2\times20)\}+1.9\times8\times2+\max(10\times8,75)\times2=1472\text{mm}$$

根数＝[（1 层层高－起步距离）/间距＋1]（向上取

整)×2

　＝100 根

　　其中　D——受力筋直径，$D=25$

　　　　　J——柱大箍中所含的受力筋根数，$J=4$

　　　　　j——柱小箍中所含的受力筋根数，$j=2$

3）二层　4.15～7.75

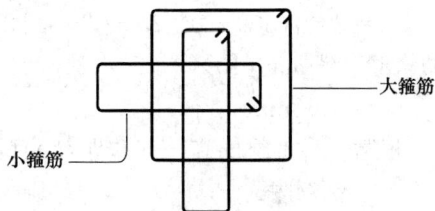

图 5-19　复合箍筋

◆$1^{\#}$筋，2C18，B 边纵筋（短筋）

L_1＝本层层高－本层露出长度＋上层露出长度

　　＝$3600-500+\max(H_{n3}/6,h_c,500)$

　　＝$3600-500+\max(2850/6,500,500)$　　其中 $H_{n3}=3600-750=2850$mm

　　＝$3600-500+500$

　　＝3600mm

◆$2^{\#}$筋，2C18，B 边纵筋（长筋）

L_2＝本层层高－本层露出长度＋上层露出长度＋$\max(35d,500)$（错开距离）

　　＝$3600-1200+\max(H_{n3}/6,500,500)+\max(35\times18,500)$

　　＝$3600-1200+1130$

　　＝3530mm

◆$3^{\#}$筋，2C18，H 边纵筋（短筋）

$L_3=L_1=3600$mm

◆$4^{\#}$筋，2C18，H 边纵筋（长筋）

$L_4=L_2=3530$mm

◆$5^{\#}$筋，2C22，角筋（短筋）

L_5＝本层层高－本层露出长度＋上层露出长度

　　＝$3600-500+\max(H_{n3}/6,500,500)$

　　＝$3600-500+500$

　　＝3600mm

◆$6^{\#}$筋，2C22，角筋（长筋）

L_6＝本层层高－本层露出长度＋上层露出长度＋$\max(35d,500)$（错开距离）

　　＝$3600-1375+\max(H_{n3}/6,500,500)+\max(35\times22,500)$

　　＝$3600-1375+1270$

　　＝3495mm

◆$7^{\#}$筋，C8@100，大箍筋

$L_7=2030$mm

根数＝（2 层层高－起步距离）/间距＋1（向上取整）

　　＝$(3600-50)/100+1$

　　＝37

◆$8^{\#}$筋，C8@100，小箍筋

$L_8=2\times\{(h_b-2c-2d-D)/[(J-1)\times(j-1)]+D+2d+(h_c-2c)\}+1.9d\times2+\max$
$(10d,75)\times2$

$$=2 \times \{(500-2 \times 20-2 \times 8-22)/[(4-1) \times (2-1)]+22+2 \times 8+(500-2 \times 20)\}+$$
$$1.9 \times 8 \times 2+\max(10 \times 8,75) \times 2$$
$$=1468mm$$

根数＝[(1 层层高－起步距离)/间距＋1](向上取整)×2

　　＝74 根

4) 三层 7.75～11.35

◆1# 筋，2C18，B 边纵筋（短筋）

L_1＝本层层高－本层露出长度＋上层露出长度

　　$=3600-500+\max(H_{n4}/6,h_c,500)$

　　$=3600-500+\max(2850/6,500,500)$ 其中 $H_{n4}=3600-750=2850mm$

　　$=3600-500+500$

　　$=3600mm$

◆2# 筋，2C18，B 边纵筋（长筋）

L_2＝本层层高－本层露出长度＋上层露出长度＋$\max(35d,500)$（错开距离）

　　$=3600-1130+\max(H_{n4}/6,500,500)+\max(35 \times 18,500)$

　　$=3600-1130+1130$

　　$=3600mm$

◆3# 筋，2C18，H 边纵筋（短筋）

$L_3=L_1=3600mm$

◆4# 筋，2C18，H 边纵筋（长筋）

$L_4=L_2=3600mm$

◆5# 筋，2C22，角筋（短筋）

L_5＝本层层高－本层露出长度＋上层露出长度

　　$=3600-500+\max(H_{n4}/6,500,500)$

　　$=3600-500+500$

　　$=3600mm$

◆6# 筋，2C22，角筋（长筋）

L_6＝本层层高－本层露出长度＋上层露出长度＋$\max(35d,500)$（错开距离）

　　$=3600-1270+\max(H_{n4}/6,500,500)+\max(35 \times 22,500)$

　　$=3600-1270+1270$

　　$=3600mm$

◆7# 筋，C8@100，大箍筋

$L_7=2030mm$

根数＝(3 层层高－起步距离)/间距＋1(向上取整)

　　$=(3600-50)/100+1$

　　$=37$

◆8# 筋，C8@100，小箍筋

$L_8=1468mm$

根数＝[(3 层层高－起步距离)/间距＋1](向上取整)×2

　　＝74 根

5）四层　11.35～15.00

顶层柱纵筋锚固方式因是边、角柱或中柱不同，而在边、角柱中纵筋还分成外侧纵筋和内侧纵筋，锚固方式也不同，本例 KZ7 为角柱，需分成外、内侧纵筋，详见图 5-20、5-21、5-22。

选用图例：
○ 外侧纵筋
● 内侧纵筋

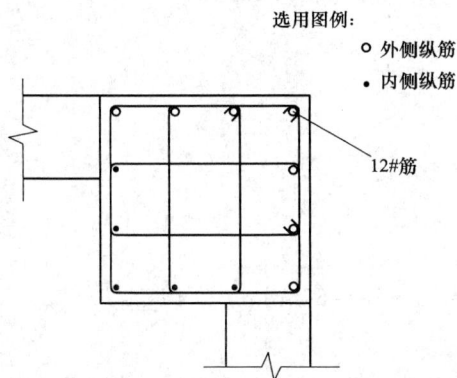

图 5-20　KZ7 外、内侧纵筋

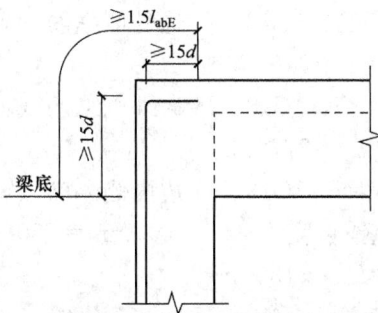

图 5-21　外侧纵筋示意图

从梁底算起 $1.5L_{bE}$ 未超过柱内侧边缘

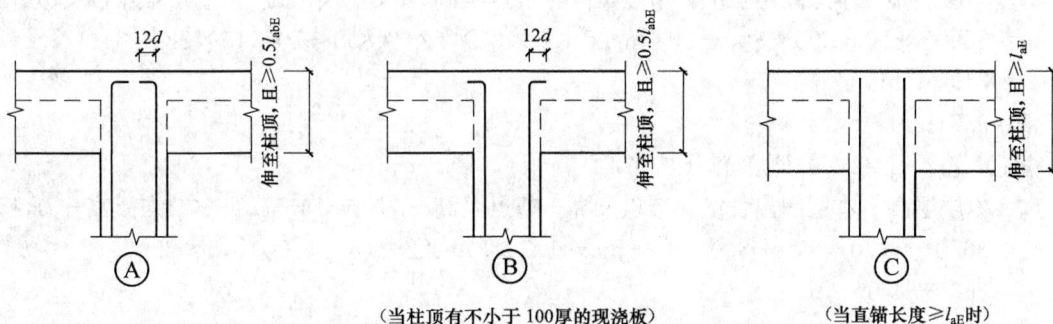

（当柱顶有不小于 100 厚的现浇板）　　　　　（当直锚长度 $\geq l_{aE}$ 时）

图 5-22　内侧纵筋或中柱纵筋示意图

◆1#筋，1C18，B 边外侧纵筋（短筋）

L_1＝本层层高－本层露出长度－节点梁高＋节点梁高－c＋max[$1.5L_{aE}$－(节点梁高－c),15d]
　　＝3650－500－800＋800－20＋max[$1.5 \times 37 \times 18$－(800－20),15×18]
　　＝3130＋270
　　＝3400mm

◆2#筋，1C18，B 边外侧纵筋（长筋）

L_2＝本层层高－本层露出长度－节点梁高＋节点梁高－c＋max[$1.5L_{aE}$－(节点梁高－c),15d]
　　＝3650－1130－800＋800－20＋max[$1.5 \times 37 \times 18$－(800－20),15×18]
　　＝2500＋270
　　＝2770mm

◆3#筋，1C18，B 边内侧纵筋（短筋）

因直锚长度（800－20）mm＝780mm$\geq L_{aE}$＝37×18＝666mm，所以直锚。

L_3＝本层层高－本层露出长度－节点梁高＋节点梁高－c

$$= 3650 - 500 - 800 + 800 - 20$$

$$= 3130 \text{mm}$$

◆4$^{\#}$筋，1C18，B边内侧纵筋（长筋）

$L_4 =$ 本层层高－本层露出长度－节点梁高＋节点梁高－c

$$= 3650 - 1130 - 800 + 800 - 20$$

$$= 2500 \text{mm}$$

◆5$^{\#}$筋，1C18，H边外侧纵筋（短筋）

$L_5 = L_1 = 3400 \text{mm}$

◆6$^{\#}$筋，1C18，H边外侧纵筋（长筋）

$L_6 = L_2 = 2770 \text{mm}$

◆7$^{\#}$筋，1C18，H边内侧纵筋（短筋）

因直锚长度（800－20）mm＝780mm≥L_{aE}＝37×18＝666mm，所以直锚。

$L_7 = L_3 = 3130 \text{mm}$

◆8$^{\#}$筋，1C18，H边内侧纵筋（长筋）

$L_8 = L_4 = 2500 \text{mm}$

◆9$^{\#}$筋，1C22，外侧角筋（短筋）

$L_9 =$ 本层层高－本层露出长度－节点梁高＋节点梁高－c＋max$[1.5L_{abE} -($节点梁高－$c), 15d]$

$$= 3650 - 500 - 800 + 800 - 20 + \max[1.5 \times 37 \times 22 - (800 - 20), 15 \times 22]$$

$$= 3130 + 441$$

$$= 3571 \text{mm}$$

◆10$^{\#}$筋，1C22，外侧角筋（长筋）

$L_9 =$ 本层层高－本层露出长度－节点梁高＋节点梁高－c＋max$[1.5L_{abE} -($节点梁高－$c), 15d]$

$$= 3650 - 1270 - 800 + 800 - 20 + \max[1.5 \times 37 \times 22 - (800 - 20), 15 \times 22]$$

$$= 2360 + 441$$

$$= 3571 \text{mm}$$

◆11$^{\#}$筋，1C22，内侧角筋（长筋）

$0.5L_{abE} = 0.5 \times 37 \times 22 = 407 \text{mm} \leqslant$ 直锚长度$(800-20) \text{mm} = 780 \text{mm} < L_{aE} = 37 \times 22 = 814 \text{mm}$

$L_{11} =$ 本层层高－本层露出长度－节点梁高＋节点梁高－c＋12d

$$= 3650 - 1270 - 800 + 800 - 20 + 12 \times 22$$

$$= 2360 + 264$$

$$= 2624 \text{mm}$$

◆12$^{\#}$筋，1C22，外侧角筋（短筋）

这是角柱最外侧角筋，其锚固未伸入梁内，直接在柱内锚固

$L_{12} =$ 本层层高－本层露出长度－节点梁高＋节点梁高－c＋h_c－2c＋8d

$$= 3650 - 500 - 800 + 800 - 20 + 500 - 2 \times 20 + 8 \times 22$$

$$= 3130 + 460 + 176$$

$$= 3766 \text{mm}$$

◆13$^{\#}$筋，C8@100，大箍筋

$L_{13} = 2030 \text{mm}$

根数＝(4 层层高－起步距离)/间距＋1(向上取整)

　　　＝(3600－50)/100＋1

　　　＝37

◆14#筋，C8@100，小箍筋

L₁₄＝1468mm

根数＝[(4 层层高－起步距离)/间距＋1](向上取整)×2

　　　＝74 根

<h3 style="text-align:center">KZ7 钢筋重量计算汇总表</h3>

楼层	编号	公称直径(mm)	重量 kg/m	单根长度（m）	根数	重量（kg）	钢筋长度计算示意图（向左旋转 90°）
基础层	1#	20	2.47	2.260	2	11.16	1960 ｜300
	2#	20	2.47	2.960	2	14.62	2660 ｜300
	3#	20	2.47	2.260	2	11.16	同 1#
	4#	20	2.47	2.960	2	14.62	同 2#
	5#	25	3.85	2.335	2	17.98	1960 ｜375
	6#	25	3.85	3.210	2	24.72	2835 ｜375
	7#	8	0.395	2.030	2	1.60	略
一层	1#	20	2.47	4.050	2	20.01	4050
	2#	20	2.47	4.050	2	20.01	4050
	3#	20	2.47	4.050	2	20.01	同 1#
	4#	20	2.47	4.050	2	20.01	同 2#
	5#	25	3.85	4.050	2	31.19	同 1#
	6#	25	3.85	4.050	2	31.19	同 2#
	7#	8	0.395	2.030	50	40.09	略
	8#	8	0.395	1.472	100	58.14	略
二层	1#	18	2.00	3.600	2	14.40	3600
	2#	18	2.00	3.530	2	14.12	3530
	3#	18	2.00	3.600	2	14.40	同 1#
	4#	18	2.00	3.530	2	14.12	同 2#
	5#	22	2.98	3.600	2	21.46	同 1#
	6#	22	2.98	3.495	2	20.83	3495
	7#	8	0.395	2.030	37	29.67	略
	8#	8	0.395	1.468	74	42.91	略

楼层	编号	公称直径(mm)	重量 kg/m	单根长度（m）	根数	重量（kg）	钢筋长度计算示意图（向左旋转 90°）
三层	1#	18	2.00	3.600	2	14.40	3600
	2#	18	2.00	3.600	2	14.40	3600
	3#	18	2.00	3.600	2	14.40	同 1#
	4#	18	2.00	3.600	2	14.40	同 2#
	5#	22	2.98	3.600	2	21.46	同 1#
	6#	22	2.98	3.600	2	21.46	同 2#
	7#	8	0.395	2.030	37	29.67	略
	8#	8	0.395	1.468	74	42.91	略
四层	1#	18	2.00	3.400	1	6.80	270 / 3130
	2#	18	2.00	2.770	1	5.54	270 / 2500
	3#	18	2.00	3.130	1	6.26	3130
	4#	18	2.00	2.500	1	5.00	2500
	5#	18	2.00	3.400	1	6.80	同 1#
	6#	18	2.00	2.770	1	5.54	同 2#
	7#	18	2.00	3.130	1	6.26	同 3#
	8#	18	2.00	2.500	1	5.00	同 4#
	9#	22	2.98	3.571	1	10.64	441 / 3130
	10#	22	2.98	2.801	1	8.35	441 / 2360
	11#	22	2.98	2.624	1	7.82	264 / 2360
	12#	22	2.98	3.766	1	11.22	460 / 176 / 3130
	13#	8	0.395	2.030	37	29.67	略
	14#	8	0.395	1.468	74	42.91	略
	12～25mm	kg				521.74	
	12mm 以内	kg				317.57	
	钢筋电渣压力焊接头	个		12×4		48	

12～25mm：521.74kg×/1000＝0.522t

12mm 以内：317.57kg×/1000＝0.318t

钢筋电渣压力焊接头：48 个

（3）列清单。

分部分项工程量清单

序号	项目编码	项目名称	项目特征	计量单位	工程数量
1	010515001001	现浇构件钢筋	Φ12 以内	t	0.318
2	010515001002	现浇构件钢筋	Φ12-Φ25	t	0.522
3	010516004001	钢筋电渣压力焊接头		个	48

2. 工程量清单计价。

（1）确定对应定额子目。

现浇混凝土构件钢筋 Φ12 以内：5-1

现浇混凝土构件钢筋 Φ12～Φ25：5-2

电渣压力焊：5-32

（2）计算定额子目工程量。

5-1：0.318t

5-2：0.522t

5-3：48 个

（3）确定定额子目综合单价。

5-1：5470.42 元/t

5-2：4998.87 元/t

5-32：73.37 元/10 个接头

（4）累加定额子目合价，确定清单综合单价。

现浇构件钢筋（Φ12 以内）：

合价=5470.42 元/t×0.318t=1739.59 元

综合单价=1739.59 元/0.318t=5470.42 元/t

现浇构件钢筋（Φ12～Φ25）：

合价=4998.87 元/t×0.522t=2609.41 元

综合单价=2609.41 元/0.522t=4998.87 元/t

机械连接：

合价=73.37 元/10 个接头×4.810 个接头=352.18 元

综合单价=352.18 元/48 个=7.34 元/个

分部分项工程量清单计价表　　　　　　　　　　单位：元

序号	项目编码	项目名称	计量单位	工程数量	综合单价	合价
1	010515001001	现浇构件钢筋	t	0.318	5470.42	1739.59
定额子目	5-1	现浇混凝土构件钢筋 Φ12 以内	t	0.318	5470.42	1739.59
2	010515001002	现浇构件钢筋	t	0.522	4998.87	2609.41
定额子目	5-2	现浇混凝土构件钢筋 Φ12-Φ25	t	0.522	4998.87	2609.41
3	010516004001	钢筋电渣压力焊接头	个	48	7.34	352.18
定额子目	5-32	电渣压力焊	10 个	4.8	73.37	352.18

例 5-11　某办公楼工程如附录三结施—06 所示，选择该工程中二层楼板，配筋如图所示，C30，三级抗震，HRB400，Φ6～Φ8，绑扎连接，钢筋定尺 9m，同一连接区段内钢筋接头面积百分率不宜大于 50%，按图纸设计和 11G101，要求计算：钢筋的工程量清单及计价。

解　由于板筋众多，计算内容较多，本例只计算板中常见具有体表性的几类钢筋，且只计算工程量，不完成工程量清单编制及计价。

h_b—板厚

C—梁保护层厚度

c—板保护层厚度

d—钢筋直径

◆1$^\#$筋，C8@180，X 向板底通长筋

按布置区域，分成 4 个区域。

区域 1：Ⓐ—ⒶⒶ—①—④

L_{11}＝板跨净长度＋左端支座锚固 $\max(梁宽/2,5d)$＋右端支座锚固 $\max(梁宽/2,5d)$（详见图 5-23）

$\qquad =(26000-150-150)+\max(250/2,5\times8)+\max(250/2,5\times8)$

$\qquad =25700+125+125$

$\qquad =25950mm$

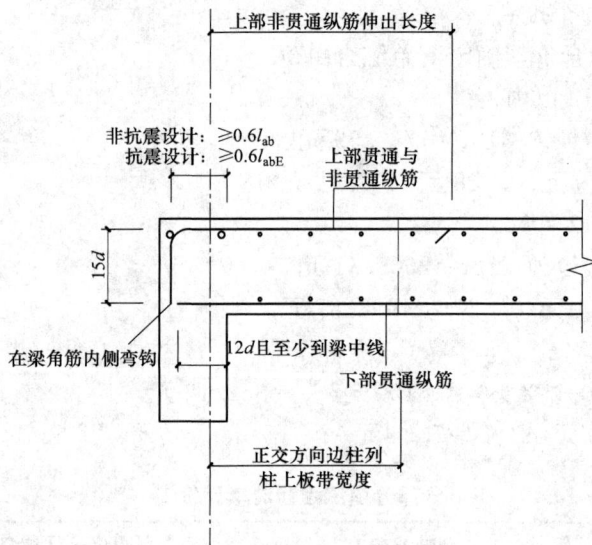

图 5-23　板纵筋、负筋端支座锚固示意图

钢筋长度超过钢筋定尺 9m，绑扎连接，一根需要 3 个接头。

一根钢筋接头增加长度＝$L_1\times3=\xi_1L_a\times3=1.4\times35\times8\times3=392\times3=1176mm$

注：板按非抗震计算锚固、搭接。

故 $L_{11}=25950+1176=27126mm$

根数＝净跨长度/间距（向上取整）

$\qquad =(8000-2200-100-125)/180$

＝31 根

区域 2：Ⓐ－Ⓑ－①－④

$L_{12}=L_{11}=27126\text{mm}$

根数＝(2200－125－100)/180

　　　＝11 根

区域 3：Ⓑ－Ⓒ－①－②

$L_{13}=(9000-150-150)+\max(250/2,5\times8)+\max(250/2,5\times8)$

　　　＝8700＋125＋125

　　　＝8950mm

根数＝(6000－200－150)/180

　　　＝32 根

区域 4：Ⓑ－Ⓒ－③－④

$L_{14}=L_{13}=8950\text{mm}$

根数＝32 根

◆2$^{\#}$筋，C8@200，Y 向板底通长筋

按布置区域，分成 3 个区域。

区域 1：Ⓐ－Ⓒ－①－②

$L_{21}=$ 板跨净长度＋左端支座锚固 $\max$(梁宽/2,5d)＋右端支座锚固 $\max$(梁宽/2,5d)

　　　＝(14000－100－150)＋$\max$(300/2,5×8)＋$\max$(250/2,5×8)

　　　＝13750＋150＋125

　　　＝14025mm

钢筋长度超过钢筋定尺 9m，绑扎连接，一根需要 1 个接头。

一根钢筋接头增加长度＝$L_1\times1=\xi_1 L_a\times1=1.4\times35\times8\times1=392\text{mm}$

故 $L_{21}=14025＋392=14417\text{mm}$

根数＝净跨长度/间距(向上取整)

　　　＝(9000－150－150)/200

　　　＝44 根

区域 2：Ⓐ－Ⓑ－②－③

$L_{22}=(8000-100-100)+\max(300/2,5\times8)+\max(300/2,5\times8)$

　　　＝7800＋150＋150

　　　＝8100mm

根数＝(8000－100－100)/200

　　　＝39 根

区域 3：Ⓐ－Ⓒ－③－④

$L_{23}=L_{21}=14417\text{mm}$

根数＝44 根

◆3$^{\#}$筋，端支座负筋

板负筋及相应的分布筋都按由支座（梁、墙）分割的板跨来计算。

选择Ⓐ轴上①－⑪跨端支座负筋 C8@180。

L_3＝延伸长度＋梁宽/2－C＋梁内弯折$15d$＋板内弯折(h_b-2c)（详见图5-23）

　　　＝1150＋300/2－20＋15×8＋120－2×15

　　　＝1280＋120＋90

　　　＝1490mm

注：负筋标注延伸长度从梁中线起算（除图纸设计特殊说明外）

根数＝净跨长度/间距（向上取整）

　　　＝(4500－150－125)/180

　　　＝24 根

◆4$^{\#}$筋，端支座负筋的分布筋

选择3$^{\#}$负筋需要布置的分布筋C6@150。

L_4＝净跨长－左另向负筋的延伸长度－右另向负筋的延伸长度＋搭接长度×2（详见图5-24）

　　　＝(4500－150－125)－(1150－250/2)－(1150－250/2)＋150×2

　　　＝2475mm

根数＝(负筋延伸长度－梁宽/2)/间距（向上取整）

　　　＝(1150－300/2)/150

　　　＝7 根

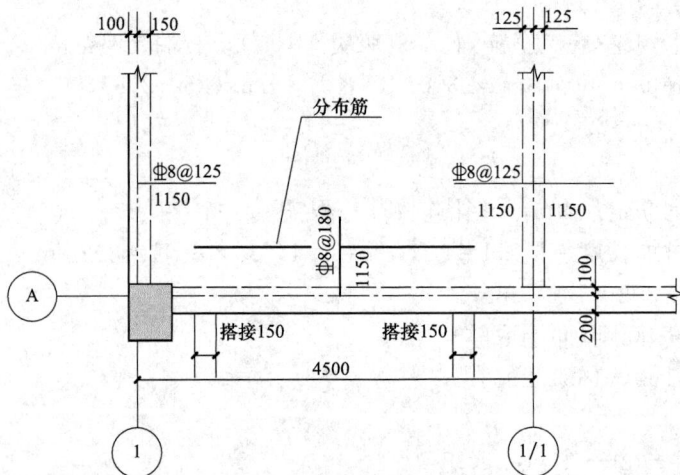

图 5-24　分布筋计算示意图

◆5$^{\#}$筋，跨梁负筋

选择Ⓑ轴上①－⑪跨梁负筋C8@180。

L_5＝左侧延伸长度＋右侧延伸长度＋左侧板内弯折(h_b-2c)＋右侧板内弯折(h_b-2c)

　　　＝550＋1150＋100－2×15＋120－2×15

　　　＝1700＋70＋90

　　　＝1860mm

根数＝净跨长度/间距（向上取整）

　　　＝(4500－150－125)/180

　　　＝24 根

◆6#筋，跨梁负筋的分布筋

选择 5# 负筋需要布置的分布筋 C6@150。两侧要分别计算。

L_{61}（左侧分布筋）=$(4500-150-125)-(550-250/2)-(550-250/2)+150\times2=$3675mm

概数 $=(550-300/2)/150=3$ 根

L_{62}（右侧分布筋）=$(4500-150-125)-(1150-250/2)-(1150-250/2)+150\times2=$2475mm

概数 $=(1150-300/2)/150=7$ 根

◆7#筋，跨板负筋

本图中无跨板负筋，现举一例来说明其计算方法。

某工程中设一跨板负筋 C8@150，如图 5-25 所示。

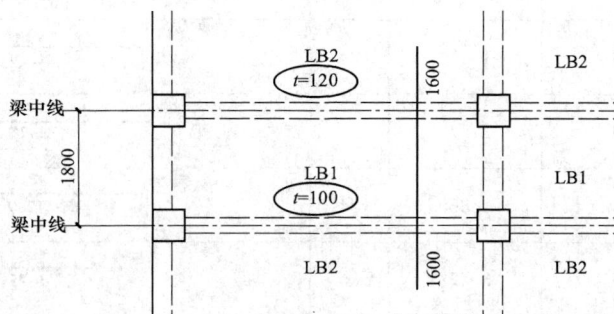

图 5-25　跨板受力筋

L_7=左侧延伸长度＋两梁的中心间距＋右侧延伸长度＋左侧板内弯折(h_b-2c)＋右侧板内弯折(h_b-2c)

$=1600+1800+1600+120-2\times15+120-2\times15$

$=1600+1800+1600+90+90$

$=5180$mm

其根数、分布筋长度及根数计算方法同上，在此不赘述。跨板负筋的分布筋要分左右两侧和板跨内分别计算。

◆8#筋，板面通长筋

板面通长筋的计算与板底通长筋的计算方法相似，区别就在于端支座锚固计算时参考端支座负筋锚固计算（参见图 5-23）。

选择ⓒ－⑩－①－⑪间板 X 向面筋 C8@200。

L_8=跨净长＋左侧梁宽－C＋左梁内弯折 15d＋右侧梁宽－C＋右梁内弯折 15d

$=(2900-150-200)+250-20+15\times8+200-20+15\times8$

$=2960+120+120$

$=3200$mm

根数=净跨长度/间距（向上取整）

$=(2560-100-150)/200$

$=12$ 根

板钢筋计算示意图汇总表

编号	区域	公称直径(mm)	单根长度(m)	根数	钢筋长度计算示意图（向左旋转90°）
1#	1	8	27.126	31	125　　392　25700　392　　392　125
	2	8	27.126	11	同1#—1
	3	8	8.950	32	125　　8700　125
	4	8	8.950	32	同1#—3
2#	1	8	14.417	44	150　13750　392　125
	2	8	8.100	39	150　　7800　150
	3	8	14.417	44	同2#—1
3#		8	1.490	24	120　1280　90
4#		6	2.475	7	2475
5#		8	1.860	24	70　1700　90
6#	左侧分布筋	6	3.675	3	3675
	右侧分布筋	6	2.475	7	2475
7#		8	5.180	12	90　1600　1800　1600　90
8#		8	3.200	12	120　2960　120

5.7.5　课后练习

1. 某办公楼工程如附录三结施-02所示，选择该工程中独立基础J-3，其配筋如图所示，C30，三级抗震，按图纸设计和11G101，要求计算：钢筋的工程量清单及计价。

2. 某办公楼工程如附录三结施-03、结施-04所示，选择该工程中KZ8，400×400，配筋：基础顶～4.135，4C22＋6C18；4.135～11.335，4C20＋6C18，箍筋C8@100，C30，三级抗震，柱纵筋电渣压力焊连接，按图纸设计和11G101规范，要求计算：钢筋的工程量清单及计价。

3. 某办公楼工程如附录三结施-09所示，选择该工程中三层框架梁KLy201，250×750，C8@100（2）2C22，其他配筋如图所示，C30，三级抗震，HRB400Φ16～Φ22，直螺纹连接，Φ12-Φ14，绑扎连接，钢筋定尺9m，同一连接区段内钢筋接头面积百分率不宜大于50%，拉筋为HPB300，按图纸设计和11G101，要求计算：钢筋的工程量清单及计价。

4. 某办公楼工程如附录三结施－08所示，选择该工程中三层楼板，区域Ⓑ－Ⓒ－③－④配筋如图所示，C30，三级抗震，HRB400，Φ6－Φ8，绑扎连接，钢筋定尺9m，同一连接区段内钢筋接头面积百分率不宜大于50%，按图纸设计和11G101，要求计算：钢筋的工程量清单及计价。

5.8　混凝土及钢筋混凝土工程清单及计价（附录 E）

5.8.1　混凝土及钢筋混凝土工程量清单计价的有关规定

1. 概况

建筑与装饰工程量计算规范附录 E 共分 16 节 77 个项目（含钢筋工程及螺栓、铁件两节 14 个项目）。包括现浇和预制混凝土及钢筋混凝土构件。本章部分常用清单项目如表 5-30 所示。

表 5-30　　　　　　　　　　混凝土及钢筋混凝土工程部分常用清单项目

项目编码	项目名称	项目特征	计量单位	工程量计算规则	工作内容
010501001	垫层	1. 混凝土种类 2. 混凝土强度等级	m³	按设计图示尺寸以体积计算。不扣除伸入承台基础的桩头所占体积	1. 模板及支撑制作、安装、拆除、堆放、运输及清理模内杂物、刷隔离剂等 2. 混凝土制作、运输、浇筑、振捣、养护
010501002	带形基础				
010501003	独立基础				
010501004	满堂基础				
010501005	桩承台基础				
010502001	矩形柱			按设计图示尺寸以体积计算 柱高： 1. 有梁板的柱高，应自柱基上表面（或楼板上表面）至上一层楼板上表面之间的高度计算 2. 无梁板的柱高，应自柱基上表面（或楼板上表面）至柱帽下表面之间的高度计算 3. 框架柱的柱高：应自柱基上表面至柱顶高度计算 4. 构造柱按全高计算，嵌接墙体部分（马牙槎）并入柱身体积 5. 依附柱上的牛腿和升板的柱帽，并入柱身体积计算	
010502002	构造柱				
010502003	异形柱	1. 柱形状 2. 混凝土种类 3. 混凝土强度等级			
010503001	基础梁			按设计图示尺寸以体积计算。伸入墙内的梁头、梁垫并入梁体积内 梁长： 1. 梁与柱连接时，梁长算至柱侧面 2. 主梁与次梁连接时，次梁长算至主梁侧面	
010503002	矩形梁				
010503003	异形梁				
010503004	圈梁				
010503005	过梁				
010503006	弧形、拱形梁				
010504001	直形墙	1. 混凝土种类 2. 混凝土强度等级		按设计图示尺寸以体积计算 扣除门窗洞口及单个面积＞0.3m²的孔洞所占体积，墙垛及突出墙面部分并入墙体体积计算内	
010504002	弧形墙				
010505001	有梁板			按设计图示尺寸以体积计算，不扣除单个面积≤0.3m²的柱、垛以及孔洞所占体积 有梁板（包括主、次梁与板）按梁、板体积之和计算，无梁板按板和柱帽体积之和计算，各类板伸入墙内的板头并入板体积内	
010505002	无梁板				

续表

项目编码	项目名称	项目特征	计量单位	工程量计算规则	工作内容
010505007	天沟（檐沟）、挑檐板	1. 混凝土种类 2. 混凝土强度等级		按设计图示尺寸以体积计算	1. 模板及支撑制作、安装、拆除、堆放、运输及清理模内杂物、刷隔离剂等 2. 混凝土制作、运输、浇筑、振捣、养护
010505008	雨篷、悬挑板、阳台板			按设计图示尺寸以墙外部分体积计算。包括伸出墙外的牛腿和雨篷反挑檐的体积	
010506001	直形楼梯		1. m² 2. m³	1. 以平方米计量，按设计图示尺寸以水平投影面积计算。不扣除宽度小于等于500mm的楼梯井，伸入墙内部分不计算 2. 以 m³ 计量，按设计图示尺寸以体积计算	
010506002	弧形楼梯				
010507001	散水、坡道	1. 垫层材料种类、厚度 2. 面层厚度 3. 混凝土种类 4. 混凝土强度等级 5. 变形缝填塞材料种类	m²	按设计图示尺寸以水平投影面积计算。不扣除单个小于等于0.3m²的孔洞所占面积	1. 地基夯实 2. 铺设垫层 3. 模板及支撑制作、安装、拆除、堆放、运输及清理模内杂物、刷隔离剂等 4. 混凝土制作、运输、浇筑、振捣、养护 5. 变形缝填塞
010507002	室外地坪	1. 地坪厚度 2. 混凝土强度等级			
010507004	台阶	1. 踏步高、宽 2. 混凝土种类 3. 混凝土强度等级	1. m² 2. m³	1. 以 m² 计量，按设计图示尺寸水平投影面积计算 2. 以 m³ 计量，按设计图示尺寸以体积计算	1. 模板及支撑制作、安装、拆除、堆放、运输及清理模内杂物、刷隔离剂等 2. 混凝土制作、运输、浇筑、振捣、养护
010507005	扶手、压顶	1. 断面尺寸 2. 混凝土种类 3. 混凝土强度等级	1. m 2. m³	1. 以 m 计量，按设计图示的中心线延长米计算 2. 以 m³ 计量，按设计图示尺寸以体积计算	1. 模板及支架（撑）制作、安装、拆除、堆放、运输及清理模内杂物、刷隔离剂等 2. 混凝土制作、运输、浇筑、振捣、养护
010508001	后浇带	1. 混凝土种类 2. 混凝土强度等级	m³	按设计图示尺寸以体积计算	1. 模板及支架（撑）制作、安装、拆除、堆放、运输及清理模内杂物、刷隔离剂等 2. 混凝土制作、运输、浇筑、振捣、养护及混凝土交接面、钢筋等的清理

续表

项目编码	项目名称	项目特征	计量单位	工程量计算规则	工作内容
010512008	（预制）沟盖板、井盖板、井圈	1. 单件体积 2. 安装高度 3. 混凝土强度等级 4. 砂浆强度等级、配合比	1. m³ 2. 块 3. 套	1. 以立方米计量，按设计图示尺寸以体积计算 2. 以块计量，按设计图示尺寸以数量计算	1. 模板制作、安装、拆除、堆放、运输及清理模内杂物、刷隔离剂等 2. 混凝土制作、运输、浇筑、振捣、养护 3. 构件运输、安装 4. 砂浆制作、运输 5. 接头灌缝、养护

2. 工程量清单及计价有关规定

（1）有肋带形基础、无肋带形基础应按本表中相关项目列项，并注明肋高。

（2）箱式满堂基础中柱、梁、墙、板按本附录表 E.2、表 E.3、表 E.4、表 E.5 相关项目分别编码列项；箱式满堂基础底板按本表的满堂基础项目列项。

（3）如为毛石混凝土基础，项目特征应描述毛石所占比例。

（4）现浇挑檐、天沟板、雨篷、阳台与板（包括屋面板、楼板）连接时，以外墙外边线为分界线；与圈梁（包括其他梁）连接时，以梁外边线为分界线。外边线以外为挑檐、天沟、雨篷或阳台。

（5）整体楼梯（包括直形楼梯、弧形楼梯）水平投影面积包括休息平台、平台梁、斜梁和楼梯的连接梁。楼梯与楼板连接时，楼梯算至楼梯梁外侧面；当整体楼梯与现浇楼板无梯梁连接时，以楼梯的最后一个踏步边缘加 300mm 为界。

（6）架空式混凝土台阶，按现浇楼梯计算。

5.8.2　混凝土及钢筋混凝土工程计价定额的使用说明

1. 概况

计价定额第六章，设置自拌混凝土构件、商品混凝土泵送构件、商品混凝土非泵送构件三个部分，共设 10 节 441 个定额子目，见表 5-31。

表 5-31　　　　　　　　　　计价定额混凝土及钢筋混凝土工程内容

序号	部分内容	节内容	定额子目数量
1	一、自拌混凝土构件	现浇构件	59
2		现场预制构件	26
3		加工厂预制构件	27
4		构筑物	65
5	二、商品混凝土泵送构件	泵送现浇构件	50
6		泵送预制构件	11
7		泵送构筑物	62
8	三、商品混凝土非泵送构件	非泵送现浇构件	51
9		非泵送预制构件	25
10		非泵送构筑物	65
		小计	441

2. 使用定额计价说明及工程量计算规则

具体详见计价定额第六章混凝土工程的说明及工程量计算规则。节选一些主要的说明及工程量计算规则要点：

（1）混凝土石子粒径取定：设计有规定的按设计规定，无设计规定按表 5-32 规定计算。

表 5-32　　　　　　　　　　　　　　混凝土构件石子粒径表

石子粒径	构件名称
5～16mm	预制板类构件、预制小型构件
5～31.5mm	现浇构件：矩形柱（构造柱除外）、圆柱、多边形柱（L、T、十形柱除外）、框架梁、单梁、连续梁、地下室防水混凝土墙；预制构件：柱、梁、桩
5～20mm	除以上构件外均用此粒径
5～40mm	基础垫层、各种基础、道路、挡土墙、地下室墙、大体积混凝土

（2）毛石混凝土中的毛石掺量是按 15% 计算的，构筑物中毛石混凝土的毛石掺量是按 20% 计算的，如设计要求不同时，可按比例换算毛石、混凝土数量，其余不变。

（3）现浇柱、墙定额中，均已按规范规定综合考虑了底部铺垫 1:2 水泥砂浆的用量。

（4）室内净高超过 8m 的现浇柱、梁、墙、板（各种板）的人工工日分别乘以下系数：净高在 12m 以内乘以 1.18，净高在 18m 以内乘以 1.25。

（5）泵送混凝土定额中已综合考虑了输送泵车台班，布拆管及清洗人工、泵管摊销费、冲洗费。当输送高度超过 30m 时，输送泵车台班（含 30m 以内）乘以 1.10，输送高度超过 50m 时，输送泵车台班（含 50m 以内）乘以 1.25，输送高度超过 100m 时，输送泵车台班（含 100m 以内）乘以 1.35，输送高度超过 150m 时，输送泵车台班（含 150m 以内）乘以 1.45，输送高度超过 200m 时，输送泵车台班（含 200m 以内）乘以 1.55。

（6）现场集中搅拌混凝土按现场集中搅拌混凝土配合比执行，混凝土拌和楼的费用另行计算。

（7）现浇混凝土工程量除另有规定者外，均按图示尺寸以体积计算，计算规则基本与清单规范的工程量计算规则相同。不扣除构件内钢筋、支架、螺栓孔、螺栓、预埋铁件及墙、板中 0.3m² 内的孔洞所占体积。留洞所增加工、料不再另增费用。

（8）带形基础长度，外墙下条形基础按外墙中心线长度、内墙下带形基础按基底、有斜坡的按斜坡间的中心线长度、有梁部分按梁净长计算，独立柱基间带形基础按基底净长计算。

（9）有梁带形混凝土基础，其梁高与梁宽之比在 4:1 以内的，按有梁式带形基础计算（带形基础梁高是指梁底部到上部的高度）。超过 4:1 时，其基础底按无梁式带形基础计算，上部按墙计算。

（10）满堂（板式）基础有梁式（包括反梁）、无梁式应分别计算，仅带有边肋者，按无梁式满堂基础套用定额。

（11）独立柱基、桩承台：按图示尺寸实体积以体积计算至基础扩大顶面。

（12）杯形基础套用独立柱基定额。杯口外壁高度大于杯口外长边的杯形基础，套"高颈杯形基础"定额。

（13）L、T、十形柱，按 L、T、十形柱相应定额执行。当两边之和超过 2000mm，按直形墙相应定额执行。

（14）圈梁、过梁应分别计算，过梁长度按图示尺寸，图纸无明确表示时，按门窗洞口外围宽另加 500mm 计算。平板与砖墙上混凝土圈梁相交时，圈梁高应算至板底面。

（15）依附于梁、板、墙（包括阳台梁、圈过梁、挑檐板、混凝土栏板、混凝土墙外侧）上的混凝土线条（包括弧形线条）按小型构件定额执行（梁、板、墙宽算至线条内侧）。

（16）现浇挑梁按挑梁计算，其压入墙身部分按圈梁计算；挑梁与单、框架梁连接时，其挑梁应并入相应梁内计算。

（17）有梁板按梁（包括主、次梁）、板体积之和计算（梁板交接处不得重复计算），有后浇板带时，后浇板带（包括主、次梁、墙）应扣除。

（18）现浇挑檐、天沟底板与侧板工程量应分别计算套用定额，底板按板式雨篷以板底水平投影面积计算，侧板按天、檐沟竖向挑板以体积计算。

（19）飘窗的上下挑板按板式雨篷以板底水平投影面积计算。

（20）后浇墙、板带（包括主、次梁）按设计图纸以体积计算。

（21）墙：外墙按图示中心线（内墙按净长）乘墙高、墙厚以体积计算，应扣除门、窗洞口及 0.3m² 外的孔洞体积。单面墙垛其突出部分并入墙体体积内计算，双面墙垛（包括墙）按柱计算。弧形墙按弧线长度乘墙高、墙厚以体积计算，地下室墙有后浇墙带时，后浇墙带应扣除。梯形断面墙按上口与下口的平均宽度计算。墙与梁平行重叠，墙高算至梁顶面；当设计梁宽超过墙宽时，梁、墙分别按相应定额计算。墙与板相交，墙高算至板底面。屋面混凝土女儿墙按直（圆）形墙以体积计算。

（22）阳台、雨篷，按伸出墙外的板底水平投影面积计算，伸出墙外的牛腿不另计算。

（23）台阶按水平投影以面积计算，设计混凝土用量超过定额含量时，应调整。台阶与平台的分界线以最上层台阶的外口增 300mm 宽度为准，台阶宽以外部分并入地面工程量计算。

（24）空调板按板式雨篷以板底水平投影面积计算。

5.8.3　混凝土及钢筋混凝土工程量清单计价例题

例 5-12　已知某办公楼工程，建筑物基础平面图及基础详图如附录三结施－02 所示，基础为 C30 钢筋混凝土独立基础，C15 素混凝土垫层。施工方案为：商品混凝土泵送。要求计算：钢筋混凝土独立基础及其混凝土垫层的工程量清单及计价。

解　1）编制工程量清单。

① 列项目。

垫层　　　010501001001　商品混凝土泵送 C15

独立基础　　010501003001　商品混凝土泵送 C30

② 计算工程量。

垫层：$0.36+1.35+1.57+1.92+1.23+6.08+4.42+1.55+0.42=18.90m^3$

J1：$(1.7+0.1+0.1)\times(1.7+0.1+0.1)\times0.1=0.36m^3$

J2：$2.6\times2.6\times0.1\times2=1.35m^3$

J3：$2.8\times2.8\times0.1\times2=1.57m^3$

J4：$3.1\times3.1\times0.1\times2=1.92m^3$

J5：$3.5\times3.5\times0.1\times1=1.23m^3$

J6：$3.9\times3.9\times0.1\times4=6.08m^3$

J7：$4.7\times4.7\times0.1\times2=4.42m^3$

J8：3.1×5.0×0.1×1＝1.55m³

J9：2.2×1.9×0.1×1＝0.42m³

独立基础：1.27＋4.97＋5.79＋7.57＋4.81＋26.90＋22.09＋7.43＋1.48＝82.31m³

（独立基础体积由下部的长方体体积和上部的截头矩形角锥体积组成。）

J1：{1.7×1.7×0.3＋[1.7×1.7＋0.5×0.5＋(1.7＋0.5)×(1.7＋0.5)]×0.3/6}×1＝1.27m³

J2：{2.4×2.4×0.3＋[2.4×2.4＋0.6×0.6＋(2.4＋0.6)×(2.4＋0.6)]×0.3/6}×2＝4.97m³

J3：{2.6×2.6×0.3＋[2.6×2.6＋0.6×0.6＋(2.6＋0.6)×(2.6＋0.6)]×0.3/6}×2＝5.79m³

J4：{2.9×2.9×0.3＋[2.9×2.9＋0.6×0.75＋(2.9＋0.6)×(2.9＋0.75)]×0.35/6}×2＝7.57m³

J5：{3.3×3.3×0.3＋[3.3×3.3＋0.6×0.6＋(3.3＋0.6)×(3.3＋0.6)]×0.35/6}×1＝4.81m³

J6：{3.7×3.7×0.35＋[3.7×3.7＋0.6×0.75＋(3.7＋0.6)×(3.7＋0.75)]×0.35/6}×2＋{3.7×3.7×0.35＋[3.7×3.7＋0.6×0.7＋(3.7＋0.6)×(3.7＋0.7)]×0.35/6}×2＝26.90m³

J7：{4.5×4.5×0.35＋[4.5×4.5＋0.6×0.75＋(4.5＋0.6)×(4.5＋0.75)]×0.5/6}×2＝22.09m³

J8：{2.9×4.8×0.35＋[2.9×4.8＋0.8×2.7＋(2.9＋0.8)×(4.8＋2.7)]×0.35/6}×1＝7.43m³

J9：{2.0×1.7×0.3＋[2.0×1.7＋0.5×0.5＋(2.0＋0.5)×(1.7＋0.5)]×0.3/6}×1＝1.48m³

③ 列清单。

分部分项工程量清单

序号	项目编码	项目名称	项目特征	计量单位	工程数量
1	010501001001	垫层	商品混凝土泵送 C15	m³	18.90
2	010501003001	独立基础	商品混凝土泵送 C30	m³	82.31

2）工程量清单计价。

① 确定对应定额子目。

垫层：6-178

独立基础：6-185

② 计算定额子目工程量。

6-178：18.90m³

6-185：82.31m³

③ 确定定额子目综合单价。

6-178换＝409.10－333.94＋332.00×1.015＝412.14 元/m³

6-185换＝405.83－348.84＋362×1.02＝426.23 元/m³

④ 累加定额子目合价，确定清单综合单价。

垫层：合价＝412.14 元/m³×18.90m³＝7789.45 元

综合单价＝7789.45 元/18.90m³＝412.14 元/m³

独立基础：合价＝426.23 元/m³×82.31m³＝35082.99 元

综合单价＝35082.99 元/82.31m³＝426.23 元/m³

分部分项工程量清单计价表　　　　　单位：元

序号	项目编码	项目名称	计量单位	工程数量	综合单价	合价
1	010501001001	垫层	m³	18.90	412.14	7789.45
定额子目	6-178换	垫层	m³	18.90	412.14	7789.45
2	010501003001	独立基础	m³	82.31	426.23	35082.99
定额子目	6-185换	桩承台、独立柱基	m³	82.31	426.23	35082.99

例 5-13　已知某办公楼工程，框架结构图如附录三结施-02、结施-03、结施-06、结施-07 所示，梁、板、柱为 C30 钢筋混凝土。施工方案为：商品混凝土泵送。要求计算：一层即 −0.05～4.15 的柱（包括基础部分）、梁、板及相应钢筋工程量清单及计价，其中钢筋用含钢量来计算。

解　1）编制工程量清单。

① 列项目。

矩形柱　010502001001　　商品混凝土泵送 C30

有梁板　010505001001　　商品混凝土泵送 C30

矩形梁　010503002001　　商品混凝土泵送 C30

现浇构件钢筋　010515001001　　Φ12mm 以内钢筋

现浇构件钢筋　010515001002　　Φ12mm 以外钢筋

② 计算工程量。

矩形柱：$3.19 + 3.15 + 3.06 + 2.91 + 1.24 + 2.44 + 1.24 + 1.58 + 0.87 + 2.50 = 22.18 \text{m}^3$

KZ1：$0.5 \times 0.65 \times (4.15 + 1.4 - 0.65) \times 2 = 3.19 \text{m}^3$

KZ2：$0.5 \times 0.65 \times (4.15 + 1.4 - 0.7) \times 2 = 3.15 \text{m}^3$

KZ3：$0.5 \times 0.65 \times (4.15 + 1.4 - 0.85) \times 2 = 3.06 \text{m}^3$

KZ4：$0.5 \times 0.6 \times (4.15 + 1.4 - 0.7) \times 2 = 2.91 \text{m}^3$

KZ5：$0.5 \times 0.5 \times (4.15 + 1.4 - 0.6) \times 1 = 1.24 \text{m}^3$

KZ6：$0.5 \times 0.5 \times (4.15 + 1.4 - 0.7) \times 1 + 0.5 \times 0.5 \times (4.15 + 1.4 - 0.65) \times 1 = 2.44 \text{m}^3$

KZ7：$0.5 \times 0.5 \times (4.15 + 1.4 - 0.6) \times 1 = 1.24 \text{m}^3$

KZ8、KZ8a：$0.4 \times 0.4 \times (4.135 + 1.4 - 0.6) \times 2 = 1.58 \text{m}^3$

KZ9：$0.4 \times 0.45 \times (4.15 + 1.4 - 0.7) \times 1 = 0.87 \text{m}^3$

KZ10：$0.5 \times 0.5 \times (4.20 + 1.4 - 0.6) \times 2 = 2.50 \text{m}^3$

有梁板：$7.15 + 57.02 = 64.17 \text{m}^3$

（有梁板体积包括板的体积及其板下梁的体积组成。）

100mm 板及其板下梁：$5.17 + 0.32 + 0.25 + 0.59 + 0.25 + 0.25 + 0.32 = 7.15 \text{m}^3$

B100：$(26 + 0.10 + 0.10) \times (2.2 - 0.10 - 0.125) \times 0.1 = 5.17 \text{m}^3$

KLy101：$0.25 \times (0.75 - 0.1) \times (2.2 - 0.125 - 0.10) = 0.32 \text{m}^3$

L102：$0.25 \times (0.6 - 0.1) \times (2.2 - 0.125 - 0.10) = 0.25 \text{m}^3$

KLy103：$0.25 \times (0.7 - 0.1) \times (2.2 - 0.125 - 0.10) \times 2 = 0.59 \text{m}^3$

L103：$0.25 \times (0.6 - 0.1) \times (2.2 - 0.125 - 0.10) = 0.25 \text{m}^3$

L104：0.25m^3（同 L102）

KLy104：$0.25 \times (0.75 - 0.1) \times (2.2 - 0.125 - 0.10) = 0.32 \text{m}^3$

120mm 板及其板下梁：$33.49+1.79+1.21+3.15+0.67+1.21+1.53+4.57+3.02+4.21-1.64+3.60+0.29-0.08=57.02\text{m}^3$

B120：$(26+0.10+0.10)\times(8-2.2+0.10+0.125)\times0.12+(9+0.10+0.10)\times(6+0.10+0.10)\times0.12\times2+(2.9+0.10-0.2)\times(2.46+0.10)\times0.12=33.49\text{m}^3$

KLy101：$0.25\times(0.75-0.12)\times(8-0.10-2.2+0.125)+0.25\times(0.6-0.12)\times(6+2.56-0.5-0.5-0.30)=1.79\text{m}^3$

L101：**此为楼梯与楼板连接楼梯梁，计算至楼梯。**

L102：$0.25\times(0.6-0.12)\times(8-0.10-2.2-0.125)+0.25\times(0.5-0.12)\times(6-0.20-0.15)=1.21\text{m}^3$

KLy103：$[0.25\times(0.7-0.12)\times(8-0.10-2.2+0.125)+0.25\times(0.7-0.12)\times(6-0.55-0.40)]\times2=3.15\text{m}^3$

L103：$0.25\times(0.6-0.12)\times(8-0.10-2.2-0.125)=0.67\text{m}^3$

L104：1.21m^3 （同 L102）

KLy104：$0.25\times(0.75-0.12)\times(8-0.10-2.2+0.125)+0.25\times(0.6-0.12)\times(6-0.5-0.4)=1.53\text{m}^3$

KLx101：$0.3\times(0.75-0.12)\times(26-0.4-0.5-0.5-0.4)=4.57\text{m}^3$

L105：$0.25\times(0.6-0.12)\times(26-0.15-0.25-0.25-0.15)=3.02\text{m}^3$

KLx102：$0.3\times(0.7-0.12)\times(26-0.4-0.5-0.4)=4.21\text{m}^3$

扣 KLx102②－③段：$-0.3\times0.7\times(8-0.10-0.10)=-1.64$ **（此为楼梯与楼板连接楼梯梁，计算至楼梯。）**

KLx103：$0.25\times(0.75-0.12)\times(6.8-0.4-0.3)+0.25\times(0.4-0.12)\times(2.2-0.10-0.4)+0.25\times(0.75-0.12)\times(8+9-0.10-0.5-0.4)=3.60\text{m}^3$

KLx104：$0.25\times(0.6-0.12)\times(2.9-0.3-0.2)=0.29\text{m}^3$ **（另一部分 KLx104 梁其上无现浇板，计算至矩形梁）**

扣单个面积 0.3m² 以外的柱所占体积：$-0.5\times0.65\times0.12\times2=-0.08\text{m}^3$

矩形梁：$1.26+1.17+0.57=3.00\text{m}^3$

KLy103a：$0.25\times0.6\times(5-0.25-0.55)\times2=1.26\text{m}^3$

WKLx101：$0.25\times0.6\times(8-0.10-0.10)=1.17\text{m}^3$

KLx104：$0.25\times0.6\times(6.8-2.9-0.30+0.2)=0.57\text{m}^3$ （另一部分）

现浇构件钢筋 Φ12mm 以内：3.886t

现浇构件钢筋 Φ12mm 以外：9.032t

详细计算见下表，含钢量系数查计价定额下册 P996。

构件项目	构件特征	构件	工程量 m³	含钢量系数 t/m³		钢筋量 t	
				Φ12mm 以内	Φ12mm 以外	Φ12mm 以内	Φ12mm 以外
柱	断面周长在 1.6m 以内	KZ8、KZ8a	1.58	0.038	0.088	0.06	0.139
	断面周长在 2.5m 以内	其他 KZ	22.18－1.58=20.6	0.050	0.116	1.03	2.39

续表

构件项目	构件特征	构件	工程量 m³	含钢量系数 t/m³		钢筋量 t	
				Φ12mm 以内	Φ12mm 以外	Φ12mm 以内	Φ12mm 以外
有梁板	100mm 以内	100mm 板及其板下梁	7.15	0.030	0.070	0.215	0.501
	200mm 以内	120mm 板及其板下梁	57.02	0.043	0.100	2.452	5.702
矩形梁	框架梁	矩形梁	3.00	0.043	0.100	0.129	0.3
合计						3.886	9.032

③列清单。

分部分项工程量清单

序号	项目编码	项目名称	项目特征	计量单位	工程数量
1	010502001001	矩形柱	商品混凝土泵送 C30	m³	22.18
2	010505001001	有梁板	商品混凝土泵送 C30	m³	64.17
3	010503002001	矩形梁	商品混凝土泵送 C30	m³	3.00
4	010515001001	现浇构件钢筋	Φ12mm 以内钢筋	t	3.886
5	010515001002	现浇构件钢筋	Φ12mm 以外钢筋	t	9.032

2）工程量清单计价。

① 确定对应定额子目。

泵送现浇矩形柱：6-190。

泵送现浇有梁板：6-207。

泵送现浇框架梁：6-194。

现浇混凝土构件钢筋 Φ12 以内：5-1。

现浇混凝土构件钢筋 Φ25 以内：5-2。

② 计算定额子目工程量。

6-190：22.18m³

6-207：64.17m³

6-194：3.00m³

5-1：3.886t

5-2：9.032t

③ 确定定额子目综合单价。

6-190＝488.12 元/m³

6-207＝461.46 元/m³

6-194＝469.25 元/m³

5-1换＝5470.72＋885.60×0.03×(1＋25％＋12％)＝5507.12 元/t

5-2换＝4998.87＋523.98×0.03×(1＋25％＋12％)＝5020.41 元/t

（层高超过 3.6m，在 8m 内人工乘以系数 1.03，12m 内人工乘以系数 1.08，12m 以上人工乘以系数 1.13。）

④ 累加定额子目合价，确定清单综合单价。

矩形柱：合价＝488.12 元/m³×22.18m³＝10826.50 元

综合单价＝10826.50 元/22.18m³＝488.12 元/m³

其他同理。

分部分项工程量清单计价表   单位：元

序号	项目编码	项目名称	计量单位	工程数量	综合单价	合价
1	010502001001	矩形柱	m³	22.18	488.12	10826.50
定额子目	6-190	泵送现浇矩形柱	m³	22.18	488.12	10826.50
2	010505001001	有梁板	m³	64.17	461.46	29611.89
定额子目	6-207	泵送现浇有梁板	m³	64.17	461.46	29611.89
3	010503002001	矩形梁	m³	3.00	469.25	1407.75
定额子目	6-194	泵送现浇框架梁	m³	3.00	469.25	1407.75
4	010515001001	现浇构件钢筋 Φ12 以内	t	3.886	5507.12	21400.67
定额子目	5-1 换	现浇混凝土构件钢筋 Φ12 以内	t	3.886	5507.12	21400.67
5	010515001002	现浇构件钢筋 Φ12 以外	t	9.032	5020.41	45344.34
定额子目	5-2 换	现浇混凝土构件钢筋 Φ25 以内	t	9.032	5020.41	45344.34

例 5-14 已知某办公楼工程，楼梯如附录三结结施-14、施-02、结施-06、结施-08、结施-10 所示 1♯楼梯，C30 钢筋混凝土。施工方案为商品混凝土泵送。要求计算楼梯工程量清单及计价。

解 1）编制工程量清单。

① 列项目。

直形楼梯　010506001001　商品混凝土泵送 C30

② 计算工程量。

$48.09 + 93.6 = 141.69 \text{m}^2$

一层投影面积：$(6 + 0.1 - 0.1) \times (8 - 0.1 - 0.1) + (1.7 + 1.7) \times (3.78 + 0.2 - 0.1 - 0.1 - 0.7 - 2.7) = 48.09 \text{m}^2$

二、三层投影面积：$(6 + 0.1 - 0.1) \times (8 - 0.1 - 0.1) \times 2 = 93.6 \text{m}^2$

③ 列清单。

分部分项工程量清单

序号	项目编码	项目名称	项目特征	计量单位	工程数量
1	010506001001	直形楼梯	商品混凝土泵送 C30	m²	141.69

2）工程量清单计价。

① 确定对应定额子目。

直形楼梯 6-213

楼梯、雨篷、阳台、台阶混凝土含量每增减 6-218

② 计算定额子目工程量。

6-213：141.69m^2

6-218：楼梯混凝土设计含量－楼梯定额含量 $= 32.52 - 29.33 = 3.19 \text{m}^3$

计算楼梯混凝土设计含量：$(11.71 + 20.17) \times (1 + 1.5\% + 0.5\%) = 32.52 \text{m}^3$

一层混凝土量：$0.68 + 3.08 + 0.80 + 0.22 + 2.15 + 2.58 + 2.20 = 11.71 \text{m}^3$

DQL1：$0.24 \times 0.35 \times (8 - 0.1 - 0.1) = 0.68 \text{m}^3$

1AT1：$(0.13 \times \sqrt{3.78^2 + 2.4^2} + 0.16 \times 0.27 \times 0.5 \times 15) \times (1.7 + 1.7) = 3.08 \text{m}^3$

1TL4：$0.20 \times (0.35-0.1) \times (8+0.1+0.1) + 0.20 \times (0.35-0.1) \times (8-0.1-0.1) = 0.80 \text{m}^3$

1TL3：$0.20 \times (0.35-0.1) \times 2.2 \times 2 = 0.22 \text{m}^3$

PTB：$0.1 \times (0.20+2.2+0.12+0.1) \times (8+0.1+0.1) = 2.15 \text{m}^3$

1CT1：$(0.12 \times \sqrt{2.7^2+1.8^2} + 0.16364 \times 0.27 \times 0.5 \times 11) \times 4.08 = 2.58 \text{m}^3$

1CT1、1BT1平直段及楼面梁 KLx102：

$0.12 \times (0.1+0.1+0.7) \times (8-0.1-0.1) + 0.3 \times (0.7-0.12) \times (8-0.1-0.1) = 2.20 \text{m}^3$

二、三层混凝土量：$4.30+2.26+2.15+0.38+1.97+5.16+3.95 = 20.17 \text{m}^3$

1BT1：$(0.12 \times \sqrt{2.7^2+1.8^2} + 0.16364 \times 0.27 \times 0.5 \times 11) \times (1.7+1.7) \times 2 = 4.30 \text{m}^3$

1TL1：$0.25 \times (0.65-0.1) \times (8+0.1+0.1) \times 2 = 2.26 \text{m}^3$

1TL2：$0.25 \times (0.65-0.1) \times (8-0.1-0.1) \times 2 = 2.15 \text{m}^3$

1TL3：$0.2 \times (0.35-0.1) \times (0.2+2.0+0.2-0.25-0.25) \times 2 \times 2 = 0.38 \text{m}^3$

PTB：$0.1 \times (0.2+2.0+0.2) \times (8+0.1+0.1) = 1.97 \text{m}^3$

1CT1：$(0.12 \times \sqrt{2.7^2+1.8^2} + 0.16364 \times 0.27 \times 0.5 \times 11) \times 4.08 \times 2 = 5.16 \text{m}^3$

1CT1、1BT1平直段及楼面梁 KLx202、KLx302：

$[0.12 \times (0.1+0.1+0.7) \times (8-0.1-0.1) + 0.25 \times (0.7-0.12) \times (8-0.1-0.1)] \times 2 = 3.95 \text{m}^3$

定额含量：$141.69/10 \times 2.07 = 29.33 \text{m}^3$

③ 确定定额子目综合单价。

$6\text{-}213_{换} = 995.07 - 707.94 + 2.07 \times 362 = 1036.47$ 元/10m^2

$6\text{-}218_{换} = 478.11 - 343.71 + 1.005 \times 362 = 498.21$ 元/m^3

④ 累加定额子目合价，确定清单综合单价。

合价$= 1.36.47$ 元/$10\text{m}^2 \times 14.17$ $\underline{10\text{m}^2} + 498.21$ 元/$\text{m}^3 \times 3.19\text{m}^3 = 16276.07$ 元

综合单价$= 16276.07$ 元/$141.69\text{m}^2 = 114.87$ 元/m^2

分部分项工程量清单计价表　　　　　　　　　　　　　　　　单位：元

序号	项目编码	项目名称	计量单位	工程数量	综合单价	合价
1	010506001001	直形楼梯	m²	141.69	114.87	16276.07
定额子目	6-213换	直形楼梯	10m²	14.17	1036.47	14686.78
	6-218换	楼梯混凝土含量每增减	m³	3.19	498.21	1589.29

5.8.4 课后练习

1. 已知某办公楼工程，建筑物基础平面图及基础详图如附录三结施-02所示，地圈梁为C30钢筋混凝土。施工方案为商品混凝土泵送。要求计算地圈梁的工程量清单及计价。

2. 已知某办公楼工程，框架结构图如附录三结施-04、结施-08、结施-09所示，梁、板、柱为C30钢筋混凝土。施工方案为商品混凝土泵送。要求计算：二层即4.15～7.75的柱、梁、板及相应钢筋工程量清单及计价，其中钢筋用含钢量来计算。

3. 已知某办公楼工程，雨篷YP1如附录三结施-06所示，C30钢筋混凝土。施工方案为商品混凝土泵送。要求计算：雨篷YP1的工程量清单及计价。

4. 已知某办公楼工程，楼梯如附录三结施-14、施-02、结施-06、结施-08、结施-10所示2#楼梯，C30钢筋混凝土。施工方案为：商品混凝土泵送。要求计算：楼梯工程量清单及计价。

5.9　门窗工程清单及计价（附录 H）

5.9.1　门窗工程工程量清单计价的有关规定

1. 概况

建筑与装饰工程量计算规范附录 H 共分 10 节 55 个项目。包括木、金属等门窗工程。本章部分常用清单项目见表 5-33。

表 5-33　　　　　　　　　　　　　　门窗工程部分常用清单项目

项目编码	项目名称	项目特征	计量单位	工程量计算规则	工作内容
010801001	木质门	1. 门代号及洞口尺寸 2. 镶嵌玻璃品种、厚度	1. 樘 2. m²	1. 以樘计量，按设计图示数量计算 2. 以平方米计量，按设计图示洞口尺寸以面积计算	1. 门安装 2. 玻璃安装 3. 五金安装
010801004	木质防火门				
010802001	金属（塑钢）门	1. 门代号及洞口尺寸 2. 门框或扇外围尺寸 3. 门框、扇材质 4. 玻璃品种、厚度			
010802003	钢质防火门	1. 门代号及洞口尺寸 2. 门框或扇外围尺寸 3. 门框、扇材质			1. 门安装 2. 五金安装
010802004	防盗门				
010803001	金属卷帘（闸）门	1. 门代号及洞口尺寸 2. 门材质 3. 启动装置品种、规格			1. 门运输、安装 2. 启动装置、活动小门、五金安装
010803002	防火卷帘（闸）门				
010805001	电子感应门	1. 门代号及洞口尺寸 2. 门框或扇外围尺寸 3. 门框、扇材质 4. 玻璃品种、厚度 5. 启动装置的品种、规格 6. 电子配件品种、规格			1. 门安装 2. 启动装置、五金、电子配件安装
010805002	旋转门				
010805003	电子对讲门				
010805004	电动伸缩门				
010806001	木质窗	1. 窗代号及洞口尺寸 2. 玻璃品种、厚度			1. 窗安装 2. 五金、玻璃安装
010807001	金属（塑钢、断桥）窗	1. 窗代号及洞口尺寸 2. 框、扇材质 3. 玻璃品种、厚度			

2. 工程量清单及计价有关规定

（1）木质门应区分镶板木门、企口木板门、实木装饰门、胶合板门、夹板装饰门、木纱门、全玻门（带木质扇框）、木质半玻门（带木质扇框）等项目，分别编码列项。

（2）木门五金应包括　折页、插销、门碰珠、弓背拉手、搭机、木螺丝、弹簧折页（自动门）、管子拉手（自由门、地弹门）、地弹簧（地弹门）、角铁、门轧头（地弹门、自由门）等。

（3）以樘计量，项目特征必须描述洞口尺寸，没有洞口尺寸必须描述门窗框、扇外围尺寸；以平方米计量，无设计图示洞口尺寸，按门窗框、扇外围以面积计算，项目特征可不描述洞口尺寸及框、扇的外围尺寸。

（4）金属门应区分金属平开门、金属推拉门、金属地弹门、全玻门（带金属扇框）、金属半玻门（带扇框）等项目，分别编码列项。

（5）铝合金门五金包括地弹簧、门锁、拉手、门插、门铰、螺丝等。

（6）金属门五金包括 L 型执手插锁（双舌）、执手锁（单舌）、门轨头、地锁、防盗门机、门眼（猫眼）、门碰珠、电子锁（磁卡锁）、闭门器、装饰拉手等。

（7）木质窗应区分木百叶窗、木组合窗、木天窗、木固定窗、木装饰空花窗等项目，分别编码列项。

（8）木窗五金包括折页、插销、风钩、木螺丝、滑轮滑轨（推拉窗）等。

（9）金属窗应区分金属组合窗、防盗窗等项目，分别编码列项。

（10）金属窗五金包括折页、螺丝、执手、卡锁、铰拉、风撑、滑轮、滑轨、拉把、拉手、角码、牛角制等。

5.9.2　门窗工程计价定额的使用说明

1. 概况

计价定额第十六章，设置购入构件成品安装，铝合金门窗制作、安装，木门、窗框扇制安，装饰木门扇，门窗五金配件安装五个部分，共设 27 节 346 个定额子目，见表 5-34。

表 5-34　　　　　　　　　　　　　计价定额门窗工程内容

序号	部分内容	节内容	定额子目数量
1	一、购入构件成品安装	铝合金门窗	10
2		塑钢门窗及塑钢、铝合金纱窗	4
3		彩板门窗	2
4		电子感应门及旋转门	3
5		卷帘门、拉栅门	11
6		成品木门	4
7	二、铝合金门窗制作、安装	4 节	22
8	三、木门、窗框扇制安	11 节	234
9	四、装饰木门扇	3 节	17
10	五、门窗五金配件安装	3 节	39
		小计	346

2. 使用定额计价说明及工程量计算规则

具体详见计价定额第十六章门窗工程的说明及工程量计算规则。节选一些主要的说明及工程量计算规则要点：

（1）购入构件成品安装门窗单价中，除地弹簧、门夹、管子、拉手等特殊五金外，玻璃及一般五金已包括在相应的成品单价中，一般五金的安装人工已包括在定额内，特殊五金和安装人工应按"门、窗配件安装"的相应子目执行。

（2）购入成品的各种铝合金门窗安装，按门窗洞口面积以平方米计算，购入成品的木门扇安装，按购入门扇的净面积计算。

5.9.3　门窗工程量清单计价例题

例 5-15　已知某办公楼工程，一层平面图及门窗表附录三建施-1、建施-2 所示。施工方案为门窗全部采用专业厂家制作，购入成品（含五金件）安装。建设单位招标清单中明确所有门窗为暂估价，断热铝合金框体中空 LOW—E 玻璃平开门 350 元/m²，乙级防火木门 300 元/m²，平开木夹板门 200 元/m²，断热铝合金框体中空 LOW-E 玻璃推拉窗 250 元/m²，甲级铝合金防火窗 400 元/m²。详见例 7-1。要求计算该工程中一层门窗的工程量清单及计价。

解　1）编制工程量清单。

① 列项目。

金属（塑钢）门　010802001001　M1528，断热铝合金框体中空 LOW-E 玻璃平开门

木质防火门　010801004001　FM 乙 1522，乙级防火门

木质门　010801001001　M1020，M1022，平开木夹板门

金属（塑钢、断桥）窗　010807001001　C1818，C1806，断热铝合金框体中空 LOW-E 玻璃推拉窗

金属防火窗　010807002001　FC 甲 1718，甲级防火窗

② 计算工程量。

金属（塑钢）门，M1528：$1.5 \times 2.8 \times 2 = 8.4$m²

木质防火门，FM 乙 1522：$1.5 \times 2.2 \times 2 = 6.6$m²

木质门，M1020，M1022：$1.0 \times 2.0 \times 2 + 1.0 \times 2.2 \times 2 = 8.4$m²

金属（塑钢、断桥）窗，C1818，C1806：$1.8 \times 1.8 \times 2 + 1.8 \times 0.6 \times 2 = 8.64$m²

金属防火窗，FC 甲 1718：$1.7 \times 1.8 = 3.06$m²

③ 列清单。

分部分项工程量清单

序号	项目编码	项目名称	项目特征	计量单位	工程数量
1	010802001001	金属（塑钢）门	M1528，断热铝合金框体中空 LOW－E 玻璃平开门	m²	8.4
2	010801004001	木质防火门	FM 乙 1522，乙级防火门	m²	6.6
3	010801001001	木质门	M1020，M1022，平开木夹板门	m²	8.4
4	10807001001	金属（塑钢、断桥）窗	C1818，C1806，断热铝合金框体中空 LOW－E 玻璃推拉窗	m²	8.64
5	010807002001	金属防火窗	FC 甲 1718，甲级防火窗	m²	3.06

2）工程量清单计价。

① 确定对应定额子目。

金属（塑钢）门，M1528：16-2

木质防火门，FM 乙 1522：16-31

木质门，M1020，M1022：16-31

金属（塑钢、断桥）窗，C1818，C1806：16-3

金属防火窗，FC 甲 1718：16-3

② 计算定额子目工程量。

与清单工程量相同。

③ 确定定额子目综合单价。

金属（塑钢）门，M1528，$16-2_{换} = 3986.78 - 3104.00 + 9.70 \times 350 = 4277.78$ 元/10m²

木质防火门，FM 乙 1522，$16-31_{换} = 2188.30 - 1818.00 + 10.10 \times 300 = 3400.30$ 元/10m²

木质门，M1020，M1022，$16-31_{换} = 2188.30 - 1818.00 + 10.10 \times 200 = 2390.30$ 元/10m²

金属（塑钢、断桥）窗，C1818，C1806，$16\text{-}3_换 = 3018.13 - 2112.00 + 9.60 \times 250 = 3306.13$ 元/10m²

金属防火窗，FC 甲 1718，$16\text{-}3_换 = 3018.13 - 2112.00 + 9.60 \times 400 = 4746.13$ 元/10m²

④ 累加定额子目合价，确定清单综合单价。

合价 $= 4277.78$ 元/10m² $\times 0.8410$m² $= 3593.34$ 元

综合单价 $= 3593.34$ 元/8.4m² $= 427.78$ 元/m²

其中暂估价 $= 0.84 \times 9.70 \times 350 = 2851.80$

其他同理。

分部分项工程量清单计价表 单位：元

序号	项目编码	项目名称	计量单位	工程数量	综合单价	合价	其中暂估价
1	010802001001	金属（塑钢）门	m²	8.4	427.78	3593.34	2851.80
定额子目	16-2换	铝合金平开及推拉门	10m²	0.84	4277.78	3593.34	2851.80
2	010801004001	木质防火门	m²	6.6	340.03	2244.20	1999.80
定额子目	16-31换	实拼木防火门夹板面	10m²	0.66	3400.30	2244.20	1999.80
3	010801001001	木质门	m²	8.4	239.03	2007.85	1696.80
定额子目	16-31换	实拼木门夹板面	10m²	0.84	2390.30	2007.85	1696.80
4	10807001001	金属（塑钢、断桥）窗	m²	8.64	329.08	2843.27	2073.60
定额子目	16-3换	铝合金推拉窗	10m²	0.86	3306.13	2843.27	2073.60
5	010807002001	金属防火窗	m²	3.06	480.82	1471.30	1175.04
定额子目	16-3换	铝合金推拉防火窗	10m²	0.31	4746.13	1471.30	1175.04

5.9.4　课后练习

已知某办公楼工程，二层平面图及门窗表附录三建施-1、建施-3 所示。施工方案为门窗全部采用专业厂家制作，购入成品安装（含五金件）。建设单位招标清单中明确所有门窗为暂估价，断热铝合金框体中空 LOW-E 玻璃平开门 500 元/m²，乙级防火木门 350 元/m²，平开木夹板门 250 元/m²，断热铝合金框体中空 LOW-E 玻璃推拉窗 450 元/m²，甲级铝合金防火窗 500 元/m²。要求计算该工程中二层门窗的工程量清单及计价。

5.10　屋面及防水工程清单及计价（附录 J）

5.10.1　屋面及防水工程量清单计价的有关规定

1. 概况

建筑与装饰工程量计算规范附录 J 共分 4 节 21 个项目。包括瓦、型材等屋面及屋面、墙面、楼地面防水、防潮工程。本章部分常用清单项目如表 5-35 所示。

表 5-35　　　　　　　　　　屋面及防水工程部分常用清单项目

项目编码	项目名称	项目特征	计量单位	工程量计算规则	工作内容
010901001	瓦屋面	1. 瓦品种、规格 2. 粘结层砂浆的配合比	m²	按设计图示尺寸以斜面积计算 不扣除房上烟囱、风帽底座、风道、小气窗、斜沟等所占面积。小气窗的出檐部分不增加面积	1. 砂浆制作、运输、摊铺、养护 2. 安瓦、作瓦脊
010901002	型材屋面	1. 型材品种、规格 2. 金属檩条材料品种、规格 3. 接缝、嵌缝材料种类			1. 檩条制作、运输、安装 2. 屋面型材安装 3. 接缝、嵌缝

项目编码	项目名称	项目特征	计量单位	工程量计算规则	工作内容
010902001	屋面卷材防水	1. 卷材品种、规格、厚度 2. 防水层数 3. 防水层做法	m²	按设计图示尺寸以面积计算 1. 斜屋顶（不包括平屋顶找坡）按斜面积计算，平屋顶按水平投影面积计算 2. 不扣除房上烟囱、风帽底座、风道、屋面小气窗和斜沟所占面积 3. 屋面的女儿墙、伸缩缝和天窗等处的弯起部分，并入屋面工程量内	1. 基层处理 2. 刷底油 3. 铺油毡卷材、接缝
010902002	屋面涂膜防水	1. 防水膜品种 2. 涂膜厚度、遍数 3. 增强材料种类			1. 基层处理 2. 刷基层处理剂 3. 铺布、喷涂防水层
010902003	屋面刚性层	1. 刚性层厚度 2. 混凝土种类 3. 混凝土强度等级 4. 嵌缝材料种类 5. 钢筋规格、型号		按设计图示尺寸以面积计算。不扣除房上烟囱、风帽底座、风道等所占面积	1. 基层处理 2. 混凝土制作、运输、铺筑、养护 3. 钢筋制安
010902004	屋面排水管	1. 排水管品种、规格 2. 雨水斗、山墙出水口品种、规格 3. 接缝、嵌缝材料种类 4. 油漆品种、刷漆遍数	m	按设计图示尺寸以长度计算。如设计未标注尺寸，以檐口至设计室外散水上表面垂直距离计算	1. 排水管及配件安装、固定 2. 雨水斗、山墙出水口、雨水篦子安装 3. 接缝、嵌缝 4. 刷漆
010902005	屋面排（透）气管	1. 排（透）气管品种、规格 2. 接缝、嵌缝材料种类 3. 油漆品种、刷漆遍数		按设计图示尺寸以长度计算	1. 排（透）气管及配件安装、固定 2. 铁件制作、安装 3. 接缝、嵌缝 4. 刷漆
010902007	屋面天沟、檐沟	1. 材料品种、规格 2. 接缝、嵌缝材料种类	m²	按设计图示尺寸以展开面积计算	1. 天沟材料铺设 2. 天沟配件安装 3. 接缝、嵌缝 4. 刷防护材料
010902008	屋面变形缝	1. 嵌缝材料种类 2. 止水带材料种类 3. 盖缝材料 4. 防护材料种类	m	按设计图示以长度计算	1. 清缝 2. 填塞防水材料 3. 止水带安装 4. 盖缝制作、安装 5. 刷防护材料
010903001	墙面卷材防水	1. 卷材品种、规格、厚度 2. 防水层数 3. 防水层做法			1. 基层处理 2. 刷黏结剂 3. 铺防水卷材 4. 接缝、嵌缝
010903002	墙面涂膜防水	1. 防水膜品种 2. 涂膜厚度、遍数 3. 增强材料种类	m²	按设计图示尺寸以面积计算	1. 基层处理 2. 刷基层处理剂 3. 铺布、喷涂防水层
010903003	墙面砂浆防水（防潮）	1. 防水层做法 2. 砂浆厚度、配合比 3. 钢丝网规格			1. 基层处理 2. 挂钢丝网片 3. 设置分格缝 4. 砂浆制作、运输、摊铺、养护

续表

项目编码	项目名称	项目特征	计量单位	工程量计算规则	工作内容
010903004	墙面变形缝	1. 嵌缝材料种类 2. 止水带材料种类 3. 盖缝材料 4. 防护材料种类	m	按设计图示以长度计算	1. 清缝 2. 填塞防水材料 3. 止水带安装 4. 盖缝制作、安装 5. 刷防护材料
010904001	楼（地）面卷材防水	1. 卷材品种、规格、厚度 2. 防水层数 3. 防水层做法 4. 反边高度	m²	按设计图示尺寸以面积计算 1. 楼（地）面防水：按主墙间净空面积计算，扣除凸出地面的构筑物、设备基础等所占面积，不扣除间壁墙及单个面积 ≤ 0.3m2 柱、垛、烟囱和孔洞所占面积 2. 楼（地）面防水反边高度 ≤ 300mm 算作地面防水，反边高度 > 300mm 按墙面防水计算	1. 基层处理 2. 刷粘结剂 3. 铺防水卷材 4. 接缝、嵌缝
010904002	楼（地）面涂膜防水	1. 防水膜品种 2. 涂膜厚度、遍数 3. 增强材料种类 4. 反边高度			1. 基层处理 2. 刷基层处理剂 3. 铺布、喷涂防水层
010904003	楼（地）面砂浆防水（防潮）	1. 防水层做法 2. 砂浆厚度、配合比 3. 反边高度			1. 基层处理 2. 砂浆制作、运输、摊铺、养护
010904004	楼（地）面变形缝	1. 嵌缝材料种类 2. 止水带材料种类 3. 盖缝材料 4. 防护材料种类	m	按设计图示以长度计算	1. 清缝 2. 填塞防水材料 3. 止水带安装 4. 盖缝制作、安装 5. 刷防护材料

2. 工程量清单及计价有关规定

（1）瓦屋面若是在木基层上铺瓦，项目特征不必描述粘结层砂浆的配合比，瓦屋面铺防水层，按屋面防水及其他中相关项目编码列项。

（2）屋面找平层按楼地面装饰工程中平面砂浆找平层项目编码列项，屋面保温找坡层按保温、隔热、防腐工程中保温隔热屋面项目编码列项。

（3）墙面变形缝，若做双面，工程量乘系数 2。

5.10.2　屋面及防水工程计价定额的使用说明

1. 概况

计价定额第十章，设置屋面防水，平面立面及其他防水，伸缩缝、止水带，屋面排水四个部分，共设 14 节 227 个定额子目，见表 5-36。

表 5-36　　　　　　　　　　　计价定额屋面及防水工程内容

序号	部分内容	节内容	定额子目数量
1	一、屋面防水	瓦屋面及彩钢板屋面	29
2		卷材屋面	39
3		屋面找平	5
4		刚性防水屋面	17
5		涂膜屋面	8

序号	部分内容	节内容	定额子目数量
6	二、平面立面及其它防水	涂刷油类	22
7		防水砂浆	4
8		粘贴卷材纤维	39
9	三、伸缩缝、止水带	伸缩缝	14
10		盖缝	15
11		止水带	8
12	四、屋面排水	PVC管排水	10
13		铸铁管排水	11
14		玻璃钢管排水	6
		小计	227

2. 使用定额计价说明及工程量计算规则

具体详见计价定额第十章屋面及防水工程的说明及工程量计算规则。节选一些主要的说明及工程量计算规则要点：

（1）瓦材规格与定额不同时，瓦的数量可以换算，其他不变。换算公式为

$$瓦的数量 = \frac{10m^2}{瓦有效长度 \times 有效宽度} \times 1.025(操作损耗)$$

（2）油毡卷材屋面包括刷冷底子油一遍，但不包括天沟、泛水、屋脊、檐口等处的附加层在内，其附加层应另行计算。其他卷材屋面均包括附加层。

（3）本章以石油沥青、石油沥青玛碲脂为准，设计使用煤沥青、煤沥青玛碲脂，按实调整。冷胶"二布三涂"项目，其"三涂"是指涂膜构成的防水层数，并非指涂刷遍数，每一涂层的厚度必须符合规范（每一涂层刷二至三遍）要求。

（4）高聚物、高分子防水卷材粘贴，实际使用的黏结剂与本定额不同，单价可以换算，其他不变。

（5）平、立面及其他防水是指楼地面及墙面的防水，分为涂刷、砂浆、粘贴卷材三部分，既适用于建筑物（包括地下室）又适用于构筑物。各种卷材的防水层均已包括刷冷底子油一遍和平、立面交界处的附加层工料在内。

（6）在黏结层上单撒绿豆砂者（定额中已包括绿豆砂的项目除外），每 $10m^2$ 铺洒面积增加 0.066 工日。绿豆砂 0.078t。

（7）伸缩缝、盖缝项目中，除已注明规格可调整外，其余项目均不调整。

（8）无分隔缝的屋面找平层按第十三章相应子目执行。

（9）瓦屋面按图示尺寸的水平投影面积乘以屋面坡度延长系数 C（见表 5-37）计算（瓦出线已包括在内），不扣除房上烟囱、风帽底座、风道、屋面小气窗、斜沟等所占面积，屋面小气窗的出檐部分也不增加。

（10）瓦屋面的屋脊、蝴蝶瓦的檐口花边、滴水应另列项目按延长米计算，四坡屋面斜脊长度按图 5-26 中的 b 乘以隅延长系数 D（见表 5-37）以延长米计算，山墙泛水长度＝$A \times C$，瓦穿铁丝、钉铁钉、水泥砂浆粉挂瓦条按每 $10m^2$ 斜面积计算。

表 5-37　　　　　　　　　　　　**屋面坡度延长米系数表**

坡度比例 a/b	角度 θ	延长系数 C	隔延长系数 D
1/1	45°	1.4142	1.7321
1/1.5	33°40′	1.2015	1.5620
1/2	26°34′	1.1180	1.5000
1/2.5	21°48′	1.0770	1.4697
1/3	18°26′	1.0541	1.4530

注　屋面坡度大于 45°时，按设计斜面积计算。

（11）彩钢夹芯板、彩钢复合板屋面按实铺面积以平方米计算，支架、槽铝、角铝等均包含在定额内。

（12）彩板屋脊、天沟、泛水、包角、山头按设计长度以延长米计算，堵头已包含在定额内。

（13）卷材屋面按图示尺寸的水平投影面积乘以规定的坡度系数计算，但不扣除房上烟囱、风帽底座、风道、屋面小气窗和斜沟所占面积。女儿墙、伸

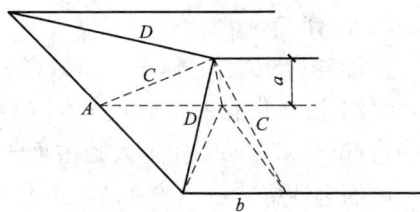

图 5-26　屋面参数示意图

缩缝、天窗等处的弯起高度按图示尺寸计算并入屋面工程量内；如图纸无规定时，伸缩缝，女儿墙的弯起高度按 250mm 计算，天窗弯起高度按 500mm 计算并入屋面工程量内；檐沟、天沟按展开面积并入屋面工程量内。

（14）油毡屋面均不包括附加层在内，附加层按设计尺寸和层数另行计算；其他卷材屋面已包括附加层在内，不另行计算；收头、接缝材料已列入定额内。

（15）屋面刚性防水按设计图示尺寸以面积计算，不扣除房上烟囱、风帽底座、风道等所占面积。

（16）涂膜屋面工程量计算同卷材屋面。

（17）平、立面涂刷油类防水按设计涂刷面积计算。

（18）平、立面防水砂浆防水按设计抹灰面积计算、扣除凸出地面的构筑物、设备基础及室内铁道所占的面积，不扣除附墙垛、柱、间壁墙、附墙烟囱及 0.3m² 以内孔洞所占面积。

（19）粘贴卷材、布类防水，平面：建筑物地面、地下室防水层按主墙（承重墙）间净面积以平方米计算，扣除凸出地面的构筑物、柱、设备基础等所占面积，不扣除附墙垛、间壁墙、附墙烟囱及 0.3m² 以内孔洞所占面积。与墙间连接处高度在 300mm 以内者，按展开面积计算并入平面工程量内，超过 300mm 时，按立面防水层计算；立面：墙身防水层按设计图示尺寸以面积计算，扣除立面孔洞所占面积（0.3m² 以内孔洞不扣；构筑物防水层按设计图示尺寸以面积计算，不扣除 0.3m² 以内孔洞面积）。

（20）伸缩缝、盖缝、止水带按延长米计算，外墙伸缩缝在墙内、外双面填缝者，工程量应按双面计算。

（21）玻璃钢、PVC、铸铁水落管、檐沟均按图示尺寸以延长米计算。水斗、女儿墙弯头、铸铁落水口（带罩），均按只计算。

5.10.3　屋面及防水工程量清单计价例题

例 5-16　已知某办公楼工程，屋顶平面图如附录三建施-6 所示，屋面做法见建施-1 建筑图施工说明。要求计算该工程屋面防水及屋面排水管的工程量清单及计价。

解 1）编制工程量清单。

① 列项目。

010902001001 屋面卷材防水 3 厚 SBS 改性沥青防水卷材，热熔单层满铺

010902003001 屋面刚性层 40 厚 C20 防水细石混凝土现拌（内配 Φ4@100 双向配筋）6m×6m 分仓缝宽，密封胶填缝缝口贴 200 宽 SBS 防水卷材，3 厚 1：3 石灰砂浆隔离层

011101006001 平面砂浆找平层 20 厚 1：3 水泥砂浆

011001001001 保温隔热屋面最薄处 200 厚，坡度 2％，泡沫混凝土容重 400kg/m³

010902004001 屋面排水管 Φ110PVC 排水管，Φ110PVC 水斗，女儿墙铸铁弯头落水口

② 计算工程量。

屋面卷材防水：$(14+0.1)\times(26+0.2)+0.55\times(9+0.2)\times2-(14\times2+26\times2+0.55\times2)\times0.24$ 扣女儿墙占面 $+0.25\times[(14-0.14)\times2+(26-0.28)\times2+(0.55-0.24)\times4]$ 加女儿墙弯起 -0.7×0.7 扣上人孔占面 $+0.7\times0.4\times4$ 加上人孔弯起 $=380.81$m²

屋面刚性层：$(14+0.1)\times(26+0.2)+0.55\times(9+0.2)\times2-(14\times2+26\times2+0.55\times2)\times0.24-0.7\times0.7=359.59$m²

平面砂浆找平层：359.59m²

保温隔热屋面：359.59m²

屋面排水管：$(15+0.45)\times4=61.8$m

③ 列清单。

分部分项工程量清单

序号	项目编码	项目名称	项目特征	计量单位	工程数量
1	010902001001	屋面卷材防水	3 厚 SBS 改性沥青防水卷材，热熔单层满铺	m²	380.81
2	010902003001	屋面刚性层	40 厚 C20 防水细石混凝土现拌（内配 Φ4@100 双向配筋）6m×6m 分仓缝宽 20，密封胶填缝缝口贴 200 宽 SBS 防水卷材，3 厚 1：3 石灰砂浆隔离层	m²	359.59
3	011101006001	平面砂浆找平层	20 厚 1：3 水泥砂浆	m²	359.59
4	011001001001	保温隔热屋面	最薄处 200 厚泡沫混凝土，坡度 2％，泡沫混凝土容重 400kg/m³	m²	359.59
5	010902004001	屋面排水管	Φ110PVC 排水管，Φ110PVC 水斗，女儿墙铸铁弯头落水口	m	61.8

2）工程量清单计价。

① 确定对应定额子目。

屋面卷材防水：10-32

屋面刚性层：10-77

　　　　　　　10-32

　　　　　　　10-90

平面砂浆找平层：13-15

保温隔热屋面：11-6

屋面排水管：10-202

　　　　　　　10-206

10-219

② 计算定额子目工程量。

屋面卷材防水 10-32：380.81m²

屋面刚性层10-77：359.59m²

　　　　　　　10-32：0.2×[(26+0.2−0.24×2)×2横向2条缝+(14+0.1+0.55−0.24×2)×4纵向4条缝]＝21.62m²

　　　　　　　10-90：359.59m²

平面砂浆找平层 13-15：359.59m²

保温隔热屋面 11-6：最薄处 200 厚，坡度 2%，则最厚处为 200+7000×2%＝340mm，平均厚度为（200+340)/2＝270mm。359.59×0.27＝97.09m³

　　　　屋面排水管10-202：61.8m

　　　　　　　　　10-206：4 只

　　　　　　　　　10-219：4 只

③ 确定定额子目综合单价。

屋面卷材防水 10-32：434.60 元/10m²

屋面刚性层10-77：417.07 元/10m²

　　　　　　　10-32：434.60 元/10m²

　　　　　　　10-90：38.24 元/10m²

平面砂浆找平层 13-15：130.68 元/10m²

保温隔热屋面 11-6换：356.69-244.35＋1.02×112.07 泡沫混凝土单价参见计价定额下册P1058＝226.65 元/m³

　　　　屋面排水管10-202：364.58 元/10m

　　　　　　　　　10-206：422.04 元/10 只

　　　　　　　　　10-219：862.09 元/10 只

④ 累加定额子目合价，确定清单综合单价。

合价＝434.60 元/10m²×38.0810m²＝16549.57 元

综合单价＝16549.57 元/380.81m²＝43.46 元/m²

其他同理。

分部分项工程量清单计价表　　　　　　　　　　　　　单位：元

序号	项目编码	项目名称	计量单位	工程数量	综合单价	合价
1	010902001001	屋面卷材防水	m²	380.81	43.46	16549.57
定额子目	10-32	SBS 改性沥青防水卷材	10m²	38.08	434.60	16549.57
2	010902003001	屋面刚性层	m²	359.59	48.14	17311.68
定额子目	10-77	细石混凝土刚性防水屋面	10m²	35.96	417.07	14997.84
	10-32	SBS 改性沥青防水卷材	10m²	2.16	434.60	938.74
	10-90	石灰砂浆隔离层	10m²	35.96	38.24	1375.11
3	011101006001	平面砂浆找平层	m²	359.59	13.07	4699.25
定额子目	13-15	水泥砂浆找平层	10m²	35.96	130.68	4699.25
4	011001001001	保温隔热屋面	m²	359.59	61.20	22005.45

序号	项目编码	项目名称	计量单位	工程数量	综合单价	合价
定额子目	11-6换	屋面、楼地面保温隔热	m³	97.09	226.65	22005.45
5	010902004001	屋面排水管	m	61.8	44.77	2766.76
定额子目	10-202	PVC水落管	10m	6.18	364.58	2253.10
	10-206	PVC水斗	10只	0.4	422.04	168.82
	10-219	女儿墙铸铁弯头落水口	10只	0.4	862.09	344.84

5.10.4　课后练习

1. 市区某建筑物地下室基础平面、剖面图如图5-6所示，室外地坪－0.300m，三类土，地下常水位－2.00m。地下室垫层C15混凝土，筏板基础及混凝土墙为混凝土C25/P6，C25/P6混凝土顶板，商品混凝土泵送，复合木模板。外墙防水采用一层改性沥青卷材（3mm）热熔法满铺贴。试计算该工程墙面卷材防水工程量清单及计价。

2. 已知某办公楼工程，一层平面图及楼地面做法如附录三建施-1、建施-2所示，聚氨酯二遍涂膜防水层，厚2.0mm。要求计算一层卫生间地面防水的工程量清单及计价。

5.11　楼地面装饰工程清单及计价（附录L）

5.11.1　楼地面装饰工程工程量清单计价的有关规定

1. 概况

建筑与装饰工程量计算规范附录L共分8节43个项目。包括楼地面各种面层、踢脚线及台阶装饰。本章部分常用清单项目如表5-38所示。

表 5-38　　　　　　　　　　楼地面装饰工程部分常用清单项目

项目编码	项目名称	项目特征	计量单位	工程量计算规则	工作内容
011101001	水泥砂浆楼地面	1. 找平层厚度、砂浆配合比 2. 素水泥浆遍数 3. 面层厚度、砂浆配合比 4. 面层做法要求	m²	按设计图示尺寸以面积计算。扣除凸出地面构筑物、设备基础、室内铁道、地沟等所占面积，不扣除间壁墙及小于等于0.3 m²柱、垛、附墙烟囱及孔洞所占面积。门洞、空圈、暖气包槽、壁龛的开口部分不增加面积	1. 基层清理 2. 抹找平层 3. 抹面层 4. 材料运输
011101002	现浇水磨石楼地面	1. 找平层厚度、砂浆配合比 2. 面层厚度、水泥石子浆配合比 3. 嵌条材料种类、规格 4. 石子种类、规格、颜色 5. 颜料种类、颜色 6. 图案要求 7. 磨光、酸洗、打蜡要求			1. 基层清理 2. 抹找平层 3. 面层铺设 4. 嵌缝条安装 5. 磨光、酸洗打蜡 6. 材料运输
011101003	细石混凝土楼地面	1. 找平层厚度、砂浆配合比 2. 面层厚度、混凝土强度等级			1. 基层清理 2. 抹找平层 3. 面层铺设 4. 材料运输
011101006	平面砂浆找平层	找平层厚度、砂浆配合比		按设计图示尺寸以面积计算	1. 基层清理 2. 抹找平层 3. 材料运输

项目编码	项目名称	项目特征	计量单位	工程量计算规则	工作内容
011102001	石材楼地面	1. 找平层厚度、砂浆配合比 2. 结合层厚度、砂浆配合比 3. 面层材料品种、规格、颜色	m²	按设计图示尺寸以面积计算。门洞、空圈、暖气包槽、壁龛的开口部分并入相应的工程量内	1. 基层清理 2. 抹找平层 3. 面层铺设、磨边 4. 嵌缝 5. 刷防护材料 6. 酸洗、打蜡 7. 材料运输
011102003	块料楼地面	4. 嵌缝材料种类 5. 防护层材料种类 6. 酸洗、打蜡要求			
011105001	水泥砂浆踢脚线	1. 踢脚线高度 2. 底层厚度、砂浆配合比 3. 面层厚度、砂浆配合比	1. m² 2. m	1. 以 m² 计算，按设计图示长度乘高度以面积计算 2. 以 m 计算，按延长米计算	1. 基层清理 2. 底层和面层抹灰 3. 材料运输
011105002	石材踢脚线	1. 踢脚线高度 2. 黏贴层厚度、材料种类 3. 面层材料品种、规格、颜色 4. 防护材料种类			1. 基层清理 2. 底层抹灰 3. 面层铺贴、磨边 4. 擦缝 5. 磨光、酸洗、打蜡 6. 刷防护材料 7. 材料运输
011105003	块料踢脚线				
011106001	石材楼梯面层	1. 找平层厚度、砂浆配合比 2. 粘结层厚度、材料种类 3. 面层材料品种、规格、颜色	m²	按设计图示尺寸以楼梯（包括踏步、休息平台及小于等于 500mm 的楼梯井）水平投影面积计算。楼梯与楼地面相连时，算至梯口梁内侧边沿；无梯口梁者，算至最上一层踏步边沿加 300mm	1. 基层清理 2. 抹找平层 3. 面层铺贴、磨边 4. 贴嵌防滑条 5. 勾缝 6. 刷防护材料 7. 酸洗、打蜡 8. 材料运输
011106002	块料楼梯面层	4. 防滑条材料种类、规格 5. 勾缝材料种类 6. 防护材料种类 7. 酸洗、打蜡要求			
011106004	水泥砂浆楼梯面层	1. 找平层厚度、砂浆配合比 2. 面层厚度、砂浆配合比 3. 防滑条材料种类、规格			1. 基层清理 2. 抹找平层 3. 抹面层 4. 抹防滑条 5. 材料运输
011106005	现浇水磨石楼梯面层	1. 找平层厚度、砂浆配合比 2. 面层厚度、水泥石子浆配合比 3. 防滑条材料种类、规格 4. 石子种类、规格、颜色 5. 颜料种类、颜色 6. 磨光、酸洗打蜡要求			1. 基层清理 2. 抹找平层 3. 抹面层 4. 贴嵌防滑条 5. 磨光、酸洗、打蜡 6. 材料运输

2. 工程量清单及计价有关规定

（1）水泥砂浆面层处理是拉毛还是提浆压光应在面层做法要求中描述。

（2）平面砂浆找平层只适用于仅做找平层的平面抹灰。

（3）间壁墙指墙厚小于等于 120mm 的墙。

（4）楼地面混凝土垫层另按附录 E.1 垫层项目编码列项，除混凝土外的其他材料垫层按本规范表 D.4 垫层项目编码列项。

5.11.2 楼地面工程计价定额的使用说明

1. 概况

计价定额第十三章，设置垫层、找平层、整体面层、块料面层、木地板栏杆扶手、散水斜坡明沟六个部分，共设 22 节 168 个定额子目，见表 5-39。

表 5-39 计价定额土石方工程内容

序号	部分内容	节内容	定额子目数量
1	一、垫层	灰土	2
2		砂、砂石、碎石、碎砖	8
3		混凝土	4
4	二、找平层	水泥砂浆	3
5		细石混凝土	2
6		沥青砂浆	2
7	三、整体面层	水泥砂浆	8
8		水磨石	11
9		自流平地面及抗静电地面	3
10	四、块料面层	石材块料面层	10
11		石材块料面板多色简单图案拼贴	10
12		缸砖、马赛克、凹凸假麻石块	17
13		地砖、橡胶塑料板	20
14		玻璃	2
15		镶嵌铜条	7
16		镶贴面酸洗打蜡	2
17	五、木地板、栏杆、扶手	木地板	15
18		踢脚线	5
19		抗静电活动地板	3
20		地毯	8
21		栏杆、扶手	20
22	六、散水、斜坡、明沟	散水、斜坡、明沟	6
		小计	168

2. 使用定额计价说明及工程量计算规则

具体详见计价定额第十三章楼地面工程的说明及工程量计算规则。节选一些主要的说明及工程量计算规则要点：

（1）本章中各种混凝土、砂浆强度等级、抹灰厚度，设计与定额规定不同时，可以换算。

（2）本章整体面层子目中均包括基层与装饰面层。找平层砂浆设计厚度不同，按每增、减 5mm 找平层调整。粘结层砂浆厚度与定额不符时，按设计厚度调整。地面防潮层按相应子目执行。

（3）整体面层、块料面层中的楼地面项目，均不包括踢脚线工料；水泥砂浆、水磨石楼梯包括踏步、踢脚板、踢脚线、平台、堵头，不包括楼梯底抹灰（楼梯底抹灰另按按相应子目执行）。

（4）踢脚线高度是按 150mm 编制的，如设计高度不同时，整体面层不调整，块料面层按比例调整，其他不变。

（5）水磨石面层定额项目已包括酸洗打蜡工料，设计不做酸洗打蜡，应扣除定额中的酸洗打蜡材料费及人工 0.51 工日/10m²，其余项目均不包括酸洗打蜡，应另列项目计算。

（6）石材块料面板镶贴及切割费用已包括在定额内，但石材磨边未包括在内。设计磨边者，按相应子目执行。

（7）对石材块料面板地面或特殊地面要求需成品保护者，不论采用何种材料进行保护，均按相应子目执行，但必须是实际发生时才能计算。

（8）楼梯、台阶不包括防滑条，设计用防滑条者，按相应子目执行。螺旋形、圆弧形楼梯贴块料面层按相应子目的人工乘以系数 1.20，块料面层材料乘以系数 1.10，其他不变。现场锯割石材块料面板粘贴在螺旋形、圆弧形楼梯面，按实际情况另行处理。

（9）斜坡、散水、明沟按《室外工程》苏 J08-2006 编制，均包括挖（填）土、垫层、砌筑、抹面。采用其他图集时，材料含量可以调整，其他不变。

（10）地面垫层按室内主墙间净面积乘以设计厚度以立方米计算，应扣除凸出地面的构筑物、设备基础、室内铁道、地沟等所占体积，不扣除柱、垛、间壁墙、附墙烟囱及面积在 0.3m² 以内孔洞所占体积，但门洞、空圈、暖气包槽、壁龛的开口部分也不增加。

（11）整体面层、找平层均按主墙间净空面积以平方米计算，应扣除凸出地面建筑物、设备基础、地沟等所占面积，不扣除柱、垛、间壁墙、附墙烟囱及面积在 0.3m² 以内的孔洞所占面积，但门洞、空圈、暖气包槽、壁龛的开口部分也不增加。看台台阶、阶梯教室地面整体面层按展开后的净面积计算。

（12）地板及块料面层，按图示尺寸实铺面积以平方米计算，应扣除凸出地面的构筑物、设备基础、柱、间壁墙等不做面层的部分，0.3m² 以内的孔洞面积不扣除。门洞、空圈、暖气包槽、壁龛的开口部分的工程量另增并入相应的面层内计算。

（13）楼梯整体面层按楼梯的水平投影面积以平方米计算，包括踏步、踢脚板、中间休息平台、踢脚线、梯板侧面及堵头。楼梯井宽在 200mm 以内者不扣除，超过 200mm 者，应扣除其面积，楼梯间与走廊连接的，应算至楼梯梁的外侧。

（14）楼梯块料面层、按展开实铺面积以平方米计算，踏步板、踢脚板、休息平台、踢脚线、堵头工程量应合并计算。

（15）台阶（包括踏步及最上一步踏步口外延 300mm）整体面层按水平投影面积以平方米计算，块料面层，按展开（包括两侧）实铺面积以平方米计算。

（16）水泥砂浆、水磨石踢脚线按延长米计算。其洞口、门口长度不予扣除，但洞口、门口、垛、附墙烟囱等侧壁也不增加；块料面层踢脚线按图示尺寸以实贴延长米计算，门洞扣除，侧壁另加。

（17）斜坡、散水、搓牙均按水平投影面积以平方米计算，明沟与散水连在一起，明沟按宽 300mm 计算，其余为散水，散水、明沟应分开计算。散水、明沟应扣除踏步、斜坡、花台等的长度。明沟按图示尺寸以延长米计算。

（18）地面、石材面嵌金属和楼梯防滑条均按延长米计算。

5.11.3　楼地面工程量清单计价例题

例 5-17　已知某办公楼工程，一层平面图及楼地面做法如附录三建施-1、建施-2 所示，土壤类别为三类土，采用商品非泵送混凝土。要求计算普通房间（除卫生间外）地面装饰和踢脚线的工程量清单及计价。

解 1）编制工程量清单。

① 列项目。

细石混凝土楼地面 011101003001 素土夯实，100 厚碎石夯实，60 厚 C20 混凝土垫层，40 厚 C20 细石混凝土表面撒 5 厚 1：1 水泥砂浆随打随抹光，面层用户自理，商品非泵送混凝土

水泥砂浆踢脚线 011105001001 15 厚 1：3 水泥砂浆 150mm 高

② 计算工程量。

细石混凝土楼地面：

$(14-0.1-0.1)×(9-0.1-0.1)+(14-2.4-0.1-0.1)×(8-0.1-0.1)+(8-0.1-0.1)×(9-0.1-0.1)+(6-0.1-0.1)×(3.6-0.1-0.1)+(6-0.1-0.1)×(5.4-0.1-0.1)=328.28m^2$

水泥砂浆踢脚线：

$(14-0.1-0.1)×2+(9-0.1-0.1)+(14-2.4-0.1-0.1)×2+(8-0.1-0.1)+(8-0.1-0.1)×2+(9-0.1-0.1)+(6-0.1-0.1+3.6-0.1-0.1)×2+(6-0.1-0.1+5.4-0.1-0.1)×2-1.5×6-1.0×6$ 扣门洞 $=116.80m$

③ 列清单。

分部分项工程量清单

序号	项目编码	项目名称	项目特征	计量单位	工程数量
1	011101003001	细石混凝土楼地面	素土夯实，100 厚碎石夯实，60 厚 C20 混凝土垫层，40 厚 C20 细石混凝土表面撒 5 厚 1：1 水泥砂浆随打随抹光，面层用户自理，商品非泵送混凝土	m²	328.28
2	011105001001	水泥砂浆踢脚线	15 厚 1：3 水泥砂浆 150mm 高	m	116.80

2）工程量清单计价。

① 确定对应定额子目。

细石混凝土楼地面：1-99

　　　　　　　　　13-9

　　　　　　　　　13-13

　　　　　　　　　13-18

　　　　　　　　　13-26

水泥砂浆踢脚线：13-27

② 计算定额子目工程量。

细石混凝土楼地面 1-99：$328.28m^2$

　　　　　　　　13-9：$328.28×0.1=32.83m^3$

　　　　　　　　13-13：$328.28×0.06=19.70m^3$

　　　　　　　　13-18：$328.28m^2$

　　　　　　　　13-26：$328.28m^2$

水泥砂浆踢脚线 13-27：$116.80m$

③ 确定定额子目综合单价（注意换算）。

细石混凝土楼地面1-99：12.04 元/10m²

13-9：171.45 元/m³

$13\text{-}13_{换}=412.36-327.85+1.015\times333=422.51$ 元/m³

$13\text{-}18_{换}=206.97-104.32+0.404\times333-(0.34\times82+3.92)\times(1+25\%+12\%)$《计价定额》P524 注 3$=193.62$ 元/10m²

13-26：89.98 元/10m²

水泥砂浆踢脚线 13-27：62.94 元/10m

④ 累加定额子目合价，确定清单综合单价。

合价 = 12.04 元/10m² × 32.8310m² + 171.45 元/m³ × 32.83m³ + 422.51 元/m³ × 19.70m³+193.62 元/10m²×32.8310m²+89.98 元/10m²×32.8310m²=23658.01 元

综合单价=23658.01 元/328.28m²=72.07 元/m²

其他同理。

分部分项工程量清单计价表 单位：元

序号	项目编码	项目名称	计量单位	工程数量	综合单价	合价
1	011101003001	细石混凝土楼地面	m²	328.28	72.07	23658.01
定额子目	1-99	地面原土打底夯	10m²	32.83	12.04	395.27
	13-9	碎石垫层	m³	32.83	171.45	5628.70
	13-13换	预拌混凝土非泵送垫层	m³	19.70	422.51	8323.45
	13-18换	细石混凝土厚 40mm	10m²	32.83	193.62	6356.54
	13-26	水泥砂浆加浆抹光随捣随抹厚 5mm	10m²	32.83	89.98	2954.04
2	011105001001	水泥砂浆踢脚线	m	116.80	62.94	7351.39
定额子目	13-27	水泥砂浆踢脚线	10m	116.80	62.94	7351.39

5.11.4 课后练习

1. 已知某办公楼工程，一层平面图及楼地面做法如附录三建施-1、建施-2所示，采用商品非泵送混凝土。要求计算一层卫生间地面装饰的工程量清单及计价。

2. 已知某办公楼工程，二层平面图及楼地面做法如附录三建施-1、建施-3所示。要求计算：二层普通房间（除卫生间外）楼面装饰的工程量清单及计价。

5.12 抹灰、涂料工程清单及计价（附录 M、附录 N、附录 P）

工程装饰中常见的抹灰和涂料喷刷主要有墙、柱面抹灰、天棚抹灰和内外墙面涂料、乳胶漆等。这些项目在清单计价规范中分布在附录 M、附录 N、附录 P。

5.12.1 抹灰、涂料工程工程量清单计价的有关规定

1. 概况

抹灰、涂料工程在附录 M、附录 N、附录 P 关于抹灰、涂料工程的清单项目如表 5-40 所示。

表 5-40 　　　　　　　　　　**抹灰、涂料工程部分常用清单项目**

项目编码	项目名称	项目特征	计量单位	工程量计算规则	工作内容
011201001	墙面一般抹灰	1. 墙体类型 2. 底层厚度、砂浆配合比 3. 面层厚度、砂浆配合比	m²	按设计图示尺寸以面积计算。扣除墙裙、门窗洞口及单个小于 0.3m² 的孔洞面积，不扣除踢脚线、挂镜线和墙与构件交接处的面积，门窗洞口和孔洞的侧壁及顶面不增加面积。附墙柱、梁、垛、烟囱侧壁并入相应的墙面面积内 1. 外墙抹灰面积按外墙垂直投影面积计算 2. 外墙裙抹灰面积按其长度乘以高度计算 3. 内墙抹灰面积按主墙间的净长乘以高度计算 (1) 无墙裙的，高度按室内楼地面至天棚底面计算 (2) 有墙裙的，高度按墙裙顶至天棚底面计算 (3) 有吊顶天棚抹灰，高度算至天棚底 4. 内墙裙抹灰面积按内墙净长乘以高度计算	1. 基层清理 2. 砂浆制作、运输 3. 底层抹灰 4. 抹面层 5. 抹装饰面 6. 勾分格缝
011201002	墙面装饰抹灰	4. 装饰面材料种类 5. 分格缝宽度、材料种类			
011201003	墙面勾缝	1. 勾缝类型 2. 勾缝材料种类			1. 基层清理 2. 砂浆制作、运输 3. 勾缝
011201004	立面砂浆找平层	1. 基层类型 2. 找平层砂浆厚度、配合比			1. 基层清理 2. 砂浆制作、运输 3. 抹灰找平
011202001	柱、梁面一般抹灰	1. 柱（梁）体类型 2. 底层厚度、砂浆配合比 3. 面层厚度、砂浆配合比	m²	1. 柱面抹灰：按设计图示柱断面周长乘高度以面积计算 2. 梁面抹灰：按设计图示梁断面周长乘长度以面积计算	1. 基层清理 2. 砂浆制作、运输 3. 底层抹灰 4. 抹面层 5. 勾分格缝
011202002	柱、梁面装饰抹灰	4. 装饰面材料种类 5. 分格缝宽度、材料种类			
011202003	柱、梁面砂浆找平	1. 柱（梁）体类型 2. 找平的砂浆厚度、配合比			1. 基层清理 2. 砂浆制作、运输 3. 抹灰找平
011202004	柱面勾缝	1. 勾缝类型 2. 勾缝材料种类		按设计图示柱断面周长乘高度以面积计算	1. 基层清理 2. 砂浆制作、运输 3. 勾缝
011301001	天棚抹灰	1. 基层类型 2. 抹灰厚度、材料种类 3. 砂浆配合比	m²	按设计图示尺寸以水平投影面积计算。不扣除间壁墙、垛、柱、附墙烟囱、检查口和管道所占的面积，带梁天棚的梁两侧抹灰面积并入天棚面积内，板式楼梯底面抹灰按斜面积计算，锯齿形楼梯底板抹灰按展开面积计算	1. 基层清理 2. 底层抹灰 3. 抹面层
011406001	抹灰面油漆	1. 基层类型 2. 腻子种类 3. 刮腻子遍数 4. 防护材料种类 5. 油漆品种、刷漆遍数 6. 部位	m²	按设计图示尺寸以面积计算	1. 基层清理 2. 刮腻子 3. 刷防护材料、油漆

项目编码	项目名称	项目特征	计量单位	工程量计算规则	工作内容
011407001	墙面喷刷涂料	1. 基层类型 2. 喷刷涂料部位 3. 腻子种类 4. 刮腻子要求 5. 涂料品种、喷刷遍数	m²	按设计图示尺寸以面积计算	1. 基层清理 2. 刮腻子 3. 刷、喷涂料
011407002	天棚喷刷涂料				

2. 工程量清单及计价有关规定

(1) 立面砂浆找平项目适用于仅做找平层的墙立面、柱（梁）面抹灰。

(2) 墙面、柱（梁）面抹石灰砂浆、水泥砂浆、混合砂浆、聚合物水泥砂浆、麻刀石灰浆、石膏灰浆等按墙面、柱（梁）面一般抹灰列项；墙面、柱（梁）面水刷石、斩假石、干粘石、假面砖等按墙面、柱（梁）面装饰抹灰列项。

(3) 飘窗凸出外墙面增加的抹灰并入外墙工程量内。

(4) 有吊顶天棚的内墙面抹灰，抹至吊顶以上部分在综合单价中考虑。

(5) 喷刷墙面涂料部位要注明内墙或外墙。

5.12.2　抹灰、涂料工程计价定额的使用说明

1. 概况

抹灰、涂料工程在计价定额中主要分布在第十四章墙柱面工程、第十五章天棚工程、第十七章墙油漆涂料裱糊工程，见表5-41。

表5-41　　　　　　　　　　　计价定额抹灰、涂料工程内容

序号	章内容	节内容	定额子目数量
1	第十四章墙柱面工程	14.1 一般抹灰	60
2		14.2 装饰抹灰	19
3	第十五章天棚工程	15.6 天棚抹灰	13
4	第十七章墙油漆涂料裱糊工程	17.1.3 抹灰面油漆、涂料	71

2. 使用定额计价说明及工程量计算规则

具体详见计价定额第二章地基处理及基坑与边坡支护工程的说明及工程量计算规则。节选一些主要的说明及工程量计算规则要点：

(1) 墙、柱、天棚抹灰及镶贴块料面层按中级抹灰考虑，所取定的砂浆品种、厚度详见附录七。设计砂浆品种、厚度与定额不同均应调整，砂浆用量按比例调整，但人工数量不变。

(2) 在圆弧形墙面、梁面抹灰或镶贴块料面层（包括挂贴、干挂石材块料面板），按相应子目人工乘以系数1.18（工程量按其弧形面积计算）。块料面层中带有弧边的石材损耗，应按实调整，每10m弧形部分，切贴人工增加0.6工日，合金钢切割片0.14片，石料切割机0.6台班。

(3) 外墙面窗间墙、窗下墙同时抹灰，按外墙抹灰相应子目执行，单独圈梁抹灰（包括门、窗洞口顶部）按腰线子目执行，附着在混凝土梁上的混凝土线条抹灰按混凝土装饰线条抹灰子目执行。但窗间墙单独抹灰或镶贴块料面层，按相应人工乘以系数1.15。

(4) 高在3.60m以内的围墙抹灰均按内墙面相应子目执行。

（5）混凝土墙、柱、梁面的抹灰底层已包括刷一道素水泥浆在内，设计刷两道、每增一道按本章相应子目执行。

（6）外墙内表面的抹灰按内墙面抹灰子目执行；砌块墙面的抹灰按混凝土墙面相应子目执行。

（7）内墙面抹灰面积应扣除门窗洞口和空圈所占的面积，不扣除踢脚线、挂镜线、$0.3m^2$ 以内的孔洞和墙与构件交接处的面积；但其洞口侧壁和顶面抹灰也不增加。垛的侧面抹灰面积应并入内墙面工程量内计算。内墙面抹灰长度，以主墙间的图示净长计算，其高度按实际抹灰高度确定，不扣除间壁所占的面积。

（8）石灰砂浆、混合砂浆粉刷中已包括水泥护角线，不另行计算。

（9）柱和单梁的抹灰按结构展开面积计算，柱与梁或梁与梁接头的面积不予扣除。砖墙中平墙面的混凝土柱、梁等的抹灰（包括侧壁）应并入墙面抹灰工程量内计算。凸出墙面的混凝土柱、梁面（包括侧壁）抹灰工程量应单独计算，按相应子目执行。

（10）厕所、浴室隔断抹灰工程量，按单面垂直投影面积乘以系数 2.3 计算。

（11）外墙面抹灰面积按外墙面的垂直投影面积计算，应扣除门窗洞口和空圈所占的面积，不扣除 $0.3m^2$ 以内的孔洞面积。但门窗洞口、空圈的侧壁、顶面及垛等抹灰，应按结构展开面积并入墙面抹灰中计算。外墙面不同品种砂浆抹灰，应分别计算按相应子目执行。

（12）勾缝按墙面垂直投影面积计算，应扣除墙裙、腰线和挑沿的抹灰面积，不扣除门、窗套、零星抹灰和门、窗洞口等面积，但垛的侧面、门窗洞侧壁和顶面的面积也不增加。

（13）天棚面抹灰按主墙间天棚水平面积计算，不扣除间壁墙、垛、柱、附墙烟囱、检查洞、通风洞、管道等所占的面积。

（14）楼梯底面、水平遮阳板底面和沿口天棚，并入相应的天棚抹灰工程量内计算。混凝土楼梯、螺旋楼梯的底板为斜板时，按其水平投影面积（包括休息平台）乘系数 1.18，底板为锯齿形时（包括预制踏步板），按其水平投影面积乘以系数 1.5 计算。

（15）本定额中涂料、油漆工程均采用手工操作，喷塑、喷涂、喷油采用机械喷枪操作，实际施工操作方法不同时，均按本定额执行。

（16）定额中规定的喷、涂刷的遍数，如与设计不同时，可按每增减一遍相应定额子目执行。石膏板面套用抹灰面定额。

（17）涂料定额是按常规品种编制的，设计用的品种与定额不符，单价换算，可以根据不同的涂料调整定额含量，其余不变。

（18）天棚、墙、柱、梁面的喷（刷）涂料和抹灰面乳胶漆，工程量按实喷（刷）面积计算，但不扣除 $0.3m^2$ 以内的孔洞面积。

（19）抹灰面的油漆、涂料、刷浆工程量＝抹灰的工程量。

5.12.3　抹灰、涂料工程量清单计价例题

例 5-18　已知某办公楼工程，立面图及外墙面涂料做法如附录三建施-1、建施-7、建施-8、建施-9 所示。要求计算外墙面抹灰及外墙面涂料的工程量清单及计价。

解　1）编制工程量清单。

① 列项目。

墙面一般抹灰　011201001001　砌块砌体，刷界面剂一道，12 厚 1：3 水泥砂浆找平，

10 厚 1：2.5 水泥砂浆找平

墙面喷刷涂料　　011407001001　　外墙抹灰面，抗裂腻子三遍，弹性涂料三遍

② 计算工程量。

墙面一般抹灰：$43.91+348.15+220.41+220.41=832.88 \mathrm{m}^2$

南立面：$(0.6+0.12)\times(9+0.1+0.1)\times2+0.5\times(15+0.45-0.12)\times4=43.91 \mathrm{m}^2$

北立面：$(15+0.45+0.6)\times(26+0.1+0.1)-1.8\times1.8\times14-1.8\times0.6\times2-1.7\times1.8\times4-1.5\times2.8\times3=348.15 \mathrm{m}^2$

东立面：$(14+0.5+0.1)\times(15.6+0.45)-1.5\times2.8-1.8\times1.8\times3=220.41 \mathrm{m}^2$

西立面：$(14+0.5+0.1)\times(15.6+0.45)-1.5\times2.8-1.8\times1.8\times3=220.41 \mathrm{m}^2$

墙面喷刷涂料：$832.88 \mathrm{m}^2$

③ 列清单。

分部分项工程量清单

序号	项目编码	项目名称	项目特征	计量单位	工程数量
1	011201001001	墙面一般抹灰	砌块砌体，刷界面剂一道，12 厚 1：3 水泥砂浆找平，10 厚 1：2.5 水泥砂浆找平	m²	832.88
2	011407001001	墙面喷刷涂料	外墙抹灰面，抗裂腻子三遍，弹性涂料三遍	m²	832.88

2）工程量清单计价。

① 确定对应定额子目。

墙面一般抹灰：14-10

　　　　　　　14-32

墙面喷刷涂料：17-195

　　　　　　　17-197＋17-198

② 计算定额子目工程量。

墙面一般抹灰 14-10：$832.88 \mathrm{m}^2$

　　　　　　　14-32：$832.88 \mathrm{m}^2$

墙面喷刷涂料 17-195：$832.88 \mathrm{m}^2$

　　　　　　　17-197＋17-198：$832.88 \mathrm{m}^2$

③ 确定定额子目综合单价。

墙面一般抹灰 $14\text{-}10_{换}=268.38-22.80+265.07\times[10\times0.01\times(1+2\%)]-32.35+239.65\times[10\times0.012\times(1+2\%)]=269.60$ 元/10m²

　　　　　　　14-32：52.91 元/10m²

墙面喷刷涂料 17-195：243.98 元/10m²

　　　　　　　17-197＋17-198：$363.82+71.65=435.47$ 元/10m²

④ 累加定额子目合价，确定清单综合单价。

合价＝269.60 元/10m²×83.2910m²＋52.91 元/10m²×83.2910m²＝26861.86 元

综合单价＝26861.86 元/832.88m²＝32.25 元/m²

其他同理。

分部分项工程量清单计价表   单位：元

序号	项目编码	项目名称	计量单位	工程数量	综合单价	合价
1	011201001001	墙面一般抹灰	m²	832.88	32.25	26861.86
定额子目	14—10换	抹水泥砂浆	10m²	83.29	269.60	22454.98
	14—32	刷界面剂	10m²	83.29	52.91	4406.87
2	011407001001	墙面喷刷涂料	m²	832.88	67.95	56591.39
定额子目	17—195	外墙批抗裂腻子	10m²	83.29	243.98	20321.09
	17—197+17—198	外墙弹性涂料	10m²	83.29	435.47	36270.30

5.12.4　课后练习

已知某办公楼工程，平面图及内墙面涂料做法如附录三建施-1、建施-3 所示。要求计算二层内墙面抹灰的工程量清单及计价。

第6章 措施项目清单及计价

6.1 措施项目费概念

措施项目费是指为完成建设工程施工，发生于该工程施工前和施工过程中的技术、生活、安全、环境保护等方面的费用。

根据现行工程量清单计算规范，措施项目费分为单价措施项目与总价措施项目。

6.1.1 单价措施项目

单价措施项目是指在现行工程量清单计算规范中有对应的工程量计算规则，按人工费、材料费、施工机具使用费、管理费和利润形式组成综合单价的措施项目。单价措施项目根据专业不同，包括的项目分别为

（1）建筑与装饰工程：脚手架工程，混凝土模板及支架（撑），垂直运输，超高施工增加，大型机械设备进出场及安拆，施工排水、降水。

（2）安装工程：吊装加固，金属抱杆安装、拆除、移位，平台铺设、拆除，顶升、提升装置安装、拆除，大型设备专用机具安装、拆除，焊接工艺评定，胎（模）具制作、安装、拆除，防护棚制作安装拆除，特殊地区施工增加，安装与生产同时进行施工增加，在有害身体健康环境中施工增加。

工程系统检测、检验，设备、管道施工的安全、防冻和焊接保护，焦炉烘炉、热态工程，管道安拆后的充气保护，隧道内施工的通风、供水、供气、供电、照明及通信设施，脚手架搭拆，高层施工增加，其他措施（工业炉烘炉、设备负荷试运转、联合试运转、生产准备试运转及安装工程设备场外运输），大型机械设备进出场及安拆。

（3）市政工程：脚手架工程，混凝土模板及支架，围堰，便道及便桥，洞内临时设施，大型机械设备进出场及安拆，施工排水、降水，地下交叉管线处理、监测、监控。

（4）仿古建筑工程：脚手架工程，混凝土模板及支架，垂直运输，超高施工增加，大型机械设备进出场及安拆，施工降水排水。

园林绿化工程：脚手架工程，模板工程，树木支撑架、草绳绕树干、搭设遮阴（防寒）棚工程，围堰、排水工程。

（5）房屋修缮工程中土建、加固部分单价措施项目设置同建筑与装饰工程，安装部分单价措施项目设置同安装工程。

（6）城市轨道交通工程：围堰及筑岛，便道及便桥，脚手架，支架，洞内临时设施，临时支撑，施工监测、监控，大型机械设备进出场及安拆，施工排水、降水，设施、处理、干扰及交通导行（混凝土模板及安拆费用包含在分部分项工程中的混凝土清单中）。

值得指出的是上述按专业划分的措施项目各专业工程皆有可能发生，按实际需要发生的进行计取。

单价措施项目中各措施项目的工程量清单项目设置、项目特征、计量单位、工程量计算规则及工作内容均按现行工程量清单计算规范执行。

6.1.2 总价措施项目

总价措施项目是指在现行工程量清单计算规范中无工程量计算规则,以总价(或计算基础乘费率)计算的措施项目。其中各专业都可能发生的通用的总价措施项目为

(1)安全文明施工:为满足施工安全、文明、绿色施工以及环境保护、职工健康生活所需要的各项费用。本项为不可竞争费用。

① 环境保护包含范围:现场施工机械设备降低噪音、防扰民措施费用,水泥和其他易飞扬细颗粒建筑材料密闭存放或采取覆盖措施等费用,工程防扬尘洒水费用,土石方、建渣外运车辆冲洗、防洒漏等费用,现场污染源的控制、生活垃圾清理外运、场地排水排污措施的费用,其他环境保护措施费用。

② 文明施工包含范围:"五牌一图"的费用,现场围挡的墙面美化(包括内外粉刷、刷白、标语等)、压顶装饰费用,现场厕所便槽刷白、贴面砖,水泥砂浆地面或地砖费用,建筑物内临时便溺设施费用,其他施工现场临时设施的装饰装修、美化措施费用,现场生活卫生设施费用,符合卫生要求的饮水设备、淋浴、消毒等设施费用,生活用洁净燃料费用,防煤气中毒、防蚊虫叮咬等措施费用,施工现场操作场地的硬化费用,现场绿化费用、治安综合治理费用、现场电子监控设备费用,现场配备医药保健器材、物品费用和急救人员培训费用,用于现场工人的防暑降温费、电风扇、空调等设备及用电费用,其他文明施工措施费用。

③ 安全施工包含范围:安全资料、特殊作业专项方案的编制,安全施工标志的购置及安全宣传的费用;"三宝"(安全帽、安全带、安全网)、"四口"(楼梯口、电梯井口、通道口、预留洞口),"五临边"(阳台围边、楼板围边、屋面围边、槽坑围边、卸料平台两侧),水平防护架、垂直防护架、外架封闭等防护的费用,施工安全用电的费用,包括配电箱三级配电、两级保护装置要求、外电防护措施,起重机、塔吊等起重设备(含井架、门架)及外用电梯的安全防护措施(含警示标志)费用及卸料平台的临边防护、层间安全门、防护棚等设施费用,建筑工地起重机械的检验检测费用;施工机具防护棚及其围栏的安全保护设施费用,施工安全防护通道的费用,工人的安全防护用品、用具购置费用,消防设施与消防器材的配置费用,电气保护、安全照明设施费;其他安全防护措施费用。

④ 绿色施工包含范围:建筑垃圾分类收集及回收利用费用,夜间焊接作业及大型照明灯具的挡光措施费用,施工现场办公区、生活区使用节水器具及节能灯具增加费用,施工现场基坑降水储存使用、雨水收集系统、冲洗设备用水回收利用设施增加费用,施工现场生活区厕所化粪池、厨房隔油池设置及清理费用,从事有毒、有害、有刺激性气味和强光、噪音施工人员的防护器具,现场危险设备、地段、有毒物品存放地安全标识和防护措施,厕所、卫生设施、排水沟、阴暗潮湿地带定期消毒费用,保障现场施工人员劳动强度和工作时间符合国家标准《体力劳动强度等级要求》(GB 3869)的增加费用等。

(2)夜间施工:规范、规程要求正常作业而发生的夜班补助、夜间施工降效、夜间照明设施的安拆、摊销、照明用电以及夜间施工现场交通标志、安全标牌、警示灯安拆等费用。

(3)非夜间施工照明:为保证工程施工正常进行,在地下室等特殊施工部位施工时所采用的照明设备的安拆、维护及照明用电等所需费用。

(4)二次搬运:由于施工场地限制而发生的材料、成品、半成品等一次运输不能到达堆放地点,必须进行的二次或多次搬运费用。

（5）冬雨季施工：在冬雨（风）季施工期间所增加的费用。包括冬雨（风）季施工时增加的临时设施（防寒保温、防雨、防风设施）的搭设、拆除，冬雨（风）季施工时，对砌体、混凝土等采用的特殊加温、保温和养护措施，冬雨（风）季施工时，施工现场的防滑处理、对影响施工的雨雪的清除，冬雨（风）季施工时增加的临时设施的摊销、施工人员的劳动保护用品、冬雨（风）季施工劳动效率降低等费用。不包括设计要求混凝土内添加防冻剂的费用。

（6）地上、地下设施、建筑物的临时保护设施：在工程施工过程中，对已建成的地上、地下设施和建筑物进行的遮盖、封闭、隔离等必要保护措施。

（7）已完工程及设备保护费：对已完工程及设备采取的覆盖、包裹、封闭、隔离等必要保护措施所发生的费用。

（8）临时设施费：施工企业为进行工程施工所必须的生活和生产用的临时建筑物、构筑物和其他临时设施的搭设、使用、拆除等费用。包括施工现场采用彩色、定型钢板、砖、混凝土砌块等围挡的安砌、维修、拆除费或摊销费，施工现场临时建筑物、构筑物的搭设、维修、拆除或摊销的费用，如临时宿舍、办公室、食堂、厨房、厕所、诊疗所、临时文化福利用房、临时仓库、加工场、搅拌台、临时简易水塔、水池等。施工现场临时设施的搭设、维修、拆除或摊销的费用。如临时供水管道、临时供电管线、小型临时设施等，施工现场规定范围内临时简易道路铺设，临时排水沟、排水设施安砌、维修、拆除，其他临时设施费搭设、维修、拆除或摊销的费用。

（9）赶工措施费：施工合同工期比我省现行工期定额提前，施工企业为缩短工期所需增加的费用。如施工过程中，发包人要求实际工期比合同工期提前时，由发承包双方另行约定。

（10）工程按质论价：施工合同约定质量标准超过国家规定，施工企业完成工程质量达到经有权部门鉴定或评定为优质工程所必须增加的施工成本费。

（11）住宅分户验收：按《住宅工程质量分户验收规程》（DGJ32/TJ103—2010）的要求对住宅工程进行专门验收（包括蓄水、门窗淋水等）发生的费用。室内空气污染测试不包含在住宅工程分户验收费用中，由建设单位直接委托检测机构完成，由建设单位承担费用。

6.1.3　措施项目费有关规定

据江苏省住房和城乡建设厅文件苏建价《省住房城乡建设厅关于〈建设工程工程量清单计价规范〉（GB 50500—2013）及其 9 本工程量计算规范的贯彻意见》〔2014〕448 号对措施项目费用的规定为：

（1）对 2013 版计算规范中未列的措施项目，招标人可根据建设工程实际情况进行补充。对招标人所列的措施项目，投标人可根据工程实际与施工组织设计进行增补，但不应更改招标人已列措施项目。结算时，除工程变更引起施工方案改变外，承包人不得以招标工程措施项目清单缺项为由要求新增措施项目。

（2）因工程变更造成施工方案变更，引起措施项目发生变化时，措施项目费的调整，合同有约定的，按合同执行。合同中没有约定的按下列原则调整：单价措施项目变更原则同分部分项工程；总价措施项目中以费率报价的，费率不变；总价项目中以费用报价的，按投标时口径折算成费率调整；原措施费中没有的措施项目，由承包人提出适当的措施费变更要求，经发包人确认后调整。

6.2　措施项目清单编制

6.2.1　单价措施项目清单编制

相当于分部分项工程量清单，按《房屋建筑与装饰工程工程量计算规范》（GB 50854—2013）附录 S.1-S.6 规定的项目编制、项目名称、项目特征、计量单位及工程量计算规则列项，应根据拟建工程的实际情况列项。

例 6-1

某办公楼工程单价措施项目清单

序号	项目编码	项目名称	项目特征描述	计量单位	工程量
1	011701001001	综合脚手架	框架结构，檐高 15.33m	m²	1537.70
2	011702002001	矩形柱（模板）		m²	185.86
3	011703001001	垂直运输	框架结构，檐口高度 25.9m，8 层，6 层以上建筑面积 3000m²	天	250 天
4	011704001001	超高施工增加	框架结构，檐高 15.33m，4 层	m²	3000
5	011705001001	大型机械设备进出场及安拆		项	1
6	011706002001	排水、降水	轻型井点降水	昼夜	40

在编制单价措施项目工程量清单时，若设计图纸中有措施项目的专项设计方案时，应按措施项目清单中有关规定描述其项目特征，并根据工程量计算规则计算工程量；若无相关设计方案，其工程数量可为暂估量，在办理结算时，按经批准的施工组织设计方案计算。

6.2.2　总价措施项目清单编制

按《房屋建筑与装饰工程工程量计算规范》（GB 50854—2013）附录 S.7 列项，应根据拟建工程的实际情况列项。

例 6-2

某办公楼工程总价措施项目清单

序号	项目名称	计算基础	费率	金额（元）
011707001001	安全文明施工			
1.1	基本费			
1.2	省级标化增加费			
011707002001	夜间施工			
011707003001	非夜间施工照明			
011707004001	二次搬运	分部分项工程费－工程设备费＋单价措施项目费		
011707005001	冬雨季施工			
011707006001	地上、地下设施、建筑物的临时保护设施			
011707007001	已完工程及设备保护			
011707008001	临时设施			
011707009001	赶工措施			
011707010001	工程按质论价			
011707011001	住宅分户验收			

6.3　单价措施项目计算

措施项目清单计价应根据拟建工程的施工组织设计，可以计算工程量的措施项目，应按分部分项工程量清单的方式采用综合单价计价；其余的措施项目可以"项"为单位的方式计价，应包括除规费、税金外的全部费用，即费用由完成该项措施工作的人工费、材料费、施工机具使用费、管理费及利润组成。

单价措施项目是指在现行工程量清单计算规范中有对应工程量计算规则，单价措施项目费用计算以清单工程量乘以综合单价计算。综合单价按照各专业计价定额中的规定，依据设计图纸或经建设方认可的施工方案进行组价，包括人工费、材料费、施工机具使用费、管理费及利润。

即单价措施项目费＝Σ（措施项目工程量×综合单价）

建筑与装饰工程主要的单价措施项目包括：脚手架工程，混凝土模板及支架（撑），垂直运输，超高施工增加，大型机械设备进出场及安拆，施工排水、降水。

6.3.1　脚手架工程清单及计价（附录 S.1）

6.3.1.1　脚手架工程工程量清单计价的有关规定

1. 概况

建筑与装饰工程量计算规范附录 S.1 共 9 个项目。部分常用清单项目如表 6-1 所示。

表 6-1　　　　　　　　　　　脚手架工程部分常用清单项目

项目编码	项目名称	项目特征	计量单位	工程量计算规则	工作内容
011701001	综合脚手架	1. 建筑结构形式 2. 檐口高度	m²	按建筑面积计算	1. 场内、场外材料搬运 2. 搭、拆脚手架、斜道、上料平台 3. 安全网的铺设 4. 选择附墙点与主体连接 5. 测试电动装置、安全锁等 6. 拆除脚手架后材料的堆放。
011701002	外脚手架	1. 搭设方式 2. 搭设高度 3. 脚手架材质		按所服务对象的垂直投影面积计算	1. 场内、场外材料搬运 2. 搭、拆脚手架、斜道、上料平台 3. 安全网的铺设 4. 拆除脚手架后材料的堆放
011701003	里脚手架			按搭设的水平投影面积计算	
011701006	满堂脚手架				
011701009	电梯井脚手架	电梯井高度	座	按设计图示数量计算	1. 搭设拆除脚手架、安全网 2. 铺、翻脚手板

2. 工程量清单及计价有关规定

（1）使用综合脚手架时，不再使用外脚手架、里脚手架等单项脚手架；综合脚手架适用于能够按"建筑面积计算规则"（建筑工程建筑面积计算规范 GBT50353—2013）计算建筑面积的建筑工程脚手架，不适用于房屋加层、构筑物及附属工程脚手架。

（2）同一建筑物有不同檐高时，按建筑物竖向切面分别按不同檐高编列清单项目。

6.3.1.2　脚手架工程计价定额的使用说明

1. 概况

计价定额第二十章，设置脚手架和建筑物檐高超过 20m 脚手架材料增加费两个部分，共设 4 节 102 个定额子目，见表 6-2。

表 6-2 　　　　　　　　　　　　　计价定额脚手架工程内容

序号	部分内容	节内容	定额子目数量
1	一、脚手架	综合脚手架	8
2		单项脚手架	40
3	二、建筑物檐高超过 20 米脚手架材料增加费	综合脚手架	18
4		单项脚手架	36
		小计	112

2. 使用定额计价说明及工程量计算规则

具体详见计价定额第二十章脚手架工程的说明及工程量计算规则。节选一些主要的说明及工程量计算规则要点：

（1）脚手架分为综合脚手架和单项脚手架两部分，单项脚手架适用于单独地下室、装配式和多（单）层工业厂房、仓库、独立的展览馆、体育馆、影剧院、礼堂、饭堂（包括附属厨房）、锅炉房、檐高未超过 3.60m 的单层建筑、超过 3.60m 高的屋顶构架、构筑物和单独装饰工程等。除此之外的单位工程均执行综合脚手架项目。

（2）檐高在 3.60m 内的单层建筑不执行综合脚手架。

（3）综合脚手架项目仅包括脚手架本身的搭拆，不包括建筑物洞口临边、电器防护设施等费用，以上费用已在安全文明施工措施费中列支。

（4）单位工程在执行综合脚手架时，遇有下列情况应另列项目计算，不再计算超过 20m 脚手架材料增加费。

① 各种基础自设计室外地面起深度超过 1.50m（砖基础至大方脚砖基底面、钢筋混凝土基础至垫层上表面），同时混凝土带形基础底宽超过 3m、满堂基础或独立柱基（包括设备基础）混凝土底面积超过 16m² 应计算砌墙、混凝土浇捣脚手架。砖基础以垂直面积按单项脚手架中里架子、混凝土浇捣按相应满堂脚手架定额执行。

② 层高超过 3.60m 的钢筋混凝土框架柱、梁、墙混凝土浇捣脚手架按单项定额规定计算。

③ 独立柱、单梁、墙高度超过 3.60m 混凝土浇捣脚手架按单项定额规定计算。

④ 层高在 2.20m 以内的技术层外墙脚手架按相应单项定额规定执行。

⑤ 施工现场需搭设高压线防护架、金属过道防护棚脚手架按单项定额规定执行。

⑥ 屋面坡度大于 45°时，屋面基层、盖瓦的脚手架费用应另行计算。

⑦ 未计算到建筑面积的室外柱、梁等，其高度超过 3.60m 时，应另按单项脚手架相应定额计算。

⑧ 地下室的综合脚手架按檐高在 12m 以内的综合脚手架相应定额乘以系数 0.5 执行。

⑨ 檐高 20m 以下采用悬挑脚手架的可计取悬挑脚手架增加费用，20m 以上悬挑脚手架增加费已包括在脚手架超高增加费中。

（5）综合脚手架按建筑面积计算，单位工程中不同层高的建筑面积应分别计算。

（6）单项脚手架定额适用于综合脚手架以外的檐高在 20m 以内的建筑物，突出主体建筑物项的女儿墙、电梯间、楼梯间、水箱等不计入檐口高度（见图 6-1）。前后檐高不同，按平均高度计算。檐高在 20m 以上的建筑物，脚手架除按单项脚手架定额计算外，其超过部分所需增加的脚手架加固措施等费用，均按超高脚手架材料增加费子目执行。构筑物、水塔、电梯井按其相应子目执行。

（7）单项脚手架工程量计算一般规则有：

① 凡砌筑高度超过 1.5m 的砌体均需计算脚手架。

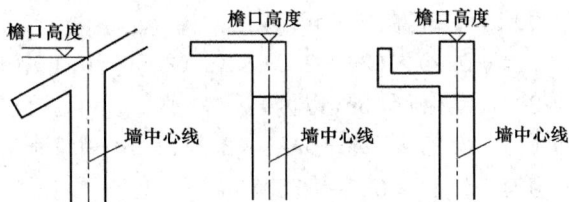

图 6-1　檐口高度示意图

② 砌墙脚手架均按墙面（单面）垂直投影面积以平方米计算。

③ 计算脚手架时，不扣除门、窗洞口、空圈、车辆通道、变形缝等所占面积。

④ 檐高超过 20m 的建筑物，除全部外墙脚手架面积按 20m 以内外脚手架定额计取脚手架费用之外，另计算全部外墙脚手架面积套用相应子目计算脚手材料增加费。

⑤ 同一建筑物中有 2 个或 2 个以上的不同檐口高度时，应分别按不同高度竖向切面的外脚手架面积套用相应子目。

（8）采用综合脚手架檐高超过 20m，按下列规定计算脚手材料增加费：

① 檐高超过 20m 部分的建筑物，除全部建筑面积按 12m 以上综合脚手架定额计取脚手架费用之外，另计算其超过 20m 部分建筑面积套用相应子目计算脚手材料增加费。

② 层高超过 3.60m，每增高 0.1m 按增高 1m 的比例换算（不足 0.1m 按 0.1m 计算），按相应项目执行。

③ 建筑物檐高高度超过 20，但其最高一层或其中一层楼面未超过 20m 时，则该楼层在 20m 以上部分仅能计算每次增高 1m 的增加费。

④ 同一建筑物中有 2 个或 2 个以上的不同檐口高度时，应分别按不同高度竖向切面的建筑面积套用相应子目。

6.3.1.3　脚手架工程计价例题

例 6-3　某办公楼工程如附录三所示，4 层框架结构，檐高 $15-0.12+0.45=15.33\text{m}$。试求该建筑工程脚手架措施项目费用。

解　1. 措施项目清单

序号	项目编码	项目名称	项目特征描述	计量单位	工程量
1	011701001001	综合脚手架	框架结构，檐高 15.33m	m²	1537.70

建筑面积计算：

$(14+0.2)\times(26+0.2)\times4+(2.56-0.1+0.1)\times(6.8+0.2)\times3\times0.5+(5-0.1+0.25)\times(8+0.4+0.4)\times0.5=1537.70\text{m}^2$

2. 措施项目计价

单价措施项目清单与计价表　　　　　　　　　　　　　　单位：元

序号		项目编码	项目名称	计量单位	工程量	综合单价	合价
1		011701001001	综合脚手架	m²	1537.70	42.90	65974.73
定额子目		20-5	综合脚手架檐高在 12m 以上层高在 3.6m 内	m²	762.00	21.41	16314.42
		20-6	综合脚手架檐高在 12m 以上层高在 5m 内	m²	775.70	64.02	49660.31

20-5（层高在 3.6m 以内）：

$(14+0.2)\times(26+0.2)\times2+(2.56-0.1+0.1)\times(6.8+0.2)\times2\times0.5=762.00m^2$

20-6（层高在 5m 以内）：

$(14+0.2)\times(26+0.2)\times2+(2.56-0.1+0.1)\times(6.8+0.2)\times0.5+(5-0.1+0.25)\times(8+0.4+0.4)\times0.5=775.70m^2$

6.3.2 模板工程清单及计价（附录 S.2）

6.3.2.1 模板工程工程量清单计价的有关规定

1. 概况

建筑与装饰工程量计算规范附录 S.2 共 32 个项目。部分常用清单项目如表 6-3 所示。

表 6-3 模板工程部分常用清单项目

项目编码	项目名称	项目特征	计量单位	工程量计算规则	工作内容
011702001	基础	基础类型	m²	按模板与现浇混凝土构件的接触面积计算 1. 现浇钢筋砼墙、板单孔面积≤0.3m² 的孔洞不予扣除，洞侧壁模板亦不增加；单孔面积>0.3m² 时应予扣除，洞侧壁模板面积并入墙、板工程量内计算 2. 现浇框架分别按梁、板、柱有关规定计算；附墙柱、暗梁、暗柱并入墙内工程量内计算 3. 柱、梁、墙、板相互连接的重叠部分，均不计算模板面积 4. 构造柱按图示外露部分计算模板面积（锯齿形按锯齿形最宽面计算模板宽度）	1. 模板制作 2. 模板安装、拆除、整理堆放及场内外运输 3. 清理模板粘结物及模内杂物、刷隔离剂等
011702002	矩形柱				
011702003	构造柱				
011702004	异形柱	柱截面形状			
011702005	基础梁	梁截面形状			
011702006	矩形梁	支撑高度			
011702007	异形梁	1. 梁截面形状 2. 支撑高度			
011702008	圈梁	支撑高度			
011702009	过梁				
011702010	弧形、拱形梁	1. 梁截面形状 2. 支撑高度			
011702011	直形墙				
011702012	弧形墙				
011702013	短肢剪力墙、电梯井壁				
011702014	有梁板				
011702015	无梁板	支撑高度			
011702016	平板				
011702022	天沟、檐沟	构件类型		按模板与现浇混凝土构件的接触面积计算	
011702023	雨篷、悬挑板、阳台板	1. 构件类型 2. 板厚度		按图示外挑部分尺寸的水平投影面积计算，挑出墙外的悬臂梁及板边不另计算	
011702024	楼梯	类型		按楼梯（包括休息平台、平台梁、斜梁和楼层板的连接梁）的水平投影面积计算，不扣除宽度小于等于 500mm 的楼梯井所占面积，楼梯踏步、踏步板、平台梁等侧面模板不另计算，伸入墙内部分亦不增加	
011702030	后浇带	后浇带部位		按模板与后浇带的接触面积计算	

2. 工程量清单及计价有关规定

（1）原槽浇灌的混凝土基础、垫层，不计算模板。

（2）混凝土模板及支撑（架）项目，只适用于以平方米计量，按模板与混凝土构件的接触面积计算。

(3) 若现浇混凝土梁、板支撑高度超过 3.6m 时，项目特征应描述支撑高度。

6.3.2.2 模板工程计价定额的使用说明

1. 概况

计价定额第二十一章，设置现浇构件模板、现场预制构件模板、加工厂预制构件模板、构筑物工程模板四个部分，共设 15 节 258 个定额子目，见表 6-4。

表 6-4   计价定额模板工程内容

序号	部分内容	节内容	定额子目数量
1	一、现浇构件模板	基础	25
2		柱	7
3		梁	12
4		墙	11
5		板	17
6		其他	26
7		混凝土、砖底胎模及砖侧模	6
8	二、现场预制构件模板	桩、柱；梁；屋架、天窗架及端壁；板、楼梯段及其他 4 节	43
9	三、加工厂预制构件模板	一般构件；预应力构件 2 节	41
10	四、构筑物工程模板	烟囱；水塔 2 节	70
		小计	258

2. 使用定额计价说明及工程量计算规则

具体详见计价定额第二十一章模板工程的说明及工程量计算规则。节选一些主要的说明及工程量计算规则要点：

(1) 本章分为现浇构件模板、现场预制构件模板、加工厂预制构件模板和构筑物工程模板四个部分，使用时应分别套用。为便于施工企业快速报价，在附录中列出了混凝土构件的模板含量表，供使用单位参考。按设计图纸计算模板接触面积或使用混凝土含模量折算模板面积，两种方法仅能使用其中一种，相互不得混用。使用含模者，竣工结算时模板面积不得调整。

(2) 现浇构件模板子目按不同构件分别编制了组合钢模板配钢支撑、复合木模板配钢支撑，使用时，任选一种套用。

(3) 模板工作内容包括清理、场内运输、安装、刷隔离剂、浇灌混凝土时模板维护、拆模、集中堆放、场外运输。木模板包括制作（预制构件包括刨光、现浇构件不包括刨光）：组合钢模板、复合木模板包括装箱。

(4) 现浇钢筋混凝土柱、梁、墙、板的支模高度以净高（底层无地下室者高需另加室内外高差）在 3.6m 以内为准，净高超过 3.6m 的构件，其钢支撑、零星卡具及模板人工分别乘以下表系数。根据施工规范要求属于高大支模的，其费用另行计算。

构件净高超过 3.6m 增加系数表

增加内容	净高在	
	5m 以内	8m 以内
独立柱、梁、板钢支撑及零星卡具	1.10	1.30
框架柱（墙）、梁、板钢支撑及零星卡具	1.07	1.15
模板人工（不分框架和独立柱梁板）	1.30	1.60

注：轴线未形成封闭框架的柱、梁、板称独立柱、梁、板。

（5）支模高度净高是指

① 柱：无地下室底层是指设计室外地面至上层板底面、楼层板顶面至上层板底面；

② 梁：无地下室底层是指设计室外地面至上层板底面、楼层板顶面至上层板底面；

③ 板：无地下室底层是指设计室外地面至上层板底面、楼层板顶面至上层板底面；

④ 墙：整板基础板顶面（或反梁顶面）至上层板底面、楼层板顶面至上层板底面。

（6）设计 T、L、十形柱，其单面每边宽在 1000mm 内按 T、L、十形柱相应子目执行，其余按直形墙相应定额执行。T、L、十形柱边的确定如图 6-2 所示。

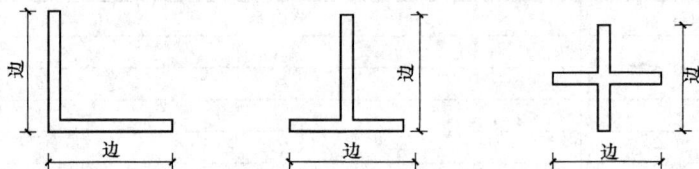

图 6-2

（7）模板项目中，仅列出周转木材而无钢支撑的项目，其支撑量已含在周转木材中，模板与支撑按 7：3 拆分。

（8）模板材料已包含砂浆垫块与钢筋绑扎用的 22 号镀锌铁丝在内，现浇构件和现场预制构件不用砂浆垫块，而改用塑料卡，每 $10m^2$ 模板另加塑料卡费用每只 0.2 元，计 30 只，计 30 只。

（9）有梁板中的弧形梁模板按弧形梁定额执行（含模量＝肋形板含模量），弧形板部分的模板按板定额执行。砖墙基上带形混凝土防潮层模板按圈梁定额执行。

（10）混凝土满堂基础底板面积在 $1000m^2$ 内，若使用含模量计算模板面积时，基础有砖侧模时，砖侧模的费用应另外增加，同时扣除相应的模板面积（总量不得超过总含模量），超过 $1000m^2$ 时，按混凝土接触面积计算。

（11）地下室后浇墙带的模板应按已审定的施工组织设计另行计算，但混凝土墙体模板含量不扣。

（12）带形基础、设备基础、栏板、地沟如遇圆弧形，除按相应定额的复合模板执行外，其人工、复合木模板乘以系数 1.30，其他不变（其他弧形构件按相应定额执行）。

（13）现浇混凝土及钢筋混凝土模板工程量除另有规定者外，均按混凝土与模板的接触面积计算。若使用含模量计算模板接触面积者，其工程量＝构件体积×相应项目含模量（含模量详见附录）。

（14）钢筋混凝土墙、板上单孔面积在 $0.3m^2$ 以外的孔洞应予扣除，洞侧壁模板面积并入墙、板模板工程量之内计算。

（15）现浇钢筋混凝土框架分别按柱、梁、墙、板有关规定计算，墙上单面附墙柱、暗梁、暗柱并入墙内工程量计算，双面附墙柱按柱计算，但后浇墙、板带的工程量不扣除。

（16）构造柱外露均应按图示外露部分计算面积（锯齿形，则按锯齿形最宽面计算模板宽度）构造柱与墙接触面不计算模板面积。

（17）现浇混凝土雨篷、阳台、水平挑板，按图示挑出墙面以外板底尺寸的水平投影面积计算（附在阳台梁上的混凝土线条不计算水平投影面积）。挑出墙外的牛腿及板边模板已包括在内。复式雨篷挑口内侧净高超过 250mm 时，其超过部分按挑檐定额计算（超过部分的含模量按天沟含模量计算）。

（18）整体直形楼梯包括楼梯段、中间休息平台、平台梁、斜梁及楼梯与楼板连结的梁，按水平投影面积计算，不扣除小于 500mm 的楼梯井，伸入墙内部分不另增加。

（19）圆弧形楼梯按楼梯的水平投影面积计算（包括圆弧形梯段、休息平台、平台梁、斜梁及楼梯与楼板连接的梁）。

（20）楼板后浇带以延长米计算（整板基础的后浇带不包括在内）。

（21）现浇圆弧形构件除定额已注明者外，均按垂直圆弧形的面积计算。

（22）砖侧模分不同厚度，按砌筑面积计算。

（23）后浇板带模板、支撑增加费，工程量按后浇板带设计长度以处长米计算。

6.3.2.3　模板工程计价例题

例 6-4　某办公楼工程的框架主体结构工程如附录三结施-02、结施-03、结施-06、结施-07 所示，采用复合木模板，试计算该工程基础中垫层、独立基础、一层柱、梁板的混凝土模板及支架措施项目费。

说明：模板工程量计算有两种方法

1. 按混凝土与模板的接触面积以平方米（m²）计算。

2. 按含模量计算模板的接触面积以平方米（m²）计算。其工程量等于构件体积乘以相应项目含模量系数（见计价定额附录一 P996）

本题按含模计算模板的接触面积工程量。

解　1. 措施项目清单

序号	项目编码	项目名称	项目特征描述	计量单位	工程量
1	011702001001	基础	垫层	m²	18.90
2	011702001002	基础	独立基础	m²	144.86
3	011702002001	矩形柱		m²	185.86
4	011702006001	矩形梁	4.2m	m²	26.04
5	011702014001	有梁板	4.2m	m²	536.66

垫层模板：$18.90\text{m}^3 \times 1.00\text{m}^2/\text{m}^3 = 18.90\text{m}^2$

独立基础模板：$82.31\text{m}^3 \times 1.76\text{m}^2/\text{m}^3 = 144.86\text{m}^2$

矩形柱模板：$1.58\text{m}^3 \times 13.33\text{m}^2/\text{m}^3 + 20.60\text{m}^3 \times 8.00\text{m}^2/\text{m}^3 = 185.86\text{m}^2$

矩形梁础模板：$3.00\text{m}^3 \times 8.68\text{m}^2/\text{m}^3 = 26.04\text{m}^2$

有梁板模板：$7.15\text{m}^3 \times 10.70\text{m}^2/\text{m}^3 + 57.02\text{m}^3 \times 8.07\text{m}^2/\text{m}^3 = 536.66\text{m}^2$

2. 措施项目计价

单价措施项目清单与计价表　　　　　　　　　　　单位：元

序号	项目编码	项目名称	单位	工程量	综合单价	合价
1	011702001001	基础（垫层）	m²	18.90	69.93	1321.58
定额子目	21-2	混凝土垫层木模板	10m²	1.89	699.25	1321.58
2	011702001002	基础（独立基础）	m²	144.86	60.43	8753.52
定额子目	21-12	各种柱基、桩承台木模板	10m²	14.45	605.78	8753.52
3	011702002001	矩形柱	m²	185.86	73.54	13668.67
定额子目	21-27换	矩形柱木模板	10m²	18.59	735.27	13668.67
4	011702006001	矩形梁	m²	26.04	80.71	2101.81
定额子目	21-36换		10m²	2.60	808.39	2101.81
5	011702014001	有梁板	m²	536.66	58.88	31600.36
定额子目	21-57换		10m²	53.67	588.79	31600.36

其中需换算的定额子目单价换算。

21-27换：

＝285.36×1.30＋202.88＋(8.64＋14.96)×0.07＋16.43＋(285.36×1.30＋16.43)×25％＋(285.36×1.30＋16.43)×12％＝735.27 元/10m²

21-36换：

＝295.20×1.30＋249.32＋(8.10＋27.36)×0.07＋22.51＋(295.20×1.30＋22.51)×25％＋(295.20×1.30＋22.51)×12％＝808.39 元/10m²

21-57换：

＝201.72×1.30＋203.76＋(8.83＋24.26)×0.07＋17.12＋(201.72×1.30＋17.12)×25％＋(201.72×1.30＋17.12)×12％＝588.79 元/10m²

6.3.3　垂直运输清单及计价（附录 S.3）

6.3.3.1　垂直运输工程量清单计价的有关规定

1. 概况

建筑与装饰工程量计算规范附录 S.3 共 1 个项目，清单项目如表 6-5 所示。

表 6-5　　　　　　　　　　　　　　　垂直运输清单项目

项目编码	项目名称	项目特征	计量单位	工程量计算规则	工作内容
011703001	垂直运输	1. 建筑物建筑类型及结构形式 2. 地下室建筑面积 3. 建筑物檐口高度、层数	1. m² 2. 天	1. 按建筑面积计算 2. 按定额工期天数计算	1. 垂直运输机械的固定装置、基础制作、安装 2. 行走式垂直运输机械轨道的铺设、拆除、摊销

2. 工程量清单及计价有关规定

（1）建筑物的檐口高度是指设计室外地坪至檐口滴水的高度（平屋顶系指屋面板底高度），突出主体建筑物屋顶的电梯机房、楼梯出口间、水箱间、瞭望塔、排烟机房等不计入檐口高度。

（2）垂直运输指施工工程在合理工期内所需垂直运输机械。

（3）同一建筑物有不同檐高时，按建筑物的不同檐高做纵向分割，分别计算建筑面积，以不同檐高分别编码列项。

6.3.3.2　建筑工程垂直运输计价定额的使用说明

1. 概况

计价定额第二十三章，设置建筑物垂直运输、单独装饰工程垂直运输、烟囱水塔筒仓垂直运输、施工塔吊电梯基础塔吊及电梯与建筑物连接件四个部分，共设 5 节 58 个定额子目，见表 6-6。

表 6-6　　　　　　　　　　　　　计价定额建筑工程垂直运输内容

序号	部分内容	节内容	定额子目数量
1	一、建筑物垂直运输	卷扬机施工	5
2		塔式起重机施工	24
3	二、单独装饰工程垂直运输	单独装饰工程垂直运输	12
4	三、烟囱、水塔、筒仓垂直运输	烟囱、水塔、筒仓垂直运输	10
5	四、施工塔吊、电梯基础、塔吊及电梯与建筑物连接件	施工塔吊、电梯基础、塔吊及电梯与建筑物连接件	7
		小计	58

2. 使用定额计价说明及工程量计算规则

具体详见计价定额第二十三章建筑工程垂直运输的说明及工程量计算规则。节选一些主要的说明及工程量计算规则要点：

（1）檐高是指设计室外地坪至檐口的高度，突出主体建筑物顶的女儿墙、电梯间、楼梯间、水箱等不计入檐口高度以内；层数指地面以上建筑物的层数，地下室、地面以上部分净高小于 2.1m 的半地下室不计入层数。

（2）本定额工作内容包括在江苏省调整后的国家工期定额内完成单位工程全部工程项目所需的垂直运输机械台班，不包括机械的场外运输、一次安装、拆卸、路基铺垫和轨道铺拆等费用。施工塔吊与电梯基础、施工塔吊和电梯与建筑物连接的费用单独计算。

（3）本定额项目划分是以建筑物檐高、层数两个指标界定的，只要其中一个指标达到定额规定，即可套用该定额子目。

（4）一个工程出现两个或两个以上檐口高度（层数），使用同一台垂直运输机械时，定额不作调整；使用不同垂直运输机械时，应依照国家工期定额分别计算。

（5）当建筑物垂直运输机械数量与定额不同时，可按比例调整定额含量。本定额按卷扬机施工配 2 台卷扬机，塔式起重机施工配 1 台塔吊 1 台卷扬机（施工电梯）考虑。如仅采用塔式起重机施工，不采用卷扬机时，塔式起重机台班含量按卷扬机含量取定，卷扬机扣除。

表 6-7　　定额中自升式塔式起重机配置按照常用机型参数取定表（各品牌有所不同）

型号	起升高度（m）		最大幅度（m）
	独立式	附着式	
QTZ250kN·m	28	80	32
QTZ315kN·m	30	100	40
QTZ400kN·m	30	120	42
QTZ630kN·m	40	140	45
QTZ800kN·m	45	150	56
QTZ1250kN·m	50	180	60
QTZ2500kN·m	56	210	70

（6）垂直运输高度小于 3.60m 的单层建筑物、单独地下室和围墙，不计算垂直运输机械台班。

（7）预制混凝土平板、空心板、小型构件的吊装机械费用已包括在本定额中。

（8）本定额中现浇框架系指柱、梁、板全部为现浇的钢筋混凝土框架结构。如部分现浇，部分预制，按现浇框架乘以系数 0.96。

（9）柱、梁、墙、板构件全部现浇的钢筋混凝土框筒结构、框剪结构按现浇框架执行；筒体结构按剪力墙（滑模施工）执行。

（10）单独地下室工程项目定额工期按不含打桩工期自基础挖土开始计算。多幢房屋下有整体连通地下室时，上部房屋分别套用对应单项工程工期定额，整体连通地下室按单独地下室工程执行。

（11）在计算定额工期时，未承包施工的打桩、挖土等的工期不扣除。

（12）混凝土构件，使用泵送混凝土浇注者，卷扬机施工定额台班乘以系数 0.96；塔式起重机施工定额中的塔式起重机台班含量乘以系数 0.92。

（13）建筑物高度超过定额取定时，另行计算。

（14）建筑物垂直运输机械台班用量，区分不同结构类型、檐口高度（层数）按国家工期定额套用单项工程工期以日历天计算。国家工期定额是指《全国统一建筑安装工程工期定额》（2000年），根据《关于贯彻执行〈全国统一建筑安装工程工期定额〉的通知》（苏建定〔2000〕283号）的规定，在执行时，±0.00以下工程，调减5%。

（15）单独装饰工程垂直运输机械台班，区分不同施工机械、垂直运输高度、层数、按定额工日分别计算。

（16）施工塔吊、电梯基础，塔吊及电梯与建筑物连接件，按施工塔吊及电梯的不同型号以"台"计算。

6.3.3.3 建筑工程垂直运输计价例题

例6-5 某办公楼工程，如附录三所示，建设单位要求按照国家定额工期提前10%竣工。使用泵送商品混凝土，配备400kN·m塔式起重机、施工电梯各一台。计算该工程垂直运输措施项目费。

解 1.措施项目清单

查《全国统一建筑安装工程工期定额2000》得

基础定额工期：1-7 30天

上部定额工期：1-1010 220天

定额工期合计：250天

单价措施项目清单

序号	项目编码	项目名称	项目特征描述	计量单位	工程量
1	011703001001	垂直运输	办公楼，框架结构，檐口高度15.33m，使用泵送商品混凝土，配备400KN·m塔式起重机、施工电梯一台。	天	250

2.措施项目计价

单价措施项目清单与计价表 单位：元

序号	项目编码	项目名称	计量单位	工程量	综合单价	合价
1	011703001001	垂直运输	天	250	678.93	169731.61
定额子目	23-8换	垂直运输	天	249	549.24	136760.76
	23-52	塔式起重机基础	台	1	27101.21	27101.21
	23-57	施工电梯基础	台	1	5869.64	5869.64

查《全国统一建筑安装工程工期定额》得：

基础定额工期：1-7 30天，30×0.95〔省调整系数，见苏建定（2000）283号〕=28.5天

上部定额工期：1-1010 220天

定额工期合计（省调整系数）：249天

23-8换：因使用泵送混凝土，故塔式起重机台班含量乘以系数0.92。

578.56-511.46×0.523×0.08-511.46×0.523×0.08×(0.25+0.12)=549.24元/天

6.3.4 超高施工增加（附录S.4）

6.3.4.1 超高施工增加工程量清单计价的有关规定

1.概况

建筑与装饰工程量计算规范附录S.4共1个项目。清单项目如表6-8所示。

表 6-8　　　　　　　　　　　　　　　**超高施工增加清单项目**

项目编码	项目名称	项目特征	计量单位	工程量计算规则	工作内容
011704001	超高施工增加	1. 建筑物建筑类型及结构形式 2. 建筑物檐口高度、层数 3. 单层建筑物檐口高度超过20m，多层建筑物超过6层部分的建筑面积	m²	按建筑物超高部分的建筑面积计算	1. 建筑物超高引起的人工工效降低以及由于人工工效降低引起的机械降效 2. 高层施工用水加压水泵的安装、拆除及工作台班 3. 上下通讯联络设备的使用及摊销

2. 工程量清单及计价有关规定

（1）单层建筑物檐口高度超过 20m，多层建筑物超过 6 层时，可按超高部分的建筑面积计算超高施工增加。计算层数时，地下室不计入层数。

（2）同一建筑物有不同檐高时，可按不同高度的建筑面积分别计算建筑面积，以不同檐高分别编码列项。

6.3.4.2　建筑物超高增加费用计价定额的使用说明

1. 概况

计价定额第十九章，设置建筑物超高增加费、装饰工程超高人工降效系数两个部分，共设 2 节 36 个定额子目，见表 6-9。

表 6-9　　　　　　　　　　　　　**计价定额建筑物超高增加内容**

序号	部分内容	节内容	定额子目数量
1	一、建筑物超高增加费	建筑物超高增加费	18
2	二、装饰工程超高人工降效系数	装饰工程超高人工降效系数	18
		小计	58

2. 使用定额计价说明及工程量计算规则

具体详见计价定额第十九章建筑物超高增加费用的说明及工程量计算规则。节选一些主要的说明及工程量计算规则要点：

（1）建筑物设计室外地面至檐口的高度（不包括女儿墙、屋顶水箱、突出屋面的电梯间、楼梯间等的高度）超过 20m 时或建筑物超过 6 层时，应计算超高费。

（2）超高费内容包括人工降效、除垂直运输机械外的机械降效费用、高压水泵摊销、上下联络通信等所需费用。超高费包干使用，不论实际发生多少，均按本定额执行，不调整。

（3）超高费按下列规定计算

① 建筑物檐高超过 20m 或层数超过 6 层部分的，按其超过部分的建筑面积计算。

② 建筑物檐高超过 20m，但其最高一层或其中一层楼面未超过 20m 且在 6 层以内时，则该楼层在 20m 以上部分的超高费，每超过 1m（不足 0.1m 按 0.1m 计算）按相应定额的 20％计算。

③ 建筑物 20m 或 6 层以上楼层，如层高超过 3.6m 时，层高每增高 1m（不足 0.1m 按 0.1m 计算），层高超高费按相应定额的 20％计取。

④ 同一建筑物中有 2 个或 2 个以上的不同檐口高度时，应分别按不同高度竖向切面的建筑面积套用定额。

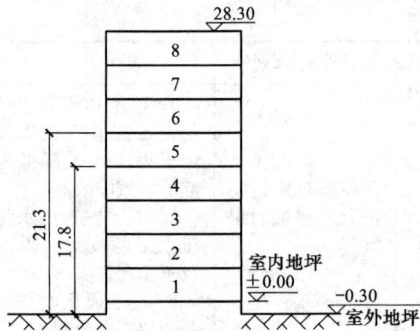

图 6-3

6.3.4.3 建筑物超高增加费用计价例题

例 6-6 某三类房屋建筑工程，框架结构 8 层，无地下室，檐口高度 28.3m。从设计室外地面到第六层楼面高度为 17.8m，从设计室外地面到第六层顶面高度为 21.3m。已知每层的建筑面积均为 1500m²，每层层高均为 3.5m，如图 6-3 所示。试计算该工程超高施工增加措施项目费用。

解 1. 措施项目清单

6 层以上建筑面积：1500×2＝3000m²

单价措施项目清单

序号	项目编码	项目名称	项目特征描述	计量单位	工程量
1	011704001001	超高施工增加	框架结构，檐口高度 28.3m，8 层，6 层以上建筑面积 3000m²	m²	3000

2. 措施项目计价

单价措施项目清单与计价表 单位：元

序号	项目编码	项目名称	计量单位	工程量	综合单价	合价
1	011704001001	超高施工增加	m²	3000	33.11	99330.00
定额子目	19-1	建筑物超高增加费	m²	3000	29.3	87900.00
	19-1换	建筑物超高增加费	m²	1500	7.62	11430.00

7-8 层，执行 19-1 子目。

第 6 层，设计室外地面到第六层楼面高度为 17.8m，从设计室外地面到第六层顶面高度为 21.3m，该楼层在 20m 以上部分的超高费，每超过 1m（不足 0.1m 按 0.1m 计算）按相应定额的 20% 计算。超过 20m 以上部分为 21.3－20＝1.3m，按相应定额 19-1 的 20% 计算。

其工程量为 1500m²，综合单价 19-1换＝29.30×20%×1.3＝7.62 元/m²。

6.3.5 大型机械设备进出场及安拆（附录 S.5）

6.3.5.1 大型机械设备进出场及安拆工程量清单计价的有关规定

1. 概况

建筑与装饰工程量计算规范附录 S.5 共 1 个项目。清单项目如表 6-10 所示。

表 6-10 **大型机械设备进出场及安拆清单项目**

项目编码	项目名称	项目特征	计量单位	工程量计算规则	工作内容
011705001	大型机械设备进出场及安拆	1. 机械设备名称 2. 机械设备规格型号	项	按使用机械设备的数量计算	1. 安拆费包括施工机械、设备在现场进行安装拆卸所需人工、材料、机械和试运转费用以及机械辅助设施的折旧、搭设、拆除等费用 2. 进出场费包括施工机械、设备整体或分体自停放地点运至施工现场或由一施工地点运至另一施工地点所发生的运输、装卸、辅助材料等费用

6.3.5.2 大型机械设备进出场及安拆计价定额的使用说明

1. 概况

《江苏省建筑与装饰工程计价定额 2014》中没有编制大型机械设备进出场及安拆定额子目，

但在总说明中说明本定额的机械台班单价按《江苏省施工机械台班 2007 年单价表》取定，其中，人工工资单价 82.00 元/工日，汽油 10.64 元/kg，柴油 9.03 元/kg，煤 1.1 元/kg，电 0.89 元/(kW·h)，水 4.70 元/m³。

具体计取大型机械设备进出场及安拆定额子目可按《江苏省施工机械台班 2007 年单价表》计取，但除按上述人工及燃料动力单价调整所有机械台班单价外，还要在调整计算后的机械台班单价基础上加上管理费和利润。即

大型机械设备进出场及安拆定额子目单价 = 调整计算后的机械台班单价 × (1 + 管理费率 + 利润率)

另外施工电梯、塔吊基础、塔吊及电梯与建筑物连接件套用《计价定额》第 23 章 23.4 节定额子目。

6.3.5.3 大型机械设备进出场及安拆计价例题

例 6-7 某办公楼工程，如附录三所示，该工程中用到的主要大型机械有履带式挖掘机 1m³ 一台、履带式推土机 105kW 一台、400kN·m 塔式起重机、施工电梯各一台。计算该工程大型机械设备进出场及安拆措施项目费。

解 1. 措施项目清单

单价措施项目清单

序号	项目编码	项目名称	项目特征描述	计量单位	工程量
1	011705001001	大型机械设备进出场及安拆	履带式挖掘机 1m³ 一台、履带式推土机 105kW 一台、400kN·m 塔式起重机、施工电梯各一台	项	1

2. 措施项目计价

单价措施项目清单与计价表 单位：元

序号	项目编码	项目名称	计量单位	工程量	综合单价	合价
1	011705001001	大型机械设备进出场及安拆	项	1	80299.61	80299.61
定额子目	25-1	履带式挖掘机 1m³ 以内场外运输费	次	1	7309.69	7309.69
	25-4	履带式推土机 90kW 以外场外运输费	次	1	7497.58	7497.58
	25-38	塔式起重机 600kN·m 以内场外运输费	次	1	18851.27	18851.27
	25-39	塔式起重机 600kN·m 以内组装拆卸费	次	1	17365.74	17365.74
	25-48	施工电梯 75m 场外运输费	次	1	15263.42	15263.42
	25-49	施工电梯 75m 组装拆卸费			14011.91	14011.91

其中 25-×× 的定额子目编号是根据《江苏省建筑与装饰工程工程计价表 2004》取定的。

6.3.6 施工排水、降水（附录 S.6）

6.3.6.1 施工排水、降水工程量清单计价的有关规定

1. 概况

建筑与装饰工程量计算规范附录 S.5 共 2 个项目，清单项目如表 6-11 所示。

表 6-11 施工排水、降水清单项目

项目编码	项目名称	项目特征	计量单位	工程量计算规则	工作内容
011706001	成井	1. 成井方式 2. 地层情况 3. 成井直径 4. 井（滤）管类型、直径	m	按设计图示尺寸以钻孔深度计算	1. 准备钻孔机械、埋设护筒、钻机就位；泥浆制作、固壁、成孔、出渣、清孔等 2. 对接上、下井管（滤管），焊接，安放，下滤料，洗井，连接试抽等
011706002	排水、降水	1. 机械规格型号 2. 降排水管规格	昼夜	按排、降水日历天数计算	1. 管道安装、拆除，场内搬运等 2. 抽水、值班、降水设备维修等

2. 工程量清单及计价有关规定

（1）相应专项设计不具备时，可按暂估量计算。

6.3.6.2 施工排水、降水计价定额的使用说明

1. 概况

计价定额第二十二章，设置施工排水、施工降水两个部分，共设 2 节 21 个定额子目，见表 6-12。

表 6-12 计价定额施工排水、降水内容

序号	部分内容	节内容	定额子目数量
1	一、施工排水	施工排水	10
2	二、施工降水	施工降水	11
		小计	21

2. 使用定额计价说明及工程量计算规则

具体详见计价定额第二十二章施工排水、降水的说明及工程量计算规则。节选一些主要的说明及工程量计算规则要点：

（1）人工土方施工排水是在人工开挖湿土、淤泥、流砂等施工过程中发生的机械排放地下水费用。人工土方施工排水不分土壤类别、挖土深度，按挖湿土工程量以立方米计算。人工挖淤泥、流砂施工排水按挖淤泥、流砂工程量以立方米计算。

（2）基坑排水是指地下常水位以下且基坑底面积超过 $150m^2$（两个条件同时具备）土方开挖以后，在基础或地下室施工期间所发生的排水包干费用（不包括 ±0.00 以上有设计要求待框架、墙体完成以后再回填基坑土方期间的排水）。基坑、地下室排水按土方基坑的底面积以平方米计算。

（3）井点降水项目适用的降水深度在 6m 以内。井点降水使用时间按施工组织设计确定。井点降水材料使用摊销量中已包括井点拆除时材料损耗量。井点间距根据地质和降水要求由施工组织设计确定，一般轻型井点管间距为 1.2m。井点降水 50 根为一套，累计根数不足一套者按一套计算，井点使用定额单位为套天，一天按 24 小时计算。井管的安装、拆除以"根"计算。

（4）深井管井降水安装、拆除按座计算，使用按座天计算，一天按 24 小时计算。

（5）强夯法加固地基坑内排水是指击点坑内的积水排抽台班费用。强夯法加固地基坑内排水，按强夯法加固地基工程量以平方米计算。

（6）机械土方工作面中的排水费已包含在土方中，但不包括地下水位以下的施工排水费用，如发生，依据施工组织设计规定，排水人工、机械费用另行计算。

6.3.6.3　施工排水、降水计价例题

例 6-8　市区某建筑物地下室基础平面、剖面图如图 5-6 所示，室外地坪－0.300m，三类土，地下常水位－2.00m。基坑土方开挖回填方案：采用挖掘机开挖基坑，轻型井点降水施工措施，轻型井点井管 75 根，地下室工程工期 40 天。试计算该工程施工降水措施项目费用。

解　1.措施项目清单

序号	项目编码	项目名称	项目特征描述	计量单位	工程量
1	011706002001	排水、降水	轻型井点降水	昼夜	40

2.措施项目计价

单价措施项目清单与计价表

单位：元

序号	项目编码	项目名称	计量单位	工程量	综合单价	合价
1	011706002001	排水、降水	昼夜	40	950.02	38000.85
定额子目	22-11	轻型井点降水安装	10 根	7.5	783.61	5877.08
	22-12	轻型井点降水拆除	10 根	7.5	306.53	2298.98
	22-13	轻型井点降水使用	套天	80	372.81	29824.80

轻型井点降水使用：75/50＝1.5，取 2 套，2 套×40 天＝80 套天

6.4　总价措施项目费用计算

总价措施项目是指在现行工程量清单计算规范中无工程量计算规则，以总价（或计算基础乘以费率）计算的措施项目。分为以费率计算的措施项目和其他总价措施项目。

6.4.1　以费率计算的措施项目

以费率计算的措施项目，其计算基础为分部分项工程费-工程设备费＋单价措施项目费，费率参考《江苏省建设工程费用定额》（2014），见表 6-13、表 6-14。

其中安全文明施工费应按照国家或省级、行业建设主管部门的规定计价，不得作为竞争性费用。除安全文明施工费外的总价措施项目费率可参考并根据建设工程实际情况及拟定的施工方案取定。

表 6-13　　　　　　　　　　　　　措施项目费取费标准表

项目	计算基础	各专业工程费率（%）				
		建筑工程	单独装饰	安装工程	市政工程	仿古（园林）
夜间施工	分部分项工程费＋单价措施费－除税工程设备费	0~0.1	0~0.1	0~0.1	0.05~0.15	0~0.1
非夜间施工照明		0.2	0.2	0.3	—	0.3
冬雨季施工		0.05~0.2	0.05~0.1	0.05~0.1	0.1-0.3	0.05-0.2
已完工程及设备保护		0~0.05	0~0.1	0~0.05	0~0.02	0~0.1
临时设施		1-2.3 1~2.2	0.3-1.3 0.3~1.2	0.6-1.6 0.6~1.5	1.1~2.2 1-2	1.6-2.7（0.3-0.8） 1.5-2.5（0.3-0.7）

续表

项目	计算基础	各专业工程费率（%）				
		建筑工程	单独装饰	安装工程	市政工程	仿古（园林）
赶工措施	分部分项工程费＋单价措施费－除税工程设备费	0.5-2.1 0.5-2	0.5-2.2 0.5-2	0.5-2.1 0.5-2	0.5-2.2 0.5-2	0.5-2.1 0.5-2
按质论价		1-3.1 1-3	1.1-3.2 1-3	1.1-3.2 1-3	0.9-2.7 0.8-2.5	1.1-2.7 1-2.5
住宅分户验收		0.4	0.1	0.1		

注 1. 在计取非夜间施工照明费时，建筑工程、仿古工程、修缮土建部分仅地下室（地宫）部分可计取；单独装饰、安装工程、园林绿化工程、修缮安装部分仅特殊施工部位内施工项目可计取。
2. 在计取住宅分户验收时，大型土石方工程、桩基工程和地下室部分不计入计费基础。
3. 营改增，除临时设施、赶工措施、按质论价费率有调整外，其他费率不变。表中有两行数字的第二行费率为此次营改增前《江苏省建设工程费用定额》（2014）规定取费标准，同样也是营改增后简易计税方法下取费标准，不过其计算基础则是分部分项工程费＋单价措施费－工程设备费

表 6-14　　　　　　　　　　　　安全文明施工措施费费率标准表

序号	工程名称		计算基础	基本费率（%）	省级标化增加费（%）
一	建筑工程	建筑工程	分部分项工程费＋单价措施费－工程设备费	3.1/3.0	0.7
		单独构件吊装		1.6/1.4	—
		打预制桩（制作兼打桩）		1.5（1.8）/1.3（1.8）	0.3/0.4
二	单独装饰工程			1.7/1.6	0.4
三	安装工程			1.5/1.4	0.3
四	市政工程	通用项目、道路、排水工程		1.5/1.4	0.4
		桥涵、隧道、水工构筑物		2.2/2.1	0.5
		给水、燃气及集中供热		1.2/1.1	0.3
		路灯及交通设施工程		1.2/1.1	0.3
五	仿古建筑工程			2.7/2.5	0.5
六	园林绿化工程			1.0/0.9	—
七	修缮工程			1.5/1.4	—
八	城市轨道交通工程	土建工程		1.9/1.8	0.4
		轨道工程		1.3/1.1	0.2
		安装工程		1.4/1.3	0.3
九	大型土石方工程			1.5/1.4	—

注 1. 对于开展市级建筑安全文明施工标准化示范工地创建活动的地区，市级标化增加费按照省级费率乘以 0.7 系数执行。
2. 建筑工程中的钢结构工程，钢结构为施工企业成品购入或加工厂完成制作，到施工现场安装的，安全文明施工措施费率标准按单独发包的构件吊装工程执行。
3. 大型土石方工程适用各专业中达到大型土石方标准（单位工程挖或填土、石方容量大于等于 5000m³）的单位工程。
4. 表中有/后费率为此次营改增前《江苏省建设工程费用定额》[2014]规定取费标准，同样也是营改增后简易计税方法下取费标准，不过其计算基础则是分部分项工程费＋单价措施费－工程设备费

6.4.2　其他总价措施项目

　　其他总价措施项目，按项计取，综合单价按实际或可能发生的费用进行计算。建筑与装饰工程专业中可能发生的主要有二次搬运和地上、地下设施、建筑物的临时保护设施。其中二次搬运可根据实际发生的需要二次搬运的建筑材料数量、搬运方式按计价定额第二十四章套用相应定额。

6.5　课　后　练　习

1. 多选：以下（　　）属于措施项目费的内容。

A. 检验试验费

B. 现场安全文明施工措施费

C. 地上、地下设施，建筑物的临时保护设施费

D. 冬雨季施工增加费

E. 已完工程及设备保护费

2. 单选：现场安全文明施工措施费不包括（　　）。

A. 施工现场安全　　　　　　　　B. 建筑安全监督管理

C. 文明施工　　　　　　　　　　D. 环境保护及职工健康生活

3. 某住宅工程，6 层，无地下室，檐口高度 21 m。从设计室外地面到第六层楼面高度为 18 m，从设计室外地面到第六层顶面高度为 21 m。已知第六层的建筑面积为 800 m²，则按计价定额，试计算该工程超高施工增加措施项目费用。

4. 某住宅工程，3 层，无地下室，檐高 11.05 m，建筑面积为 2300 m²，层高均在 3.6 m 以内，试计算该工程的脚手架措施项目费用。

5. 单选：某工业厂房中，已知抹灰脚手架搭设高度为 13 m，按计价定额，该抹灰脚手架的定额综合单价为（　　）。

A. 95.08 元/10 m²　B. 123.88 元/10 m²　C. 130.07 元/10 m²　D. 136.27 元/10 m²

6. 单选：已知某工程中，现浇混凝土矩形柱截面尺寸为 600mm×600mm，且该尺寸矩形柱合计混凝土工程量为 25.00m³，复合木模板，按含模量计算，该矩形柱的模板费用为（　　）。

A. 20539.20m²　　　B. 12326.60m²　　　C. 8566.99m²　　　D. 5993.81m²

7. 某办公楼，现浇框架结构，檐口高度 35m，层数 8 层，为二类工程。施工方案中垂直运输机械仅配置自升式塔式起重机 1 台，定额工期 300 天。试计算该工程的垂直运输费措施项目费用。

第7章 其他项目费、规费、税金清单及计价与工程造价计算程序

7.1 其他项目费

7.1.1 其他项目费概念

其他项目费包括暂列金额、暂估价、计日工、总承包服务费

1. 暂列金额

建设单位在工程量清单中暂定并包括在工程合同价款中的一笔款项。用于施工合同签订时尚未确定或者不可预见的所需材料、工程设备、服务的采购，施工中可能发生的工程变更、合同约定调整因素出现时的工程价款调整以及发生的索赔、现场签证确认等的费用。由建设单位根据工程特点，按有关计价规定估算；施工过程中由建设单位掌握使用，扣除合同价款调整后如有余额，归建设单位。

2. 暂估价

建设单位在工程量清单中提供的用于支付必然发生但暂时不能确定价格的材料的单价以及专业工程的金额。包括材料暂估价（工程设备暂估单价）和专业工程暂估价。材料暂估价在清单综合单价中考虑，不计入暂估价汇总。

3. 计日工

计日工是指在施工过程中，施工企业完成建设单位提出的施工图纸以外的零星项目或工作所需的费用。

4. 总承包服务费

总承包服务费是指总承包人为配合、协调建设单位进行的专业工程发包，对建设单位自行采购的材料、工程设备等进行保管以及施工现场管理、竣工资料汇总整理等服务所需的费用。总包服务范围由建设单位在招标文件中明示，并且发承包双方在施工合同中约定。

7.1.2 其他项目清单编制

其他项目清单列项内容包括暂列金额、暂估价（包括材料暂估单价、工程设备暂估单价、专业工程暂估价）、计日工、总承包服务费。

（1）暂列金额。

招标工程量清单中暂列金额应根据工程特点按有关计价规定估算，由招标人给定。江苏省住房和城乡建设厅文件苏建价《省住房城乡建设厅关于〈建设工程工程量清单计价规范〉（GB 50500—2013）及其9本工程量计算规范的贯彻意见》[2014]448号中指出，暂列金额不宜超过分部分项工程费的10%。

（2）暂估价。

招标工程量清单中暂估价材料、工程设备的单价和专业工程暂估价由招标人给定，暂估价中的材料、工程设备暂估单价应根据工程造价信息或参照市场价格估算，列出明细表；专

业工程暂估价应分不同专业，按有关计价规定估算，列出明细表。材料、工程设备单价中应包括场外运输与采购保管费。专业工程暂估价中不包含规费和税金。暂估价的专业工程达到依法必须招标的标准时，须通过招标确定承包人。

（3）计日工。

计日工应列出项目名称，计量单位和暂估数量。

（4）总承包服务费。

总承包服务费应列出服务项目及其内容等。

例 7-1　某办公楼工程其他项目清单。

工程名称：办公楼　　　　　　　　　　**其他项目清单**

序号	项目名称	金额（元）	备注
1	暂列金额	100000	详见表 7-1
2	暂估价	459984	
2.1	材料（工程设备）暂估价	9984	详见表 7-2
2.2	专业工程暂估价	450000	详见表 7-3
3	计日工		
4	总承包服务费		
	合计	559984	

表 7-1　　　　　　　　　　**暂 列 金 额 明 细 表**

序号	项目名称	计量单位	暂定金额（元）	备注
1	工程变更	项	100000	
	合计		100000	

表 7-2　　　　　　　　　　**材料（工程设备）暂估单价表**

序号	材料（工程设备）名称、规格、型号	计量单位	暂估数量	暂估单价	暂估合价
1	断热铝合金框体中空 LOW-E 玻璃平开门	m²	8.4	350	2940
2	乙级防火木门	m²	6.6	300	1980
3	平开木夹板门	m²	8.4	200	1680
4	断热铝合金框体中空 LOW-E 玻璃推拉窗	m²	8.64	250	2160
5	甲级铝合金防火窗	m²	3.06	400	1224
	合计				9984

表 7-3　　　　　　　　　　**专业工程暂估价表**

序号	工程名称	工程内容	暂估金额（元）	备注
1	钢结构玻璃雨棚	钢结构玻璃雨棚制作安装	50000	
2	断热铝合金框体中空 LOW-E 玻璃幕墙（一层带外开门及推拉门）	玻璃幕墙制作安装	400000	
	合计		450000	

表 7-4　　　　　　　　　　　　　　计 日 工 表

序号	项目名称	单位	暂定数量	综合单价（元）	合价（元）
一	人工				
1					
2					
3					
	人工小计				
二	材料				
1					
2					
3					
	材料小计				
三	施工机械				
1					
2					
3					
	施工机械小计				
四、企业管理费和利润					
	总计				

表 7-5　　　　　　　　　　　总承包服务费计价表

序号	项目名称	项目价值（元）	服务内容	计算基础	费率（%）	金额（元）
1	钢结构玻璃雨棚	50000	总承包管理和协调，提供配合服务			
2	玻璃幕墙	400000	总承包管理和协调，提供配合服务			
	合计	—		—		

7.1.3　其他项目清单计价

不管是招标控制价还投标报价，其他项目清单计价，对于招标人给定的项目项目费用，不得修改，但没有给定的可计价，也可不计价。

《江苏省建设工程费用定额》（2014）中对其他项目取费标准及规定：

（1）暂列金额、暂估价按发包人给定的标准计取。其中暂估材料和工程设备以招标人给定的暂估单价计入分部分项工程费中。

（2）计日工，由投标人根据计日工项目自行报价，由发承包双方在合同中约定。

（3）总承包服务费，应根据招标文件列出的内容和向总承包人提出的要求，参照下列标准计算。

① 建设单位仅要求对分包的专业工程进行总承包管理和协调时，按分包的专业工程估算造价的 1% 计算。

② 建设单位要求对分包的专业工程进行总承包管理和协调，并同时要求提供配合服务

时，根据招标文件中列出的配合服务内容和提出的要求，按分包的专业工程估算造价的 2%～3%计算。

（4）暂列金额、暂估价、总承包服务费中均不包括增值税可抵扣进项税额。

例 7-2　某办公楼工程其他项目清单计价

其他项目清单计价表

工程名称：办公楼

序号	项目名称	金额（元）	备注
1	暂列金额	100000	详细表略
2	暂估价	450000	详细表略（注：材料暂估价计入分部分项工程费中）
3	计日工	0	详细表略
4	总承包服务费	13000	详见表 7-6
	合计	563000	

表 7-6　　　　　　　　　　**总承包服务费计价表**

序号	项目名称	项目价值（元）	服务内容	计算基础	费率（%）	金额（元）
1	钢结构玻璃雨棚	50000	总承包管理和协调，提供配合服务	项目价值	2	1000
2	玻璃幕墙	400000	总承包管理和协调，提供配合服务	项目价值	3	12000
	合计	—	—	—	—	13000

7.2　规费、税金

7.2.1　规费概念

根据国家法律、法规规定，由省级政府或省级有关权力部门规定施工企业必须缴纳的，应计入建筑安装工程造价的费用。属于不可竞争费用。主要包括：

（1）工程排污费：包括废气、污水、固体及危险废物和噪声排污费等内容。

（2）社会保险费：企业应为职工缴纳的养老保险、医疗保险、失业保险、工伤保险和生育保险等社会保障方面的费用（不包括个人缴纳部分）。为确保施工企业各类从业人员社会保障权益落到实处，省、市有关部门可根据实际情况制定管理办法。

（3）住房公积金：企业应为职工缴纳的住房公积金。

7.2.2　税金概念

税金是指国家税法规定的应计入建筑安装工程造价内的增值税、城市维护建设税、教育费附加及地方教育附加。属于不可竞争费用。

（1）增值税：以商品（含应税劳务）在流转过程中产生的增值额作为计税依据而征收的一种流转税。从计税原理上说，增值税是对商品生产、流通、劳务服务中多个环节的新增价值或商品的附加值征收的一种流转税。实行价外税，也就是由消费者负担，有增值才征税没增值不征税。

（2）城市建设维护税：为加强城市公共事业和公共设施的维护建设而开征的税。

（3）教育费附加及地方教育附加：为发展地方教育事业，扩大教育经费来源而征收的税种。

根据《中华人民共和国增值税暂行条例》（中华人民共和国国务院令第538号）及其实施细则，财政部、国家税务总局《关于全面推开营业税改征增值税试点的通知》（财税〔2016〕36号），住房和城乡建设部办公厅《关于做好建筑业营改增建设工程计价依据调整准备工作的通知》（建办标〔2016〕4号）以及江苏省住房和城乡建设厅文件《省住房城乡建设厅关于建筑业实施营改增后江苏省建设工程计价依据调整的通知》（苏建价〔2016〕154号）等文件精神，从2016年5月1日起建筑业实施营业税改增值税，下面就增值税两种计税方式进行阐述。

1. 一般计税方法

（1）一般计税方式的建设工程费用组成中的分部分项工程费、措施项目费、其他项目费、规费中均不包含增值税可抵扣进项税额。

（2）企业管理费组成内容中增加第19条：附加税：国家税法规定的应计入建筑安装工程造价内的城市建设维护税、教育费附加及地方教育附加。

（3）甲供材料和甲供设备费用应在计取现场保管费后，在税前扣除。

（4）税金定义及包含内容调整为：税金是指根据建筑服务销售价格，按规定税率计算的增值税销项税额。

（5）税金以除税工程造价为计取基础，费率为11%。

（6）建筑企业应缴纳增值税应纳税额＝销项税额－进项税额

其中，销项税额＝销售额（即不含税工程造价)×费率11% **(计入工程造价中)**

进项税额＝建筑企业购进货物或者接受加工修理修配劳务和应税服务销售额×费率

（7）一般计税方法适用范围：除适用简易计税方法之外的所有工程。

2. 简易计税方法

（1）采用简易计税方式的建设工程费用组成中，分部分项工程费、措施项目费、其他项目费的组成，均与《江苏省建设工程费用定额》（2014）原规定一致，包含增值税可抵扣进项税额。

（2）甲供材料和甲供设备费用应在计取现场保管费后，在税前扣除。

（3）税金定义及包含内容调整为：税金包含增值税应纳税额、城市建设维护税、教育费附加及地方教育附加。

（4）增值税应纳税额＝包含增值税可抵扣进项税额的税前工程造价×适用税率，税率3%；城市建设维护税＝增值税应纳税额×适用税率，税率：市区7%、县镇5%、乡村1%；教育费附加＝增值税应纳税额×适用税率，税率3%；地方教育附加＝增值税应纳税额×适用税率，税率2%。以上四项合计，以包含增值税可抵扣进项额的税前工程造价为计费基础，税金费率：市区3.36%、县镇3.30%、乡村3.18%。如各市另有规定的，按各市规定计取。

（5）简易计税方法适用范围：清包工工程、甲供工程、合同开工日期在2016年4月30日前的建设工程。**(以清包工方式提供建筑服务，是指施工方不采购建筑工程所需的材料或只采购辅助材料，并收取人工费、管理费或者其他费用的建筑服务。甲供工程，是指全部或部分设备、材料、动力由工程发包方自行采购的建筑工程。)**

7.2.3　规费、税金项目清单编制

规费、税金项目清单

工程名称：　　　　　　标段：　　　　　　　第　页　共　页

序号	项目名称	计算基础	计算基数（元）	计算费率（%）	金额（元）
1	规费				
1.1	社会保险费				
1.2	住房公积金				
1.3	工程排污费				
2	税金				
	合计				

7.2.4　规费、税金的计算

规费和税金应按国家或省级、行业建设主管部门的规定计算，不得作为竞争性费用。规费和税金按当地的有关规定取费费率进行计取。

《江苏省建设工程费用定额》（2014）中对规费税金取费标准及有关规定：

（1）工程排污费：按工程所在地环境保护部门规定的标准缴纳，按实计取列入。

（2）社会保险费及住房公积金按下表标准计取。社会保险费费率和公积金费率将随着社保部门要求和建设工程实际缴纳费率的调整，适时调整。

表 7-7　　　　　　　**社会保险费及公积金取费标准表**

序号	工程类别		计算基础	社会保障费率（%）	公积金费率（%）
一	建筑工程	建筑工程	分部分项工程费＋措施项目费＋其他项目费－除税工程设备费	3.2/3	0.53/0.5
		单独预制构件制作、单独构件吊装、打预制桩、制作兼打桩		1.3/1.2	0.24/0.22
		人工挖孔桩		3/2.8	0.53/0.5
二		单独装饰工程		2.4/2.2	0.42/0.38
三		安装工程		2.4/2.2	0.42/0.38
四		通用项目、道路、排水工程		2.0/1.8	0.34/0.31
		桥涵、隧道、水工构筑物		2.7/2.5	0.47/0.44
		给水、燃气与集中供热、路灯及交通设施工程		2.1/1.9	0.37/0.34
五		仿古建筑与园林绿化工程		3.3/3	0.55/0.5
六		修缮工程		3.8/3.5	0.67/0.62
七		单独加固工程		3.4/3.1	0.61/0.55
八	城市轨道交通工程	土建工程		2.7/2.5	0.47/0.44
		隧道工程（盾构法）		2.0/1.8	0.33/0.30
		轨道工程		2.4/2.0	0.38/0.32
		安装工程		2.4/2.2	0.42/0.38
九		大型土石方工程		1.3/1.2	0.24/0.22

注　表中有/后费率为此次营改增前《江苏省建设工程费用定额》（2014）规定取费标准，同样也是营改增后简易计税方法下取费标准，不过其计算基础则是：分部分项工程费＋措施项目费＋其他项目费－工程设备费

（3）税金按有权部门规定计取，分为一般计税方法和简易计税方法，计取方法和税率前文已述。

7.3 工 程 造 价 计 算 程 序

工程造价计算据一般计税方法和简易计税方法，计算程序有所不同。

7.3.1 一般计税方法下工程造价计算程序

一般计税方法下工程造价计算程序见表 7-8。

表 7-8   工程量清单法工程造价计算程序（包工包料）

序号	费用名称		计算公式
一	分部分项工程费		Σ（清单工程量×除税综合单价）
	其中	1.1 人工费	Σ（人工消耗量×人工单价）
		1.2 材料费	Σ（材料消耗量×除税材料单价）
		1.3 机械费	Σ（机械消耗量×除税机械单价）
		1.4 管理费	（1.1＋1.3）×费率或（1.1）×管理费率
		1.5 利润	（1.1＋1.3）×费率或（1.1）×利润率
二	措施项目费		2.1＋2.2
	其中	2.1 单价措施项目费	Σ（清单工程量×除税综合单价）
		2.1 总价措施项目费	（分部分项工程费＋单价措施项目费－除税工程设备费）×费率或以项计费
三	其他项目费用		Σ（暂列金额＋专业工程暂估价＋计日工＋总承包服务费）
四	规费		3.1＋3.2＋3.3
	其中	3.1 工程排污费	（一＋二＋三－除税工程设备费）×费率
		3.2 社会保障费	
		3.3 住房公积金	
五	税金		［一＋二＋三＋四－（除税甲供材料费＋除税甲供设备费）/1.01］×费率
六	工程造价		一＋二＋三＋四－（除税甲供材料费＋除税甲供设备费）/1.01＋五

7.3.2 简易计税方法下工程造价计算程序

简易计税方法下工程造价计算程序见表 7-9。

表 7-9   工程量清单法工程造价计算程序（包工包料）

序号	费用名称		计算公式
一	分部分项工程费		Σ（清单工程量×综合单价）
	其中	1.1 人工费	Σ（人工消耗量×人工单价）
		1.2 材料费	Σ（材料消耗量×材料单价）
		1.3 机械费	Σ（机械消耗量×机械单价）
		1.4 管理费	（1.1＋1.3）×费率或（1.1）×管理费率
		1.5 利润	（1.1＋1.3）×费率或（1.1）×利润率
二	措施项目费		2.1＋2.2
	其中	2.1 单价措施项目费	Σ（清单工程量×综合单价）
		2.1 总价措施项目费	（分部分项工程费＋单价措施项目费－工程设备费）×费率或以项计费
三	其它项目费用		Σ（暂列金额＋专业工程暂估价＋计日工＋总承包服务费）

续表

序号	费用名称		计算公式
四	其中	规费	3.1＋3.2＋3.3
		3.1 工程排污费	
		3.2 社会保障费	(一＋二＋三－工程设备费)×费率
		3.3 住房公积金	
五		税金	[一＋二＋三＋四－(甲供材料费＋甲供设备费)/1.01]×费率
六		工程造价	一＋二＋三＋四－(甲供材料费＋甲供设备费)/1.01＋五

7.3.3 工程造价计算例题

例 7-3 某办公楼工程如附录三所示,分部分项(部分)工程费清单计价见第五部分各章节例题,分部分项(部分)工程费清单计价汇总如表 7-11,单价措施项目费用见第六部分各例题,汇总如表 7-12,总价措施项目见表 7-13 和表 7-17。其他项目费见表 7-14。规费和税金按有关规定计取,试分别用一般计税方法和简易计税方法分别计算该单位建筑工程造价。(在一般计税方法计算工程造价时,假定分部分项工程费、单价措施项目费和其他项目费是不含税费用。)

解 一、一般计税方法

1. 工程单位招标控制价汇总表见表 7-10。

表 7-10 **某办公楼工程单位招标控制价汇总表**

序号	费用名称		计算公式		金额(元)
一	分部分项工程				352906.95
二	其中	措施项目			417033.42
		单价措施项目费			373451.89
		总价措施项目费			43581.53
三		其他项目			563000.00
四	其中	规费			51051.61
		1. 工程排污费	(一＋二＋三－除税工程设备费)×费率	0.1%	1332.94
		2. 社会保险费		3.2%	42654.09
		3. 住房公积金		0.53%	7064.58
五		税金	[一＋二＋三＋四－(除税甲供材料费＋除税甲供设备费)/1.01]×费率	11%	152239.12
六		工程造价	一＋二＋三＋四－(除税甲供材料费＋除税甲供设备费)/1.01＋五		1536231.10

2. 分部分项工程量清单计价表见表 7-11。

表 7-11 **某办公楼工程分部分项(部分)工程量清单计价表**

序号	项目编码	项目名称	计量单位	工程数量	金额(元)		
					综合单价	合价	其中暂估价
1	010101001001	平整场地	m²	403.66	1.33	538.20	
2	010101003001	挖沟槽土方	m³	65.50	82.29	5390.00	
3	010101004001	挖基坑土方	m³	89.56	90.73	8125.78	
4	010103001001	回填方	m³	127.00	76.07	9660.38	
5	010401001001	砖基础	m³	16.79	485.82	8156.97	

续表

序号	项目编码	项目名称	计量单位	工程数量	综合单价	合价	其中暂估价
					金额（元）		
6	010402001001	砌块墙（200 厚，外墙）	m³	27.26	484.76	13214.56	
7	010402001002	砌块墙（200 厚，内墙）	m³	24.87	466.46	11600.86	
8	010402001003	砌块墙（100 厚，内墙）	m³	1.15	494.83	569.05	
9	010515001001	现浇构件钢筋	t	0.318	5470.42	1739.59	
10	010515001002	现浇构件钢筋	t	0.522	4998.87	2609.41	
11	010516004001	钢筋电渣压力焊接头	个	48	7.34	352.18	
12	010501001001	垫层	m³	18.90	412.14	7789.45	
13	010501003001	独立基础	m³	82.31	426.23	35082.99	
14	010502001001	矩形柱	m³	22.18	488.12	10826.50	
15	010505001001	有梁板	m³	64.17	461.46	29611.89	
16	010503002001	矩形梁	m³	3.00	469.25	1407.75	
17	010506001001	直形楼梯	m²	141.69	114.87	16276.07	
18	10802001001	金属（塑钢）门	m²	8.4	427.78	3593.34	2851.8
19	010801004001	木质防火门	m²	6.6	340.03	2244.20	1999.8
20	010801001001	木质门	m²	8.4	239.03	2007.85	1696.8
21	10807001001	金属（塑钢、断桥）窗	m²	8.64	329.08	2843.27	2073.6
22	010807002001	金属防火窗	m²	3.06	480.82	1471.30	1175.04
23	010902001001	屋面卷材防水	m²	380.81	43.46	16549.57	
24	010902003001	屋面刚性层	m²	359.59	48.14	17311.68	
25	011101006001	平面砂浆找平层	m²	359.59	13.07	4699.25	
26	011001001001	保温隔热屋面	m²	359.59	61.20	22005.45	
27	010902004001	屋面排水管	m	61.8	44.77	2766.76	
28	011101003001	细石混凝土楼地面	m²	328.28	72.07	23658.01	
29	011105001001	水泥砂浆踢脚线	m	116.80	62.94	7351.39	
30	011201001001	墙面一般抹灰	m²	832.88	32.25	26861.86	
31	011407001001	墙面喷刷涂料	m²	832.88	67.95	56591.39	
		合计				352906.95	9797.04

3. 措施项目费用见表 7-12。

表 7-12　　　　　某办公楼工程单价措施项目清单与计价表

序号	项目编码	项目名称	计量单位	工程量	综合单价	合价
1	011701001001	综合脚手架	m²	1537.70	42.90	65974.73
2	011702001001	基础（垫层）	m²	18.90	69.93	1321.58
3	011702001002	基础（独立基础）	m²	144.86	60.43	8753.52
4	011702002001	矩形柱	m²	185.86	73.54	13668.67
5	011702006001	矩形梁	m²	26.04	80.71	2101.81
6	011702014001	有梁板	m²	536.66	58.88	31600.36
7	011703001001	垂直运输	天	250	678.93	169731.61
8	011705001001	大型机械设备进出场及安拆	项	1	80299.61	80299.61
		合计				373451.89

表 7-13　　　　　　　　　某办公楼工程总价措施项目清单与计价表

序号	项目编码	项目名称	计算基础	费率%	金额（元）
1	011707001001	安全文明施工费			27601.63
1.1		基本费		3.1	22517.12
1.2		省级标化增加费		0.7	5084.51
2	011707002001	夜间施工			
3	011707003001	非夜间施工照明			
4	011707004001	二次搬运	分部分项工程费＋		
5	011707005001	冬雨季施工	单价措施项目费—	0.1	726.36
6	011707006001	地上、地下设施、建筑物的临时保护设施	除税工程设备费		
7	011707007001	已完工程及设备保护			
8	011707008001	临时设施		2.1	15253.54
9	011707009001	赶工措施			
10	011707010001	工程按质论价			
11	011707011001	住宅分户验收			
		合计			43581.53

4. 其他项目清单与计价表，见表 7-14。

表 7-14　　　　　　　　某办公楼工程其他项目清单与计价表

序号	项目名称	金额（元）
1	暂列金额	100000
2	暂估价	450000
3	计日工	0
4	总承包服务费	13000
	合计	563000

5. 规费、税金项目清单与计价表，见表 7-15。

表 7-15　　　　　　　某办公楼工程规费、税金项目清单与计价表

序号	项目名称	计算基础	计算基数（元）	计算费率（%）	金额（元）
1	规费	1.1＋1.2＋1.3			51051.61
1.1	工程排污费		1332940.37	0.1%	1332.94
1.2	社会保险费	（一＋二＋三—除税工程设备费）×费率	1332940.37	3.2%	42654.09
1.3	住房公积金		1332940.37	0.53%	7064.58
2	税金	［一＋二＋三＋四—（除税甲供材料费＋除税甲供设备费）/1.01］×费率	1383991.98	11%	152239.12
	合计	1＋2			203290.73

二、简易计税方法

1. 工程单位招标控制价汇总表，见表 7-16。

表 7-16　　　　　　　　某办公楼工程单位招标控制价汇总表

序号	费用名称	计算公式	金额（元）
一	分部分项工程		352906.95

续表

序号	费用名称		计算公式		金额（元）
二		措施项目			415580.71
	其中	单价措施项目费			373451.89
		总价措施项目费			42128.82
三		其他项目			563000.00
四		规费			47933.56
	其中	1. 工程排污费	（一＋二＋三－工程设备费）×费率	0.1%	1331.49
		2. 社会保险费		3%	39944.63
		3. 住房公积金		0.5%	6657.44
五		税金	［一＋二＋三＋四－（甲供材料费＋甲供设备费）/1.01］×费率	3.36%	46348.55
六		工程造价	一＋二＋三＋四－（甲供材料费＋甲供设备费）/1.01＋五		1425769.77

2. 分部分项工程量清单计价表

分部分项工程量清单计价表略，分部分项工程费合计 352906.95 元，其中暂估价 9797.04 元。

3. 措施项目费用

单价措施项目清单与计价表见表 7-17，单价措施项目费合计 373451.89 元。

表 7-17　　　　　　　某办公楼工程总价措施项目清单与计价表

序号	项目编码	项目名称	计算基础	费率%	金额（元）
1	011707001001	安全文明施工费			26875.28
	1.1	基本费		3.0	21790.77
	1.2	省级标化增加费		0.7	5084.51
2	011707002001	夜间施工			
3	011707003001	非夜间施工照明			
4	011707004001	二次搬运			
5	011707005001	冬雨季施工	分部分项工程费＋单价措施项目费－工程设备费	0.1	726.36
6	011707006001	地上、地下设施、建筑物的临时保护设施			
7	011707007001	已完工程及设备保护			
8	011707008001	临时设施		2.0	14527.18
9	011707009001	赶工措施			
10	011707010001	工程按质论价			
11	011707011001	住宅分户验收			
		合计			42128.82

4. 其他项目清单与计价表

其他项目清单与计价表略，其他项目费合计 563000.00 元。

5. 规费、税金项目清单与计价表，见表 7-18。

表 7-18　　　　　　　　某办公楼工程规费、税金项目清单与计价表

序号	项目名称	计算基础	计算基数（元）	计算费率（%）	金额（元）
1	规费	1.1＋1.2＋1.3			47933.56
1.1	工程排污费		1331487.66	0.1	1331.49
1.2	社会保险费	（一＋二＋三－工程设备费）×费率	1331487.66	3	39944.63
1.3	住房公积金		1331487.66	0.5	6657.44
2	税金	［一＋二＋三＋四一（甲供材料费＋甲供设备费）/1.01］×费率	1379421.22	3.36	46348.55
	合计	1＋2			94282.11

7.4　课　后　练　习

1. 多选：其他项目清单宜按照下列内容列项，有（　　）。

A. 暂列金额　　　　　B. 计日工　　　　　C. 总承包服务费　　　　D. 暂估价

E. 预留金

2. 判断：（　　）暂列金额是指招标人在工程量清单中暂定并包括在合同价款中的款项，用于施工合同签订时尚未明确或不可预见的所需材料、设备和服务的采购、施工中可能发生的工程变更、合同约定调整因素出现时的工程价款调整及发生的索赔、现场签证确认等费用及专业工程的金额。

3. 判断：（　　）暂列金额不宜超过分部分项工程费的 10%。

4. 执行 13 计价规范，对规费项目清单规定，应按照（　　）内容列项。

A. 工程排污费　　　　　　　　　　B. 社会保险费

C. 住房公积金　　　　　　　　　　D. 危险作业意外伤害保险

E. 安全生产监督管理费

5. 判断：（　　）招标文件中提供了暂估单价的材料，可以不按暂估的单价计入综合单价。

6. 单选：采用工程量清单计价，规费计取的基数是（　　）。

A. 分部分项工程费

B. 人工费

C. 人工费＋机械费

D. 分部分项工程费＋措施项目费＋其他项目费

7. 某建筑工程编制招标控制价。已知无甲供材料、工程设备，分部分项工程费 400 万元，单价措施项目费 32 万元，总价措施项目费项目及费率同例 7-3，其他项目费中暂列金额 10 万元，暂估材料 15 万元，专业工程暂估价 20 万元，总承包服务费 2 万元，计日工费用为 0；以上费用均为不含税，规费、税金计取同例 7-3，试用一般计税方法计算该建筑工程造价。

附录一　关于营业税改增值税计税方式的说明

　　根据财政部、国家税务总局《关于全面推进营业税改征增值税试点的通知》（财税〔2016〕36号），住房和城乡建设部办公厅《关于做好建筑业营改增建设工程计价依据调整准备工作的通知》（建办标〔2016〕4号）以及江苏省住房和城乡建设厅文件《省住房城乡建设厅关于建筑业实施营改增后江苏省建设工程计价依据调整的通知》（苏建价〔2016〕154号）等文件精神，从2016年5月1日起建筑业实施营业税改增值税。

　　此次营改增时间紧、任务重，本书根据增值税计价方式，主要对税金概念及一般计税方法、简易计税方法工程造价计价程序进行了阐述。江苏省建筑与装饰工程计价定额没能及时修订，分部分项工程、单价措施项目等费用计算仍采用原计价定额综合单价。其综合单价应该按除税后的材料预算单价和机械台班单价及管理费率、利润率计取，本书只以例5-7为例讲解了除税后的综合单价计算，所附某框剪结构房屋建筑工程工程量清单编制及计价综合案例也以一般计税方法进行了编写，给读者造成不便，请予谅解。

附录二　某框架结构房屋建筑工程工程量清单编制案例

<u>　　某办公楼工程　</u>工程

招标工程量清单

招　标　人：_____　　　造价咨询人：_____

（单位盖章）（单位资质专用章）

法定代表人法定代表人

或其授权人：　　　　　　　　　　　　　或其授权人：_____

（签字或盖章）　　　　　　　　　　　　（签字或盖章）

编制人：_____　　　　　　复核人：_____

（造价人员签字盖专用章）　　　　　　　（造价工程师签字盖专用章）

编制时间：2016 年 5 月 15 日　　　　　复核时间：2016 年 5 月 16 日

某办公楼工程工程量清单编制说明

一、工程概况

常州某办公楼，地上 4 层框架结构，独立基础，建筑面积 1537.7m²，檐口高度 15.33m。

二、编制依据

1.《建设工程工程量清单计价规范》（GB 50500—2013）、《房屋建筑与装饰工程工程量计算规范》（GB 50854—2013）、《江苏省建设工程费用定额》（2014）、《江苏省建筑与装饰工程计价定额》（2014）。

2. 设计图纸。

三、编制范围

某办公楼土建工程。

四、编制说明

1. 分部分项工程和单价措施项目清单。

（1）本工程所有砼均采用商品砼。

（2）土方工程自设计室外地坪起计算，现场留足回填土，余土考虑外运。

（3）工程工期按 250 天计。

（4）钢筋工程量按算量软件计算量，模板工程量按含模量计算量。

2. 总价措施项目清单。

现场安全文明施工费费率详见工程量清单。

3. 其他项目清单。

暂列金额、材料暂估价、专业工程暂估价等详见工程量清单。

4. 规费、税金项目清单。

社会保障费、住房公积金、税金费率详见工程量清单。

五、各清单及工程量计算详见附表 1.1～附表 1.11。

附表 1.1　　　　　　　　　　　分部分项工程和单价措施项目清单与计价表

工程名称：某办公楼工程　　　　　　　　　　　　　　　　　　　　　　　　　　　　标段：

序号	项目编码	项目名称	项目特征	计量单位	工程数量
	0101	土（石）方工程			
1	010101001001	平整场地	三类干土	m²	403.66
2	010101003001	挖沟槽土方	三类土；挖土深度 1.5M 内；机械挖土；人工修坡；土方就地堆放	m³	84.962
3	010101004001	挖基坑土方	三类土；挖土深度 1.5M 内；机械挖土；人工修坡；土方就地堆放	m³	271.887
4	010103001001	回填方	素土；分层夯实	m³	209.856
5	010103001002	回填方	房心回填	m³	84.77
6	010103002001	余方弃置	余土外运 5km	m³	62.223
	0104	砌筑工程			
7	010401001001	砖基础	MU20 混凝土实心砖；墙体厚度 240；Mb10 水泥砂浆砌筑	m³	28.296
8	010402001001	砌块墙	外墙；M5 混合砂浆；200 厚 A5 蒸压轻质砂加气混凝土砌块（B06）	m³	91.192
9	010402001002	砌块墙	内墙；M5 混合砂浆；200 厚 A3.5 蒸压轻质砂加气混凝土砌块（B05）	m³	141.667
10	010402001003	砌块墙	内墙；M5 混合砂浆；100 厚 A3.5 蒸压轻质砂加气混凝土砌块（B05）	m³	16.156
11	010401003001	实心砖墙	MU15 砼实心砖；女儿墙；Mb10 混合砂浆	m³	8.522
	0105	混凝土及钢筋混凝土工程			
12	010501001001	垫层	非泵送 C15 无筋商品砼	m³	18.89
13	010501002001	带形基础	非泵送 C15 商品砼	m³	9.69
14	010501003001	独立基础	泵送 C30 商品砼	m³	82.273
15	010503001001	基础梁	地圈梁；泵送 C25 商品砼	m³	7.844
16	010502001001	矩形柱	泵送 C30 商品砼；柱周长 2.5m 内	m³	57.689
17	010502001002	矩形柱	泵送 C30 商品砼；柱周长 1.6m 内	m³	3.595
18	010502002001	构造柱	MZ、TZ，非泵送 C25 商品砼	m³	2.226
19	010502002002	构造柱	GZ，非泵送 C25 商品砼	m³	14.205
20	010503002001	矩形梁	泵送 C30 商品砼	m³	4.14
21	010503005001	过梁	GL，非泵送 C25 商品砼	m³	8.027
22	010503005002	过梁	窗台梁，非泵送 C25 商品砼	m³	1.584
23	010505001001	有梁板	泵送 C30 商品砼；板厚度 200 内	m³	148.331
24	010505001002	有梁板	泵送 C30 商品砼；板厚度 100 内	m³	114.441
25	010505008001	雨篷、悬挑板、阳台板	泵送 C30 商品砼，复式雨篷	m³	0.85
26	010505008002	雨篷、悬挑板、阳台板	泵送 C30 商品砼，KTB	m³	0.756

序号	项目编码	项目名称	项目特征	计量单位	工程数量
27	010506001001	直形楼梯	泵送 C30 商品砼	m²	175.475
28	010507005001	扶手、压顶	100×240；泵送 C25 商品砼	m³	1.973
29	010503004001	圈梁	泵送 C30 商品砼，上人孔翻边	m³	0.128
30	010507001001	散水、坡道	散水：苏 J08-2006/30	m²	41.616
31	010507001002	散水、坡道	素土夯实，300 厚 3：7 灰土分两步夯实，宽出面层 300，100 厚 C15 非泵送商品混凝土，素水泥浆一道内掺建筑胶，30 厚 1：3 干硬性水泥砂浆结合层，20 厚花岗岩石板铺面	m²	41.4
32	010507004001	台阶	素土夯实，300 厚 3：7 灰土分两步夯实，宽出面层 100，60 厚 C15 非泵送商品混凝土，素水泥浆一道内掺建筑胶，20 厚 1：3 干硬性水泥砂浆结合层，30 厚花岗岩石板铺面	m²	20.556
33	010515001001	现浇构件钢筋	砌体加固筋	t	0.923
34	010515001002	现浇构件钢筋	直径 Φ12mm 以内	t	32.91
35	010515001003	现浇构件钢筋	直径 Φ25mm 以内	t	28.277
36	010515003001	钢筋网片	Φ8 以内	t	1.44
37	010516003001	机械连接		个	228
38	010516004001	钢筋电渣压力焊接头		个	676
	0108	门窗工程			
39	010802001001	金属（塑钢）门	M1528，断热铝合金框体中空 LOW-E 玻璃平开门	m²	21
40	010801004001	木质防火门	FM 乙 1522、FM 乙 1522，乙级防火门	m²	19.2
41	010801001001	木质门	M1020、M1022、M0822，平开木夹板门	m²	90.64
42	010807001001	金属（塑钢、断桥）窗	C1818，C1806，断热铝合金框体中空 LOW-E 玻璃推拉窗	m²	66.96
43	010807002001	金属防火窗	FC 甲 1718，甲级防火窗	m²	12.24
	0109	屋面及防水工程			
44	010902001001	屋面卷材防水	3 厚 SBS 改性沥青防水卷材，热熔单层满铺	m²	380.806
45	010902003001	屋面刚性层	40 厚 C20 防水细石混凝土现拌 6M×6M 分仓缝宽 20，密封胶填缝缝口贴 200 宽 SBS 防水卷材，3 厚 1：3 石灰砂浆隔离层；20 厚 1：3 水泥砂浆找平	m²	359.586
46	010902004001	屋面排水管	Φ110PVC 排水管，Φ110PVC 水斗，女儿墙铸铁弯头落水口	m	61.8
	0110	保温、隔热、防腐工程			
47	011001001001	保温隔热屋面	最薄处 200 厚泡沫混凝土，坡度 2%，泡沫混凝土容重 400kg/m³	m²	359.586
	0111	楼地面装饰工程			

序号	项目编码	项目名称	项目特征	计量单位	工程数量
48	011101003001	细石混凝土楼地面	一层地面普通房间：素土夯实，100厚碎石夯实，60厚C20混凝土垫层，40厚C20细石混凝土表面撒5厚1:1水泥砂浆随打随抹光，面层用户自理，商品非泵送混凝土	m²	328.88
49	011101003002	细石混凝土楼地面	一层地面卫生间：素土夯实，100厚碎石夯实，60厚C25混凝土，20厚1:3水泥砂浆，压实抹光，聚氨酯二遍涂膜防水层，厚2.0，四周卷起300，最薄处30厚C25细石混凝土找坡抹平，20厚1:3水泥砂浆面层，面层用户自理，商品非泵送混凝土	m²	17.94
50	011101001001	水泥砂浆楼地面	楼面普通房间：水泥砂浆一道内掺建筑胶，20厚1:3水泥砂浆面层；面层用户自理	m²	867.66
51	011101001002	水泥砂浆楼地面	楼面卫生间：20厚1:3水泥砂浆，压实抹光，聚氨酯二遍涂膜防水层，厚2.0，四周卷起300，最薄处30厚C25细石混凝土找坡抹平，20厚1:3水泥砂浆面层，面层用户自理，商品非泵送混凝土	m²	84.7
52	011105001001	水泥砂浆踢脚线	15厚1:3水泥砂浆150mm高	m	667.78
	0112	墙、柱面装饰与隔断、幕墙工程			
53	011201001001	墙面一般抹灰	外墙：砌块墙；刷界面剂一道，12厚1:3水泥砂浆找平，10厚1:2.5水泥砂浆找平	m²	832.878
54	011201001002	墙面一般抹灰	内墙普通房间：砌块墙；刷界面剂一道，12厚1:3水泥砂浆找平，8厚1:2.5水泥砂浆找平	m²	2428.491
55	011201001003	墙面一般抹灰	内墙卫生间、茶水间；砌块墙；刷水泥浆一道内掺建筑胶，15厚1:3水泥砂浆找平	m²	526.46
	0114	油漆、涂料、裱糊工程			
56	011407001001	墙面喷刷涂料	外墙抹灰面，抗裂腻子三遍，弹性涂料三遍	m²	832.878
57	011407001002	墙面喷刷涂料	内墙乳胶漆二遍；白水泥批嵌二遍	m²	2954.951
58	011407002001	天棚喷刷涂料	天棚：水泥掺901胶修补批平，白水泥批嵌二遍；乳胶漆二遍	m²	1356.72
		合计			
	011701	脚手架工程			
1	011701001001	综合脚手架	框架结构，檐高15.33m	m²	1537.7
	011703	垂直运输			
2	011703001001	垂直运输		天	250
	011705	大型机械设备进出场及安拆			

续表

序号	项目编码	项目名称	项目特征	计量单位	工程数量
3	011705001001	大型机械设备进出场及安拆		项	1
	011702	混凝土模板及支架（撑）			
4	011702001001	基础		m²	217.28
5	011702002001	矩形柱		m²	509.43
6	011702003001	构造柱		m²	182.39
7	011702005001	基础梁		m²	80.17
8	011702006001	矩形梁		m²	35.94
9	011702009001	过梁		m²	115.33
10	011702014001	有梁板		m²	2421.55
11	011702024001	楼梯		m²	175.48
12	011702023001	雨篷、悬挑板、阳台板		m²	14.06
13	011702025001	其他现浇构件		m²	22.97

附表 1.2　　　　　　　总价措施项目清单与计价表

工程名称：某办公楼工程　　　　　　　　　　　　　　　　　　　　　　标段：

序号	项目编码	项目名称	计算基础	费率（%）	金额（元）
1	011707001001	安全文明施工		100	
	1	基本费		3.1	
	2	省级标化增加费		0.7	
2	011707002001	夜间施工			
3	011707003001	非夜间施工			
4	011707005001	冬雨季施工			
5	011707007001	已完工程及设备保护	分部分项工程费＋单价措施项目费－除税工程设备费		
6	011707006001	地上、地下设施、建筑物的临时保护设施			
7	011707008001	临时设施			
8	011707009001	赶工措施			
9	011707010001	工程按质论价			
10	011707011001	住宅分户验收			
		合计			

附表 1.3　　　　　　　其他项目清单与计价汇总表

工程名称：某办公楼工程　　　　　　　　　　　　　　　　　　　　　　标段：

序号	项目名称	金额（元）	结算金额（元）	备注
1	暂列金额	100000		
2	暂估价	450000		
2.1	材料暂估价			
2.2	专业工程暂估价	450000		
3	计日工			
4	总承包服务费			
	合计			

附表 1.4　　　　　　　　　　**暂列金额明细表**

工程名称：某办公楼工程　　　　　　　　　　　　　　　　　　　　　　标段：

序号	项目名称	计量单位	暂定金额（元）	备注
1	暂列金额	元	100000	
	合计		100000	

附表 1.5　　　　　　　**材料（工程设备）暂估单价及调整表**

工程名称：某办公楼工程　　　　　　　　　　　　　　　　　　　　　　标段：

序号	材料编码	材料（工程设备）名称、规格、型号	计量单位	数量		暂估（元）	
				暂估	确认	单价	合价
1	09010103@2	乙级防火门	m²			260	
2	09010103@3	平开木夹板门	m²			180	
3	09090813@1	断热铝合金框体中空 LOW-E 玻璃平开门	m²			300	
4	09093511@4	断热铝合金框体中空 LOW-E 玻璃推拉窗	m²			220	
5	09093511@5	甲级防火窗	m²			350	
		合计					

附表 1.6　　　　　　　　**专业工程暂估价及结算价表**

工程名称：某办公楼工程　　　　　　　　　　　　　　　　　　　　　　标段：

序号	工程名称	工程内容	暂估金额（元）
1	玻璃幕墙	玻璃幕墙制作安装	400000
2	钢结构玻璃雨棚	钢结构玻璃雨棚制作安装	50000
	合计		450000

附表 1.7　　　　　　　　　　**计 日 工 表**

工程名称：某办公楼工程　　　　　　　　　　　　　　　　　　　　　　标段：

序号	项目名称	单位	暂定数量	实际数量	综合单价（元）	合价（元）	
						暂定	实际
一	人工						
1							
2							
3							
二	材料						
1							
2							
3							
三	施工机械						
1							
2							
3							
四	企业管理费及利润		1				
	合计						

附表 1.8　　　　　　　　　**总承包服务费计价表**

工程名称：某办公楼工程　　　　　　　　　　　　　　　　　　　　　　标段：

序号	项目名称	项目价值	服务内容	计算基础	费率（%）	金额（元）
1	钢结构玻璃雨棚	50000.00	总承包管理和协调，提供配合服务	50000		
2	玻璃幕墙	400000.00	总承包管理和协调，提供配合服务	400000		
	合计					

附表 1.9　　　　　　　　　**规费、税金项目计价表**

工程名称：某办公楼工程　　　　　　　　　　　　　　　　　　　　　　标段：

序号	项目名称	计算基础	计算基数	计算费率（%）	金额（元）
1	规费	[1.1]＋[1.2]＋[1.3]		100	
1.1	社会保险费	分部分项工程费＋措施项目费＋其他项目费－除税工程设备费		3.2	
1.2	住房公积金			0.53	
1.3	工程排污费			0.1	
2	税金	分部分项工程费＋措施项目费＋其他项目费＋规费－（甲供材料费＋甲供设备费）/1.01		11	
	合计				

附表 1.10　　　　　　　　　**分部分项清单工程量计算表**

工程名称：某办公楼工程　　　　　　　　　　　　　　　　　　　　　　标段：

序号	部位	计算式	计算结果/计量单位	小计
	0101	土（石）方工程		
1	010101001001	平整场地【三类干土】	m²	403.66
		14.2×26.2＋(8＋0.4＋0.4)×(5－0.1＋0.25)×0.5＋(2.56－0.1＋0.1)×(6.8＋0.2)×0.5	403.66	
		【计算工程量】403.660（m²）		
2	010101003001	挖沟槽土方【三类土；挖土深度 1.5M 内；机械挖土；人工修坡；土方就地堆放】	m³	84.962
	沟槽断面面积	(0.6＋0.3×2)×(1.5－0.45)	1.26	1.26
	A ①-④	1.26×(26－1.58－0.3－0.1－3.7－0.3×2－3.7－0.3×2－1.58－0.3－0.1)	16.934	16.934
	B ③-④	1.26×(9－2.38－1.98－0.1－0.3－0.3)	4.964	4.964
	C ①-④	1.26×(26－1.43－0.4－4.8－0.3×2－3.3－0.4×2－1.43－0.3)	16.304	16.304
	① A-C	1.26×(14－1.245－0.1－0.3－3.7－0.2－0.3×2－1.43－0.1－0.3)	7.592	7.592
	②-A-C	1.26×(14－1.645－0.1－0.3－4.5－0.2－0.3×2－1.5－0.1－0.3)	5.991	5.991
	③-A-C	1.26×(14－1.645－0.1－0.3－4.5－0.2－0.3×2－1.5－0.1－0.3)	5.991	5.991
	④-A-C	1.26×(14－1.245－0.1－0.3－3.7－0.2－0.3×2－1.43－0.1－0.3)	7.592	7.592

序号	部位	计算式	计算结果/计量单位	小计
	③/④ B-C	$1.26 \times (6-0.3 \times 2-0.3 \times 2)$	6.048	6.048
	1~1	$1.26 \times (8-2.12-0.1-0.3-2.12-0.1-0.3+2.56-1.17-0.1-0.3)$	4.977	4.977
	2~2	$1.26 \times (8-0.3 \times 2-0.3 \times 2)$	8.568	8.568
		【计算工程量】84.962（m³）		
3	010101004001	挖基坑土方【三类土；挖土深度 1.5M 内；机械挖土；人工修坡；土方就地堆放】	m³	271.887
	J-1	$(1.7+0.2+0.3 \times 2) \times (1.7+0.2+0.3 \times 2) \times (1.5-0.45)$	6.563	6.563
	J-2×2	$(2.4+0.2+0.3 \times 2) \times (2.4+0.2+0.3 \times 2) \times 1.05 \times 2$	21.504	21.504
	J-3×2	$(2.6+0.2+0.3 \times 2) \times (2.6+0.2+0.3 \times 2) \times 1.05 \times 2$	24.276	24.276
	J-4×2	$(2.9+0.2+0.3 \times 2) \times (2.9+0.2+0.3 \times 2) \times 1.05 \times 2$	28.749	28.749
	J-5	$(3.3+0.2+0.3 \times 2)\,\hat{}\,2 \times 1.05$	17.651	17.651
	J-6×4	$(3.7+0.2+0.3 \times 2)\,\hat{}\,2 \times 1.05 \times 4$	85.05	85.05
	J-7×2	$(4.5+0.2+0.3 \times 2)\,\hat{}\,2 \times 1.05 \times 2$	58.989	58.989
	J-8	$(4.8+0.2+0.3 \times 2) \times (2.9+0.2+0.3 \times 2) \times 1.05$	21.756	21.756
	J-9	$(2+0.2+0.3 \times 2) \times (1.7+0.2+0.3 \times 2) \times 1.05$	7.35	7.35
		【计算工程量】271.887（m³）		
4	010103001001	回填方【素土；分层夯实】	m³	209.856
		$271.887+84.962-28.296-18.89-82.273-9.69-7.844$	209.856	
		【计算工程量】209.856（m³）		
5	010103001002	回填方【房心回填】	m³	84.77
	普通房间	$[(9-0.1-0.1) \times (14-0.1-0.1)+(8-0.1-0.1) \times 11.6-2.75 \times 0.1 \times 2+(3.6-0.1-0.1) \times (6-0.1-0.1)+(5.4-0.1-0.1) \times (6-0.1-0.1)+(9-0.1-0.1) \times (8-0.1-0.1)] \times (0.45-0.1-0.06-0.04-0.005)$	80.823	80.823
	卫生间	$(0.45-0.1-0.06-0.02-0.03-0.02) \times (8-0.1-0.1) \times (2.5-0.1-0.1)$	3.947	3.947
		【计算工程量】84.770（m³）		
6	010103002001	余方弃置【余土外运 5km】	m³	62.223
		$84.962+271.887-209.856-84.770$	62.223	
		【计算工程量】62.223（m³）		
	0104	砌筑工程		
7	010401001001	砖基础【MU20 混凝土实心砖；墙体厚度 240；Mb10 水泥砂浆砌筑】	m³	28.296
	沟槽断面面积	$0.24 \times (1.5-0.06-0.24-0.2)+0.0158$	0.256	0.256
	A ①-④	$0.256 \times (26-1.58/2-3.7/2-3.7/2-1.58/2)$	5.304	5.304
	B ③-④	$0.256 \times (9-2.38/2-1.98/2)$	1.746	1.746
	C ①-④	$0.256 \times (26-1.43/2-4.8/2-3.3/2-1.43/2)$	5.253	5.253
	① A-C	$0.256 \times (14-1.245/2-3.7/2-1.43/2)$	2.768	2.768
	②-A-C	$0.256 \times (14-1.645/2-4.5/2-1.5/2)$	2.605	2.605
	③-A-C	$0.256 \times (14-1.645/2-4.5/2-1.78/2)$	2.57	2.57
	④-A-C	$0.256 \times (14-1.245/2-3.7/2-1.43/2)$	2.768	2.768

序号	部位	计算式	计算结果/计量单位	小计
	③/④ B-C	$0.256 \times (6-0.12-0.12)$	1.475	1.475
	1~1	$[(1.5-0.2-0.35-0.05) \times 0.24+0.0158] \times (8-2.12/2-2.12/2)+[(1.5-0.2-0.35-0.05) \times 0.24+0.0158] \times (2.56-1.17/2)$	1.821	1.821
	2~2	$0.256 \times (8-0.12 \times 2)$	1.987	1.987
		【计算工程量】28.296（m³）		
8	010402001001	砌块墙【外墙；M5 混合砂浆；200 厚 A5 蒸压轻质砂加气混凝土砌块（B06）】	m³	91.192
	一层砌块墙 200 厚外墙扣门窗扣门窗过梁扣窗台梁扣构造柱扣 MZ 扣 TZ	$[(8-0.10-0.10) \times (4.15+0.06-0.75)+(6-0.50-0.40) \times (4.15+0.06-0.6)+(6.8-0.40-0.30) \times (4.15+0.06-0.75)+(2.2-0.10-0.40) \times (4.15+0.06-0.4)+(8+9-0.10-0.5-0.40) \times (4.15+0.06-0.75)+(6-0.50-0.40) \times (4.15+0.06-0.6)+(8-0.10-0.10) \times (4.15+0.06-0.75)] \times 0.20-(1.5 \times 2.8 \times 2+1.7 \times 1.8+1.8 \times 0.6 \times 2+1.8 \times 1.8 \times 2) \times 0.2-0.2 \times 0.29 \times [(1.5+0.3 \times 2) \times 2+1.7+(1.8+0.3 \times 2) \times 4]-0.12 \times 0.2 \times (2.2+8+9-0.1-0.5-0.5-0.4)-(0.2 \times 0.2 \times 4+0.2 \times 0.03 \times 8) \times (4.15+0.06-0.75)-(0.2 \times 0.2 \times 2+0.2 \times 0.03 \times 4) \times (4.15+0.06-0.6)-0.29 \times 0.2 \times (2.8+0.06) \times 2 \times 2-0.2 \times 0.3 \times (2.314+0.06-0.35)-0.2 \times 0.3 \times (2.35+0.06-0.35)$	27.401	27.401
	二层砌块墙 200 厚外墙扣门窗扣门窗过梁扣窗台梁扣构造柱扣 TZ	$[(8-0.1-0.1) \times (3.6-0.75)+(6-0.4-0.4) \times (3.6-0.6) \times 2+(6.8-0.4-0.3) \times (3.6-0.75)+(2.2-0.1-0.4) \times (3.6-0.4)+(8+9-0.1-0.5-0.4) \times (3.6-0.75)+(8-0.1-0.1) \times (3.6-0.75)] \times 0.2-(1.8 \times 1.8 \times 6+1.5 \times 2.8+1.7 \times 1.8) \times 0.2-0.2 \times 0.29 \times [(1.8+0.6) \times 6+(1.5+0.6)+1.7]-0.12 \times 0.2 \times [(1.8+0.6) \times 6+1.7]-(0.2 \times 0.2 \times 4+0.2 \times 0.03 \times 9) \times (3.6-0.75)-(0.2 \times 0.2 \times 2+0.2 \times 0.03 \times 4) \times (3.6-0.6)-0.2 \times 0.3 \times (5.935-0.35-4.15)$	21.027	21.027
	三层砌块墙 200 厚外墙扣门窗扣门窗过梁扣窗台梁扣构造柱扣 TZ	$[(8-0.1-0.1) \times (3.6-0.75)+(6-0.4-0.4) \times (3.6-0.6) \times 2+(6.8-0.4-0.3) \times (3.6-0.75)+(2.2-0.1-0.4) \times (3.6-0.4)+(8+9-0.1-0.5-0.4) \times (3.6-0.75)+(8-0.1-0.1) \times (3.6-0.75)] \times 0.2-(1.8 \times 1.8 \times 6+1.5 \times 2.8+1.7 \times 1.8) \times 0.2-0.2 \times 0.29 \times [(1.8+0.6) \times 6+(1.5+0.6)+1.7]-0.12 \times 0.2 \times [(1.8+0.6) \times 6+1.7]-(0.2 \times 0.2 \times 4+0.2 \times 0.03 \times 9) \times (3.6-0.75)-(0.2 \times 0.2 \times 2+0.2 \times 0.03 \times 4) \times (3.6-0.6)-0.2 \times 0.3 \times (9.535-0.35-7.75)$	21.027	21.027
	四层砌块墙 200 厚外墙扣门窗扣门窗过梁扣窗台梁扣构造柱扣 TZ	$[(8-0.1-0.1) \times (3.6-0.75)+(6-0.4-0.4) \times (3.6-0.6) \times 2+(6.8-0.4-0.3) \times (3.6-0.75)+(2.2-0.1-0.4) \times (3.6-0.4)+(8+9-0.1-0.5-0.4) \times (3.6-0.75)+(8-0.1-0.1) \times (3.6-0.75)] \times 0.2-(1.8 \times 1.8 \times 6+1.5 \times 2.8+1.7 \times 1.8) \times 0.2-0.2 \times 0.29 \times [(1.8+0.6) \times 6+(1.5+0.6)+1.7]-0.12 \times 0.2 \times [(1.8+0.6) \times 6+1.7]-(0.2 \times 0.2 \times 4+0.2 \times 0.03 \times 9) \times (3.6-0.75)+(0.2 \times 0.2 \times 2+0.2 \times 0.03 \times 4) \times (3.6-0.6)$	21.737	21.737
		【计算工程量】91.192（m³）		
9	010402001002	砌块墙【内墙；M5 混合砂浆；200 厚 A3.5 蒸压轻质砂加气混凝土砌块（B05）】	m³	141.667

序号	部位	计算式	计算结果/计量单位	小计
	一层砌块墙200厚内墙扣门窗扣门窗过梁扣构造柱扣TZ	$[(14-0.1-0.65-0.4)\times(4.15+0.06-0.7)\times2+(6-0.1-0.1)\times(4.15+0.06-0.12)+(9-0.4-0.4)\times(4.15+0.06-0.7)]\times0.20-(1.5\times2.2\times2+1.0\times2.2\times2)\times0.20-0.20\times0.29\times[(1.5+0.3\times2)\times2+(1.0+0.3\times2)\times2]-(0.20\times0.20\times3+0.20\times0.03\times7)\times(4.15+0.06-0.7)-(0.20\times0.20\times1+0.20\times0.03\times2)\times(4.15+0.06-0.5)-0.20\times0.3\times(2.35+0.06-0.35)\times2$	25.097	25.097
	二层砌块墙200厚内墙扣门窗扣门窗过梁扣构造柱扣TZ	$[(4.9+2.2-0.4+9-0.4-0.4)\times(3.6-0.7)+(26-0.1-0.1)\times(3.6-0.6)+(6-0.4-0.4)\times(3.6-0.7)\times2+(5.8-0.1-0.1)\times(3.6-0.7)\times2+(6-0.1-0.1)\times(3.6-0.6)]\times0.2-(1\times2.2\times4+1.5\times2.8\times3)\times0.2-0.2\times0.29\times[(1+0.6)\times4+(1.5+0.6)\times3]-(0.2\times0.2\times5+0.2\times0.03\times11)\times(3.6-0.7)-(0.2\times0.2\times5+0.2\times0.03\times10)\times(3.6-0.6)-(0.2\times0.2\times1+0.2\times0.03\times2)\times(3.6-0.5)-0.2\times0.3\times(5.950-4.15-0.35)\times2$	33.227	33.227
	三层砌块墙200厚内墙扣门窗扣门窗过梁扣构造柱扣TZ	$[(4.9+2.2-0.4+9-0.4-0.4)\times(3.6-0.7)+(26-0.1-0.1)\times(3.6-0.6)+0.6\times(3.6-0.4)+(5.8-2.2)\times(3.6-0.6)\times2+6\times(3.6-0.5)+(6-0.4-0.4)\times(3.6-0.7)\times2+0.6\times(3.6-0.6)+6\times(3.6-0.6)+(5.8-2.9)\times(3.6-0.7)\times2+5.8\times(3.6-0.6)]\times0.2-1\times2.2\times12\times0.2-0.2\times0.29\times[(1+0.6)\times12]-(0.2\times0.2\times5+0.2\times0.03\times11)\times(3.6-0.7)-(0.2\times0.2\times9+0.2\times0.03\times4)\times(3.6-0.4)-0.2\times0.3\times(9.550-0.35-7.75)\times2$	40.814	40.814
	四层砌块墙200厚内墙扣门窗扣门窗过梁扣构造柱扣TZ	$[(4.9+1.8+9-0.4-0.4)\times(3.6-0.7)+(26-0.1-0.1)\times(3.6-0.6)+(6-0.4-0.4)\times(3.6-0.7)\times2+(6-0.2)\times(3.6-0.6)+(5.8-0.2)\times(3.6-0.6)\times3+(6-0.2)\times(3.6-0.7)\times2]\times0.2-1\times2.2\times10\times0.2-0.2\times0.29\times[(1+0.6)\times10]-(0.2\times0.2\times7+0.2\times0.03\times15)\times(3.6-0.7)-(0.2\times0.2\times9+0.2\times0.03\times24)\times(3.6-0.6)$	42.529	42.529
		【计算工程量】141.667（m³）		
10	010402001003	砌块墙【内墙；M5混合砂浆；100厚 A3.5 蒸压轻质砂加气混凝土砌块（B05）】	m³	16.156
	一层砌块墙100厚内墙扣TZ扣门窗	$(8-0.1-0.1)\times(2.35+0.06-0.35)\times0.10-0.10\times0.3\times(2.35+0.06-0.35)-1.0\times2.0\times2\times0.10$	1.145	1.145
	三层砌块墙100厚内墙扣门窗扣门窗过梁	$[(3-0.6)\times(3-0.4)\times2+2.2\times(3.6-0.3)\times2+2.9\times(3.6-0.3)\times2+2.2\times(3-0.3)\times2+(2.4\times2-0.2)\times(3.6-0.6)]\times0.1-0.8\times2.2\times6\times0.1-0.2\times0.29\times[(0.8+0.6)\times6]$	5.639	5.639
	四层砌块墙100厚内墙扣门窗扣门窗过梁	$[(2.4-0.1)\times(3.6-0.6)\times4+(1.9\times2-0.2-0.2)\times(3.6-0.6)+2.2\times(3.6-0.3)\times6+2.9\times(3.6-0.3)\times2+(2.4\times2-0.2)\times(3.6-0.6)]\times0.1-0.8\times2.2\times8\times0.1-0.2\times0.29\times((0.8+0.6)\times8)$	9.372	9.372
		【计算工程量】16.156（m³）		
11	010401003001	实心砖墙【MU15砼实心砖；女儿墙；Mb10 混合砂浆】	m³	8.522

序号	部位	计算式	计算结果/ 计量单位	小计
	女儿墙扣 构造柱	$0.24 \times (0.6-0.1) \times (26+26+0.55+0.55+14.55+14.55) -$ $(0.24 \times 0.2 \times 43+0.24 \times 0.03 \times 86) \times (0.6-0.1)$	8.522	8.522
		【计算工程量】8.522（m³）		
	0105	混凝土及钢筋混凝土工程		
12	010501001001	垫层【非泵送 C15 无筋商品砼】	m³	18.89
	J-1-J-9	$(1.7+0.2)^2 \times 0.1+(2.4+0.2)^2 \times 0.1 \times 2+(2.6+0.2)^2 \times 0.1$ $\times 2+(2.9+0.2)^2 \times 0.1 \times 2+(3.3+0.2)^2 \times 0.1+(3.7+0.2)^2 \times$ $0.1 \times 4+(4.5+0.2)^2 \times 0.1 \times 2+(2.9+0.2) \times 5 \times 0.1+(2.2+$ $1.9) \times 0.1$	18.89	18.89
		【计算工程量】18.890（m³）		
13	010501002001	带形基础【非泵送 C15 商品砼】	m³	9.69
		$0.2 \times 0.6 \times (26-1.58-3.7-3.7-1.58)+0.2 \times 0.6 \times (9-$ $2.38-1.98)+0.2 \times 0.6 \times (26-1.43-4.8-3.3-1.43)+0.2 \times$ $0.6 \times (14-1.245-3.7-1.43)+0.2 \times 0.6 \times (14-1.645-4.5-$ $1.5)+0.2 \times 0.6 \times (14-1.645-4.5-1.78)+0.2 \times 0.6 \times (14-$ $1.245-3.7-1.43)+0.2 \times 0.6 \times (6-0.3 \times 2)+0.2 \times 0.6 \times (8-$ $2.12-2.12+2.56-1.17)+0.2 \times 0.6 \times (8-0.3 \times 2)$	9.69	
		【计算工程量】9.690（m³）		
14	010501003001	独立基础【泵送 C30 商品砼】	m³	82.273
	J-1-J-9	$1.7 \times 1.7 \times 0.3+0.3/6 \times [1.7^2+0.5^2+(1.7+0.5)^2]+(2.4 \times$ $2.4 \times 0.3+0.3/6 \times (2.4^2+0.6^2+(2.4+0.6)^2)) \times 2+(2.6 \times 2.6$ $\times 0.3+0.3/6 \times (2.6^2+0.6^2+(2.6+0.6)^2)) \times 2+(2.9 \times 2.9 \times$ $0.3+0.35/6 \times (2.9^2+0.6 \times 0.75+(2.9+0.6) \times (2.9+0.75)))$ $\times 2+3.3 \times 3.3 \times 0.3+0.35/6 \times (3.3^2+0.6^2+(3.3+0.6)^2)+$ $(3.7 \times 3.7 \times 0.35+0.35/6 \times (3.7^2+0.6 \times 0.7+(3.7+0.6) \times$ $(3.7+0.7))) \times 4+(4.5 \times 4.5 \times 0.35+0.5/6 \times (4.5^2+0.6 \times 0.75$ $+(4.5+0.6) \times (4.5+0.75))) \times 2+2.9 \times 4.8 \times 0.35+0.35/6 \times$ $(2.9 \times 4.8+2.7 \times 0.8+(2.9+0.8) \times (4.8+2.7))+2 \times 1.7 \times 0.3$ $+0.3/6 \times (2 \times 1.7+0.5 \times 0.5+(2+0.5) \times (1.7+0.5))$	82.273	82.273
		【计算工程量】82.273（m³）		
15	010503001001	基础梁【地圈梁；泵送 C25 商品砼】	m³	7.844
		$0.24 \times 0.24 \times (26-0.4-0.5-0.5-0.4)+0.24 \times 0.24 \times (9-$ $0.4-0.4)+0.24 \times 0.24 \times (26-0.4-0.4-0.5-0.5-0.4)+$ $0.24 \times 0.24 \times (14-0.1-0.6-0.4)+0.24 \times 0.24 \times (14-0.1-$ $0.65-0.4)+0.24 \times 0.24 \times (14-0.1-0.65-0.4)+0.24 \times 0.24$ $\times (14-0.1-0.6-0.4)+0.24 \times 0.24 \times (6-0.12 \times 2)+0.24 \times$ $0.35 \times (8-0.1 \times 2)+0.24 \times 0.35 \times (2.56-0.1)+0.24 \times 0.24 \times$ $(8-0.12 \times 2)$	7.844	
		【计算工程量】7.844（m³）		
16	010502001001	矩形柱【泵送 C30 商品砼；柱周长 2.5m 内】	m³	57.689
	基础顶 －4.150m，kz1	$0.5 \times 0.65 \times (4.15+1.4-0.65) \times 2$	3.185	3.185
	kz2	$0.5 \times 0.65 \times (4.15+1.4-0.7) \times 2$	3.153	3.153
	kz3	$0.5 \times 0.65 \times (4.15+1.4-0.85) \times 2$	3.055	3.055

序号	部位	计算式	计算结果/计量单位	小计
	kz4	$0.5 \times 0.6 \times (4.15+1.4-0.7) \times 2$	2.91	2.91
	kz5	$0.5 \times 0.5 \times (4.15+1.4-0.6) \times 1$	1.238	1.238
	kz6	$0.5 \times 0.5 \times (4.15+1.4-0.7) \times 1+0.5 \times 0.5 \times (4.15+1.4-0.65) \times 1$	2.438	2.438
	kz7	$0.5 \times 0.5 \times (4.15+1.4-0.6) \times 1$	1.238	1.238
	kz9	$0.4 \times 0.45 \times (4.15+1.4-0.7) \times 1$	0.873	0.873
	kz10	$0.5 \times 0.5 \times (4.20+1.4-0.6) \times 2$	2.5	2.5
	4.150—11.350mkz 12345679	$0.65 \times 0.5 \times 7.2 \times 2+0.65 \times 0.5 \times 7.2 \times 2+0.5 \times 0.5 \times 7.2 \times 2+0.5 \times 0.5 \times 7.2 \times 2+0.5 \times 0.5 \times 7.2 \times 1+0.5 \times 0.5 \times 7.2 \times 2+0.5 \times 0.5 \times 7.2 \times 1+0.4 \times 0.45 \times 7.2 \times 1$	25.056	25.056
	11.350—15.000mkz 1234567	$0.65 \times 0.5 \times 3.65 \times 2+0.65 \times 0.5 \times 3.65 \times 2+0.5 \times 0.5 \times 3.65 \times 2+0.5 \times 0.5 \times 3.65 \times 2+0.5 \times 0.5 \times 3.65 \times 1+0.5 \times 0.5 \times 3.65 \times 2+0.5 \times 0.5 \times 3.65 \times 1$	12.045	12.045
		【计算工程量】57.689（m³）		
17	010502001002	矩形柱【泵送 C30 商品砼；柱周长 1.6m 内】	m³	3.595
	基础顶—4.150mkz8kz8a	$0.4 \times 0.4 \times (4.135+1.4-0.6) \times 2$	1.579	1.579
	4.150—11.350mkz8kz8a	$0.4 \times 0.4 \times (11.335-4.135)+0.4 \times 0.4 \times (9.535-4.135)$	2.016	2.016
		【计算工程量】3.595（m³）		
18	010502002001	构造柱【MZ、TZ，非泵送 C25 商品砼】	m³	2.226
	一层 mz	$0.2 \times 0.29 \times 4 \times (4.15+0.06-0.75)$	0.803	0.803
	一层 tz	$0.2 \times 0.3 \times ((2.314-0.35+1.4-0.3)+(2.314-0.35+0.06)+(2.35-0.35+0.06) \times 4)$	0.8	0.8
	二层 tz	$0.2 \times 0.3 \times ((5.935-4.135-0.35) \times 2+(5.95-4.15-0.65) \times 2)$	0.312	0.312
	三层 tz	$0.2 \times 0.3 \times ((9.535-7.735-0.35) \times 2+(9.55-7.75-0.65) \times 2)$	0.312	0.312
		【计算工程量】2.226（m³）		
19	010502002002	构造柱【GZ，非泵送 C25 商品砼】	m³	14.205
	一层 gz1	$(0.2 \times 0.2 \times 4+0.2 \times 0.03 \times 9) \times (4.21-0.75+0.06)+(0.2 \times 0.2 \times 3+0.2 \times 0.03 \times 7) \times (4.15+0.06-0.7+0.06)+(0.2 \times 0.2 \times 2+0.2 \times 0.03 \times 4) \times (4.21-0.6+0.06)+(0.2 \times 0.2 \times 1+0.2 \times 0.03 \times 2) \times (4.21-0.5+0.06)$	1.909	1.909
	二层 gz1	$(0.2 \times 0.2 \times 4+0.2 \times 0.03 \times 9) \times (3.6-0.75)+(0.2 \times 0.2 \times 5+0.2 \times 0.03 \times 9) \times (3.6-0.7)+(0.2 \times 0.2 \times 7+0.2 \times 0.03 \times 14) \times (3.6-0.6)+(0.2 \times 0.2 \times 1+0.2 \times 0.03 \times 2) \times (3.6-0.5)$	2.6	2.6
	三层 gz1	$(0.2 \times 0.2 \times 4+0.2 \times 0.03 \times 9) \times (3.6-0.75)+(0.2 \times 0.2 \times 5+0.2 \times 0.03 \times 6) \times (3.6-0.7)+(0.2 \times 0.2 \times 11+0.2 \times 0.03 \times 25) \times (3.6-0.6)+(0.2 \times 0.2 \times 1+0.2 \times 0.03 \times 2) \times (3.6-0.5)+(0.2 \times 0.2 \times 2+0.2 \times 0.03 \times 4) \times (3.6-0.4)$	3.558	3.558
	三层 gz2	$(0.2 \times 0.4+0.2 \times 0.03 \times 3) \times (3.6-0.7)$	0.284	0.284

序号	部位	计算式	计算结果/计量单位	小计
	四层 gz1	$(0.2\times0.2\times4+0.2\times0.03\times9)\times(3.65-0.75)+(0.2\times0.2\times7+0.2\times0.03\times13)\times(3.65-0.7)+(0.2\times0.2\times11+0.2\times0.03\times28)\times(3.65-0.6)$	3.531	3.531
	屋顶 gz4	$0.2\times0.24\times43+0.2\times0.03\times86\times(0.6-0.1)$	2.322	2.322
		【计算工程量】14.205（m³）		
20	010503002001	矩形梁【泵送 C30 商品砼】	m³	4.14
	KLy103a	$0.25\times0.6\times(5-0.25-0.55)\times2$	1.26	1.26
	WKLx101	$0.25\times0.6\times(8-0.10-0.10)$	1.17	1.17
	KLx104	$0.25\times0.6\times(6.8-2.9-0.30+0.2)$	0.57	0.57
	KLx204	$0.25\times0.6\times(6.8-0.3-2.4-0.3)$	0.57	0.57
	KLx304	$0.25\times0.6\times(6.8-0.3-2.4-0.3)$	0.57	0.57
		【计算工程量】4.140（m³）		
21	010503005001	过梁【GL，非泵送 C25 商品砼】	m³	8.027
		$0.2\times0.29\times(1.5+0.3\times2)\times5+0.2\times0.29\times(2\times0.3+1)\times28+0.2\times0.29\times(2\times0.3+1)\times2+0.1\times0.29\times(2\times0.3+0.8)\times14+0.2\times0.29\times(2\times0.3+1.5)\times3+0.2\times0.29\times(2\times0.3+1.5)\times2+0.2\times0.29\times(2\times0.3+1.8)\times2+0.2\times0.29\times(2\times0.3+1.8)\times20+0.2\times0.29\times1.7\times4$	8.027	
		【计算工程量】8.027（m³）		
22	010503005002	过梁【窗台梁，非泵送 C25 商品砼】	m³	1.584
	一层	$0.12\times0.20\times(2.2+8+9-0.1-0.5-0.5-0.4)$	0.425	0.425
	二层	$0.12\times0.2\times1.7+0.12\times0.2\times(1.8+0.3\times2)\times6$	0.386	0.386
	三层	$0.12\times0.2\times1.7+0.12\times0.2\times(1.8+0.3\times2)\times6$	0.386	0.386
	四层	$0.12\times0.2\times1.7+0.12\times0.2\times(1.8+0.3\times2)\times6$	0.386	0.386
		【计算工程量】1.584（m³）		
23	010505001001	有梁板【泵送 C30 商品砼；板厚度 200 内】	m³	148.331
	一层 B120	$(26+0.10+0.10)\times(8-2.2+0.10+0.125)\times0.12+(9+0.10+0.10)\times(6+0.10+0.10)\times0.12\times2+(2.9+0.10-0.2)\times(2.46+0.10)\times0.12$	33.492	33.492
	KLy101	$0.25\times(0.75-0.12)\times(8-0.10-2.2+0.125)+0.25\times(0.6-0.12)\times(6+2.56-0.5-0.5-0.30)$	1.789	1.789
	L102	$0.25\times(0.6-0.12)\times(8-0.10-2.2-0.125)+0.25\times(0.5-0.12)\times(6-0.20-0.15)$	1.206	1.206
	KLy103	$[0.25\times(0.7-0.12)\times(8-0.10-2.2+0.125)+0.25\times(0.7-0.12)\times(6-0.55-0.40)]\times2$	3.154	3.154
	L103	$0.25\times(0.6-0.12)\times(8-0.10-2.2-0.125)$	0.669	0.669
	L104	$0.25\times(0.6-0.12)\times(8-0.10-2.2-0.125)+0.25\times(0.5-0.12)\times(6-0.20-0.15)$	1.206	1.206
	KLy104	$0.25\times(0.75-0.12)\times(8-0.10-2.2+0.125)+0.25\times(0.6-0.12)\times(6-0.5-0.4)$	1.529	1.529
	KLx101	$0.3\times(0.75-0.12)\times(26-0.4-0.5-0.5-0.4)$	4.574	4.574
	L105	$0.25\times(0.6-0.12)\times(26-0.15-0.25-0.25-0.15)$	3.024	3.024
	KLx102	$0.3\times(0.7-0.12)\times(26-0.4-0.5-0.5-0.4)$	4.211	4.211
	扣 KLx102	$-0.3\times0.7\times(8-0.10-0.10)$	−1.638	−1.638

续表

序号	部位	计算式	计算结果/计量单位	小计
	KLx103	$0.25\times(0.75-0.12)\times(6.8-0.4-0.3)+0.25\times(0.4-0.12)\times(2.2-0.10-0.4)+0.25\times(0.75-0.12)\times(8+9-0.10-0.5-0.4)$	3.6	3.6
	KLx104	$0.25\times(0.6-0.12)\times(2.9-0.3-0.2)$	0.288	0.288
	扣单个面积 0.3m² 以外的柱所占体积	$-0.5\times0.65\times0.12\times2$	−0.078	−0.078
	二层 120mm 板及其板下梁	12.625	12.625	12.625
	三层 120mm 板及其板下梁	9.292	9.292	9.292
	四层 120mm 板及其板下梁	69.389	69.389	69.389
		【计算工程量】148.331（m³）		
24	010505001002	有梁板【泵送 C30 商品砼；板厚度 100 内】	m³	114.441
	一层 B100	$(26+0.10+0.10)\times(2.2-0.10-0.125)\times0.1$	5.175	5.175
	KLy101	$0.25\times(0.75-0.1)\times(2.2-0.125-0.10)$	0.321	0.321
	L102	$0.25\times(0.6-0.1)\times(2.2-0.125-0.10)$	0.247	0.247
	KLy103	$0.25\times(0.7-0.1)\times(2.2-0.125-0.10)\times2$	0.593	0.593
	L103	$0.25\times(0.6-0.1)\times(2.2-0.125-0.10)$	0.247	0.247
	L104	$0.25\times(0.6-0.1)\times(2.2-0.125-0.10)$	0.247	0.247
	KLy104	$0.25\times(0.75-0.1)\times(2.2-0.125-0.10)$	0.321	0.321
	二层 100mm 板及其板下梁	51.42	51.42	51.42
	三层 100mm 板及其板下梁	55.871	55.871	55.871
		【计算工程量】114.441（m³）		
25	010505008001	雨篷、悬挑板、阳台板【泵送 C30 商品砼，复式雨篷】	m³	0.85
	YP—1	$(1\times2.2\times0.1+0.2\times0.08\times(1\times2+2.2))\times2$	0.574	0.574
	YP—2	$1\times2.1\times0.1+0.2\times0.08\times(1\times2+2.1)$	0.276	0.276
		【计算工程量】0.850（m³）		
26	010505008002	雨篷、悬挑板、阳台板【泵送 C30 商品砼，KTB】	m³	0.756
		$0.7\times1.8\times6\times0.1$	0.756	
		【计算工程量】0.756（m³）		
27	010506001001	直形楼梯【泵送 C30 商品砼】	m²	175.475
	1#	$(6+0.1-0.1)\times(8-0.1-0.1)+(1.7+1.7)\times(3.78+0.2-0.1-0.1-0.7-2.7)+(6+0.1-0.1)\times(8-0.1-0.1)\times2$	141.692	141.692
	2#	$(2.7+1.2+0.1+0.2)\times(2.56-0.1+0.1)+(4.32-2.7-0.2)\times1.075+(2.7+1.2+0.1+0.2)\times(2.56-0.1+0.1)\times2$	33.783	33.783
		【计算工程量】175.475（m²）		
28	010507005001	扶手、压顶【100×240；泵送 C25 商品砼】	m³	1.973
		$(26+26+0.55+0.55+14.55+14.55)\times0.24\times0.1$	1.973	

序号	部位	计算式	计算结果/计量单位	小计
		【计算工程量】1.973（m³）		
29	010503004001	圈梁【泵送 C30 商品砼，上人孔翻边】	m³	0.128
		0.1×0.4×(0.7+0.05+0.05)×4	0.128	
		【计算工程量】0.128（m³）		
30	010507001001	散水、坡道【散水：苏 J08－2006/30】	m²	41.616
		0.6×((14+0.1+0.1+0.6×2+26+0.1+0.1)×2－(1.5+0.41×2+0.3×2)×2－8)	41.616	
		【计算工程量】41.616（m²）		
31	010507001002	散水、坡道【素土夯实，300 厚 3：7 灰土分两步夯实，宽出面层 300，100 厚 C15 非泵送商品混凝土，素水泥浆一道内掺建筑胶，30 厚 1：3 干硬性水泥砂浆结合层，20 厚花岗岩石板铺面】	m²	41.4
		5.4×1.0+4.0×4.5×2	41.4	
		【计算工程量】41.400（m²）		
32	010507004001	台阶【素土夯实，300 厚 3：7 灰土分两步夯实，宽出面层 100，60 厚 C15 非泵送商品混凝土，素水泥浆一道内掺建筑胶，20 厚 1：3 干硬性水泥砂浆结合层，30 厚花岗岩石板铺面】	m²	20.556
		8×0.3×3+0.3×3×(1.5+0.3+1.5+0.41×2+0.3×2+1.5+0.3)+0.3×3×(2.4+0.3+1.5+0.41×2+0.3×2+2.4+0.3)	20.556	
		【计算工程量】20.556（m²）		
33	010515001001	现浇构件钢筋【砌体加固筋】	t	0.923
		0.6×1537.7/1000	0.923	
		【计算工程量】0.923（t）		
34	010515001002	现浇构件钢筋【直径 Φ12MM 以内】	t	32.91
		32.910	32.91	
		【计算工程量】32.910（t）		
35	010515001003	现浇构件钢筋【直径 Φ25MM 以内】	t	28.277
		28.277	28.277	
		【计算工程量】28.277（t）		
36	010515003001	钢筋网片【Φ8 以内】	t	1.44
	4@100：kg/m²	20×4×4×0.00617	1.974	1.974
	3@50：kg/m²	40×3×3×0.00617	2.221	2.221
	屋面	359.59×1.974/1000	0.71	0.71
	一层普通房间	328.880×2.221/1000	0.73	0.73
		【计算工程量】1.440（t）		
37	010516003001	机械连接	个	228
		228	228	
		【计算工程量】228.000（个）		
38	010516004001	钢筋电渣压力焊接头	个	676
		676	676	
		【计算工程量】676.000（个）		
	0108	门窗工程		

序号	部位	计算式	计算结果/计量单位	小计
39	010802001001	金属（塑钢）门【M1528，断热铝合金框体中空 LOW-E 玻璃平开门】	m²	21
		1.5×2.8×5	21	
		【计算工程量】21.000（m²）		
40	010801004001	木质防火门【FM乙1522、FM乙1522，乙级防火门】	m²	19.2
		1.5×2.8×3+1.5×2.2×2	19.2	
		【计算工程量】19.200（m²）		
41	010801001001	木质门【M1020、M1022、M0822，平开木夹板门】	m²	90.64
		2.2×1×2+0.8×2.2×14+1×2.2×28	90.64	
		【计算工程量】90.640（m²）		
42	010807001001	金属（塑钢、断桥）窗【C1818，C1806，断热铝合金框体中空 LOW-E 玻璃推拉窗】	m²	66.96
		1.8×0.6×2+1.8×1.8×20	66.96	
		【计算工程量】66.960（m²）		
43	010807002001	金属防火窗【FC甲1718，甲级防火窗】	m²	12.24
		1.7×1.8×4	12.24	
		【计算工程量】12.240（m²）		
	0109	屋面及防水工程		
44	010902001001	屋面卷材防水【3厚 SBS 改性沥青防水卷材，热熔单层满铺】	m²	380.806
		(14+0.1)×(26+0.2)+0.55×(9+0.2)×2−(14×2+26×2+0.55×2)×0.24+0.25×((14−0.14)×2+(26−0.28)×2+(0.55−0.24)×4)−0.7×0.7+0.7×0.4×4	380.806	
		【计算工程量】380.806（m²）		
45	010902003001	屋面刚性层【40厚 C20 防水细石混凝土现拌 6M×6M 分仓缝宽20，密封胶填缝缝口贴 200 宽 SBS 防水卷材，3厚 1：3 石灰砂浆隔离层；20厚 1：3 水泥砂浆找平】	m²	359.586
		(14+0.1)×(26+0.2)+0.55×(9+0.2)×2−(14×2+26×2+0.55×2)×0.24−0.7×0.7	359.586	
		【计算工程量】359.586（m²）		
46	010902004001	屋面排水管【Φ110PVC 排水管，Φ110PVC 水斗，女儿墙铸铁弯头落水口】	m	61.8
		(15+0.45)×4	61.8	
		【计算工程量】61.800（m）		
	0110	保温、隔热、防腐工程		
47	011001001001	保温隔热屋面【最薄处 200 厚泡沫混凝土，坡度 2%，泡沫混凝土容重 400kg/m³】	m²	359.586
		(14+0.1)×(26+0.2)+0.55×(9+0.2)×2−(14×2+26×2+0.55×2)×0.24−0.7×0.7	359.586	
		【计算工程量】359.586（m²）		
	0111	楼地面装饰工程		

序号	部位	计算式	计算结果/计量单位	小计
48	011101003001	细石混凝土楼地面【一层地面普通房间：素土夯实，100 厚碎石夯实，60 厚 C20 混凝土垫层，40 厚 C20 细石混凝土表面撒 5 厚 1∶1 水泥砂浆随打随抹光，面层用户自理，商品非泵送混凝土】	m²	328.88
		(14−0.1−0.1)×(9−0.1−0.1)+(14−2.4−0.1−0.1)×(8−0.1−0.1)+(8−0.1−0.1)×(9−0.1−0.1)+(6−0.1−0.1)×(3.6−0.1−0.1)+(6−0.1−0.1)×(5.4−0.1−0.1)	328.88	
		【计算工程量】328.880（m²）		
49	011101003002	细石混凝土楼地面【一层地面卫生间：素土夯实，100 厚碎石夯实，60 厚 C25 混凝土，20 厚 1∶3 水泥砂浆，压实抹光，聚氨酯二遍涂膜防水层，厚 2.0，四周卷起 300，最薄处 30 厚 C25 细石混凝土找坡抹平，20 厚 1∶3 水泥砂浆面层，面层用户自理，商品非泵送混凝土】	m²	17.94
		(8−0.1−0.1)×2.3	17.94	
		【计算工程量】17.940（m²）		
50	011101001001	水泥砂浆楼地面【楼面普通房间：水泥砂浆一道内掺建筑胶，20 厚 1∶3 水泥砂浆面层；面层用户自理】	m²	867.66
	二层	13.8×25.8−(25.8+8.8×2+5.8×3+5.6×2)×0.2−5.8×7.8	296.4	296.4
	三层	13.8×25.8−(25.8+8.8×2+5.8×4+2.8×2+3.4×2+2.1+5.6+2.9×2+7.8)×0.2−(2.1×2+2.8×2+2.1×2)×0.1−2.8×5.8+2.3×2.1×2+1.8×2.8×2+2.1×2.3×2−5.8×7.8	302.5	302.5
	四层	13.8×25.8−(25.8+8.8×2+5.8×3+2.4×4+5.6×5+1.8×2+2.3×2)×0.2−(2.1×4+2.8×2+2.1×2)×0.1−2.3×2.1×6+1.8×2.8×2−5.8×7.8	268.76	268.76
		【计算工程量】867.660（m²）		
51	011101001002	水泥砂浆楼地面【楼面卫生间：20 厚 1∶3 水泥砂浆，压实抹光，聚氨酯二遍涂膜防水层，厚 2.0，四周卷起 300，最薄处 30 厚 C25 细石混凝土找坡抹平，20 厚 1∶3 水泥砂浆面层，面层用户自理，商品非泵送混凝土】	m²	84.7
	三层	2.8×5.8+2.3×2.1×2+1.8×2.8×2+2.1×2.3×2	45.64	45.64
	四层	2.3×2.1×6+1.8×2.8×2	39.06	39.06
		【计算工程量】84.700（m²）		
52	011105001001	水泥砂浆踢脚线【15 厚 1∶3 水泥砂浆 150mm 高】	m	667.78
	一层	(13.8×6+5.8×2+25.8−0.2−3+8.8×2−0.2)−1.5×6−1.0×4	121.4	121.4
	二层	(13.8−0.2+13.8−0.4+13.8−0.2+13.8−0.4+13.8−0.2+5.8×2+13.8−0.4+25.8−0.6+8.8×4−0.22+25.8×2−0.4)−2.1×2−1.0×8−1.5×6	182.78	182.78
	三层	(13.8−0.4+3.6×2+5.8+5.9+2.8×2+5.8×2−0.1×2+5.9+5.8+2.8×2+5.8×2−0.1×2+3.6×2+13.8−0.6+25.8−3.2−0.4+9−0.2+9−0.2+25.8−0.1×4−0.2+3.0+7.8+3.0+2.3×2+2.1+2.8×2+2.1)−2.1×2−1.0×24−0.8×6	158.6	158.6

序号	部位	计算式	计算结果/计量单位	小计
	四层	$(13.8-0.4+5.6\times2+3.5+5.6+5.8\times2+2.8\times2+5.8\times2+3.5+5.6+3.6\times2+5.6\times2+13.8-0.6+25.8-0.6+2.4\times2+8.8\times2+8.8\times2-0.4+25.8+1.9\times6+2.3\times4+1.8\times2+2.0\times6+2.8\times2)-2.1\times2-1.0\times20-0.8\times8$	205	205
		【计算工程量】667.780（m）		
	0112	墙、柱面装饰与隔断、幕墙工程		
53	011201001001	墙面一般抹灰【外墙：砌块墙；刷界面剂一道，12厚1：3水泥砂浆找平，10厚1：2.5水泥砂浆找平】	m^2	832.878
	南立面	$(0.6+0.12)\times(9+0.1+0.1)\times2+0.5\times(15+0.45-0.12)\times4$	43.908	43.908
	北立面	$(15+0.45+0.6)\times(26+0.1+0.1)-1.8\times1.8\times14-1.8\times0.6\times2-1.7\times1.8\times4-1.5\times2.8\times3$	348.15	348.15
	东立面	$(14+0.5+0.1)\times(15.6+0.45)-1.5\times2.8-1.8\times1.8\times3$	220.41	220.41
	西立面	$(14+0.5+0.1)\times(15.6+0.45)-1.5\times2.8-1.8\times1.8\times3$	220.41	220.41
		【计算工程量】832.878（m²）		
54	011201001002	墙面一般抹灰【内墙普通房间：砌块墙；刷界面剂一道，12厚1：3水泥砂浆找平，8厚1：2.5水泥砂浆找平】	m^2	2428.491
	一层	$(13.8\times6+5.8\times2+25.8-0.2-3+8.8\times2-0.2)\times4.2-1.5\times2.8\times2-1.5\times2.2\times4-1.0\times2.2\times4-1.7\times1.8-1.8\times0.6\times2-1.8\times1.8\times2$	521.94	521.94
	二层	$(13.8-0.2+13.8-0.4+13.8-0.2+13.8-0.4+13.8-0.2+5.8\times2+13.8-0.4+25.8-0.6+8.8\times4-0.22+25.8\times2-0.4)\times3.6-1.8\times1.8\times2-1.7\times1.8-1.8\times1.8\times4-2.1\times3.6\times2-1.0\times2.2\times8-1.5\times2.8\times6$	653.908	653.908
	三层	$(13.8-0.4+3.6\times2+5.8+5.9+2.8\times2+5.8\times2-0.1\times2+5.9+5.8-2.8\times2+5.8\times2-0.1\times2+3.6\times2+13.8-0.6+25.8-3.2-0.4+9-0.2+9-0.2+25.8-0.1\times2-0.2+3.0+7.8+3.0+2.3\times2+2.1+2.8\times2+2.1)\times3.6-1.8\times1.8\times6-1.7\times1.8-2.1\times3.6\times2-1.0\times2.2\times24-0.8\times2.2\times6$	588.78	588.78
	四层	$(13.8-0.4+5.6\times2+3.5+5.6+5.8\times2+2.8\times2+5.8\times2+3.5+5.6+3.6\times2+5.6\times2+13.8-0.6+25.8-0.6+2.4\times2+8.8\times2+8.8\times2-0.4+25.8+1.9\times6+2.3\times4+1.8\times2+2.0\times6+2.8\times2)\times3.65-1.8\times1.8\times6-1.7\times1.8-2.1\times3.65\times2-1.0\times2.2\times20-0.8\times2.2\times8$	764.03	764.03
	扣踢脚线	-667.78×0.15	-100.167	-100.167
		【计算工程量】2428.491（m²）		
55	011201001003	墙面一般抹灰【内墙卫生间、茶水间：砌块墙；刷水泥浆一道内掺建筑胶，15厚1：3水泥砂浆找平】	m^2	526.46
	一层	$7.8\times2.4\times2-1\times2\times2+2.4\times2.4\times2-1.8\times0.6\times2$	42.8	42.8
	三层	$(2.8+5.8+5.8+2.8)\times3.6-1.7\times0.8-1\times2.2+((2.3+2.3+2.1+2.1)\times3.6-0.8\times2.2)\times2+((1.8\times2+2.7\times2)\times3.6-0.8\times2.2)\times2+((2.1+2.3+2.1+2.3)\times3.6-0.8\times2.2)\times2$	239.32	239.32

序号	部位	计算式	计算结果/计量单位	小计
	四层	$[(2.3+2.3+2.1+2.1)\times3.65-0.8\times2.2]\times4+[(1.8+1.8+2.7+2.7)\times3.65-0.8\times2.2]\times2+[(2.3+2.3+2.1+2.1)\times3.65-0.8\times2.2]\times2$	244.34	244.34
		【计算工程量】526.460（m²）		
	0114	油漆、涂料、裱糊工程		
56	011407001001	墙面喷刷涂料【外墙抹灰面，抗裂腻子三遍，弹性涂料三遍】	m²	832.878
		832.878	832.878	
		【计算工程量】832.878（m²）		
57	011407001002	墙面喷刷涂料【内墙乳胶漆二遍；白水泥批嵌二遍】	m²	2954.951
		2428.491+526.46	2954.951	
		【计算工程量】2954.951（m²）		
58	011407002001	天棚喷刷涂料【天棚：水泥掺901胶修补批平，白水泥批嵌二遍；乳胶漆二遍】	m²	1356.72
		1356.72	1356.72	
		【计算工程量】1356.720（m²）		

附表 1.11　　单价措施项目工程量计算表

工程名称：某办公楼工程　　　　　　　　　标段：

序号	部位	计算式	计算结果	小计
	011701	脚手架工程		
1	011701001001	综合脚手架【框架结构，檐高15.33m】	m²	1537.7
		$(14+0.2)\times(26+0.2)\times4+(2.56-0.1+0.1)\times(6.8+0.2)\times3\times0.5+(5-0.1+0.25)\times(8+0.4+0.4)\times0.5$	1537.7	
		【计算工程量】1537.700（m²）		
	011703	垂直运输		
2	011703001001	垂直运输	天	250
		250	250	
		【计算工程量】250.000（天）		
	011705	大型机械设备进出场及安拆		
3	011705001001	大型机械设备进出场及安拆	项	1
		【计算工程量】1.000（项）		
	011702	混凝土模板及支架（撑）		

序号	部位	计算式	计算结果	小计
4	011702001001	基础	m²	217.28
		65.31＋7.17＋144.8		
		【计算工程量】217.280（m²）		
5	011702002001	矩形柱	m²	509.43
		【计算工程量】509.430（m²）		
6	011702003001	构造柱	m²	182.39
		【计算工程量】182.390（m²）		
7	011702005001	基础梁	m²	80.17
		【计算工程量】80.170（m²）		
8	011702006001	矩形梁	m²	35.94
		【计算工程量】35.940（m²）		
9	011702009001	过梁	m²	115.33
		【计算工程量】115.330（m²）		
10	011702014001	有梁板	m²	2421.55
		1197.03＋1224.52		
		【计算工程量】2421.550（m²）		
11	011702024001	楼梯	m²	175.48
		【计算工程量】175.480（m²）		
12	011702023001	雨篷、悬挑板、阳台板	m²	14.06
		【计算工程量】14.060（m²）		
13	011702025001	其他现浇构件	m²	22.97
		21.90＋1.07		
		【计算工程量】22.970（m²）		

附录三 某框架结构房屋建筑工程招标控制价编制案例

___某办公楼工程___ 工程

招标控制价

招标控制价(小写)：2644983.85
　　　　　(大写)：贰佰陆拾肆万肆仟玖佰捌拾叁元捌角伍分

招　标　人：_____　　　　造价咨询人：_____
　　　　　　　　(单位盖章)　　　　　　　　　　　　　(单位资质专用章)

法定代表人法定代表人
或其授权人：_____　　　　或其授权人：
　　　　　　　(签字或盖章)　　　　　　　　　　　　(签字或盖章)

编制人：_____　　　　　　　　复核人：
(造价人员签字盖专用章)(造价工程师签字盖专用章)

编制时间：2016 年 5 月 15 日　　　　复核时间：2016 年 5 月 16 日

某办公楼工程土建工程招标控制价编制说明

一、工程概况

常州某办公楼工程，地上 4 层框架结构，独立基础，建筑面积 1537.7 平方米，檐口高度 15.33 米。

二、编制依据

1. 《建设工程工程量清单计价规范》（GB 50500—2013）、《房屋建筑与装饰工程工程量计算规范》（GB 50854—2013）、《江苏省建筑与装饰工程计价定额》（2014）、《江苏省建设工程费用定额》（2014 年）。

2. 设计图纸。

三、编制范围

某办公楼工程土建工程。

四、计价说明

1. 工程类别：建筑工程三类。

2. 人、材、机单价计取说明：据江苏省 2014《江苏省建筑与装饰工程计价定额》所取人、材、机除税后单价，不作调整。另外，MU20 砼砖 240×115×53 按 0.515 元/块，MU15 砼实心砖 240×115×53 按 0.4717 元/块，A5 蒸压轻质砂加气混凝土砌块（B06）按 308.72 元/m³，A3.5 蒸压轻质砂加气混凝土砌块（B05）按 291.57 元/m³，30 厚花岗岩石板铺面按 260 元/m³，20 厚花岗岩石板铺面按 180 元/m³。

3. 招标控制价中相关费率的计取

（1）现场安全文明施工措施费：暂按 3.1%＋0.7%计取，结算时按有权部门核定的费率计取。

（2）冬雨季施工措施费：按 0.1%计取，投标单位根据各自情况自行报价，结算时不再调整。

（3）临时设施费：按 2.1%计取，标单位根据各自情况自行报价，结算时不再调整。

（4）社会保险费：3.2%。

（5）住房公积金：0.53%。

（6）工程排污费：暂按分部分项工程费＋措施项目费＋其他项目费-甲供工程设备费的 0.1%计取，结算按实调整。

（7）按一般计税方法计取税金：11%。

4. 其他说明

（1）本工程所有砼均采用商品砼。

（2）工程工期按 250 天计。

（3）门窗工程按材料暂估价计取。

材料（工程设备）名称、规格、型号	计量单位	单价
平开木夹板门	m²	180
乙级防火门	m²	260
断热铝合金框体中空 LOW-E 玻璃平开门	m²	300

续表

材料（工程设备）名称、规格、型号	计量单位	单价
甲级防火窗	m²	350
断热铝合金框体中空 LOW-E 玻璃推拉窗	m²	220

（4）钢结构玻璃雨棚暂按 50000 元独立费计入专业工程暂估价。

（5）玻璃幕墙暂按 400000 元独立费计入专业工程暂估价。

（6）总承包服务费按专业工程暂估价 2‰计取。

（7）本工程预留金 100000 元。

五、各清单计价表及定额工程量计算详见附表 2.1～附表 2.15。

附表 2.1　　　　　　　　　单位工程招标控制价汇总表

工程名称：某办公楼工程　　　　　　　　　　　　　　　　　　　　　标段：

序号	项目内容	金额	其中：暂估价
1	分部分项工程量清单	1131099.64	45885.86
1.1	人工费	275662.68	
1.2	材料费	722115.93	45885.86
1.3	施工机具使用费	22839.16	
1.4	未计价材料费		
1.5	企业管理费	74631.65	
1.6	利润	35850.25	
2	措施项目	604871.3	
2.1	单价措施项目费	506608.79	
2.2	总价措施项目费	98262.51	
2.2.1	安全文明施工费	62232.92	
3	其他项目	559000	
3.1	其中：暂列金额	100000	
3.2	其中：专业工程暂估价	450000	450000
3.3	其中：计日工		
3.4	其中：总承包服务费	9000	
4	规费	87897.39	
5	税金	262115.52	
6	工程总价＝1＋2＋3＋4－（甲供材料费＋甲供设备费）/1.01＋5	2644983.85	495885.86

附表 2.2　　　　　　　**分部分项工程和单价措施项目清单与计价表**

工程名称：某办公楼工程　　　　　　　　　　　　　　　　　　　　　　标段：

序号	项目编码	项目名称	项目特征	计量单位	工程数量	综合单价	合价	其中：暂估价
	0101	土（石）方工程					16976.98	
1	010101001001	平整场地	三类干土	m²	403.66	1	403.66	
2	010101003001	挖沟槽土方	三类土；挖土深度 1.5m 内；机械挖土；人工修坡；土方就地堆放	m³	84.962	12.71	1079.87	
3	010101004001	挖基坑土方	三类土；挖土深度 1.5m 内；机械挖土；人工修坡；土方就地堆放	m³	271.887	14.47	3934.2	
4	010103001001	回填方	素土；分层夯实	m³	209.856	34.07	7149.79	
5	010103001002	回填方	房心回填	m³	84.77	34.07	2888.11	
6	010103002001	余方弃置	余土外运 5km	m³	62.223	24.45	1521.35	
	0104	砌筑工程					123533.77	
7	010401001001	砖基础	MU20 混凝土实心砖；墙体厚度 240；Mb10 水泥砂浆砌筑	m³	28.296	455.17	12879.49	
8	010402001001	砌块墙	外墙；M5 混合砂浆；200 厚 A5 蒸压轻质砂加气混凝土砌块（B06）	m³	91.192	435.69	39731.44	
9	010402001002	砌块墙	内墙；M5 混合砂浆；200 厚 A3.5 蒸压轻质砂加气混凝土砌块（B05）	m³	141.667	420.55	59578.06	
10	010402001003	砌块墙	内墙；M5 混合砂浆；100 厚 A3.5 蒸压轻质砂加气混凝土砌块（B05）	m³	16.156	455.13	7353.08	
11	010401003001	实心砖墙	MU15 砼实心砖；女儿墙；Mb10 混合砂浆	m³	8.522	468.4	3991.7	
	0105	混凝土及钢筋混凝土工程					582022.02	
12	010501001001	垫层	非泵送 C15 无筋商品砼	m³	18.89	406.48	7678.41	
13	010501002001	带形基础	非泵送 C15 商品砼	m³	9.69	411.27	3985.21	
14	010501003001	独立基础	泵送 C30 商品砼	m³	82.273	413.7	34036.34	
15	010503001001	基础梁	地圈梁；泵送 C25 商品砼	m³	7.844	415.86	3262.01	
16	010502001001	矩形柱	泵送 C30 商品砼；柱周长 2.5 米内	m³	57.689	474.11	27350.93	
17	010502001002	矩形柱	泵送 C30 商品砼；柱周长 1.6m 内	m³	3.595	474.11	1704.43	
18	010502002001	构造柱	MZ、TZ，非泵送 C25 商品砼；	m³	2.226	569.42	1267.53	

序号	项目编码	项目名称	项目特征	计量单位	工程数量	金额		
						综合单价	合价	其中：暂估价
19	010502002002	构造柱	GZ，非泵送 C25 商品砼	m³	14.205	569.42	8088.61	
20	010503002001	矩形梁	泵送 C30 商品砼	m³	4.14	455.59	1886.14	
21	010503005001	过梁	GL，非泵送 C25 商品砼	m³	8.027	526.13	4223.25	
22	010503005002	过梁	窗台梁，非泵送 C25 商品砼	m³	1.584	526.13	833.39	
23	010505001001	有梁板	泵送 C30 商品砼；板厚度 200 内	m³	148.331	447.38	66360.32	
24	010505001002	有梁板	泵送 C30 商品砼；板厚度 100 内	m³	114.441	447.38	51198.61	
25	010505008001	雨篷、悬挑板、阳台板	泵送 C30 商品砼，复式雨篷	m³	0.85	504.02	428.42	
26	010505008002	雨篷、悬挑板、阳台板	泵送 C30 商品砼，KTB	m³	0.756	507.01	383.3	
27	010506001001	直形楼梯	泵送 C30 商品砼	m²	175.475	106.36	18663.52	
28	010507005001	扶手、压顶	100×240；泵送 C25 商品砼	m³	1.973	504.39	995.16	
29	010503004001	圈梁	泵送 C30 商品砼，上人孔翻边	m³	0.128	479.65	61.4	
30	010507001001	散水、坡道	散水：苏 J08—2006/30	m²	41.616	60.01	2497.38	
31	010507001002	散水、坡道	素土夯实，300 厚 3∶7 灰土分两步夯实，宽出面层 300，100 厚 C15 非泵送商品混凝土，素水泥浆一道内掺建筑胶，30 厚 1∶3 干硬性水泥砂浆结合层，20 厚花岗岩石板铺面	m²	41.4	757.11	31344.35	
32	010507004001	台阶	素土夯实，300 厚 3∶7 灰土分两步夯实，宽出面层 100，60 厚 C15 非泵送商品混凝土，素水泥浆一道内掺建筑胶，20 厚 1∶3 干硬性水泥砂浆结合层，30 厚花岗岩石板铺面	m²	20.556	449.8	9246.09	
33	010515001001	现浇构件钢筋	砌体加固筋	t	0.923	6235.01	5754.91	
34	010515001002	现浇构件钢筋	直径 Φ12mm 以内	t	32.91	4871.73	160328.63	
35	010515001003	现浇构件钢筋	直径 Φ25mm 以内	t	28.277	4392.52	124207.29	
36	010515003001	钢筋网片	Φ8 以内	t	1.44	6719.8	9676.51	
37	010516003001	机械连接		个	228	8.61	1963.08	
38	010516004001	钢筋电渣压力焊接头		个	676	6.8	4596.8	
	0108	门窗工程					58407.55	45885.86

续表

序号	项目编码	项目名称	项目特征	计量单位	工程数量	综合单价	合价	其中：暂估价
39	010802001001	金属（塑钢）门	M1528，断热铝合金框体中空 LOW-E 玻璃平开门	m²	21	374.01	7854.21	6111
40	010801004001	木质防火门	FM乙1522、FM乙1522，乙级防火门	m²	19.2	299.31	5746.75	5041.92
41	010801001001	木质门	M1020、M1022、M0822，平开木夹板门	m²	90.64	218.51	19805.75	16478.35
42	010807001001	金属（塑钢、断桥）窗	C1818，C1806，断热铝合金框体中空 LOW-E 玻璃推拉窗	m²	66.96	296.38	19845.6	14141.95
43	010807002001	金属防火窗	FC甲1718，甲级防火窗	m²	12.24	421.18	5155.24	4112.64
	0109	屋面及防水工程					38119.55	
44	010902001001	屋面卷材防水	3厚 SBS 改性沥青防水卷材，热熔单层满铺	m²	380.806	38.44	14638.18	
45	010902003001	屋面刚性层	40厚 C20 防水细石混凝土现拌 6m×6m 分仓缝宽20，密封胶填缝缝口贴200宽 SBS 防水卷材，3厚 1：3石灰砂浆隔离层；20厚1：3水泥砂浆找平	m²	359.586	58.54	21050.16	
46	010902004001	屋面排水管	Φ110PVC 排水管，Φ110PVC 水斗，女儿墙铸铁弯头落水口	m	61.8	39.34	2431.21	
	0110	保温、隔热、防腐工程					20571.92	
47	011001001001	保温隔热屋面	最薄处200厚泡沫混凝土，坡度2%，泡沫混凝土容重 400kg/m³	m²	359.586	57.21	20571.92	
	0111	楼地面装饰工程					55691.29	
48	011101003001	细石混凝土楼地面	一层地面普通房间：素土夯实，100厚碎石夯实，60厚 C20 混凝土垫层，40厚 C20 细石混凝土表面撒5厚 1：1水泥砂浆随打随抹光，面层用户自理，商品非泵送混凝土	m²	328.88	70.53	23195.91	

续表

序号	项目编码	项目名称	项目特征	计量单位	工程数量	金额		
						综合单价	合价	其中：暂估价
49	011101003002	细石混凝土楼地面	一层地面卫生间：素土夯实，100 厚碎石夯实，60 厚 C25 混凝土，20 厚 1：3 水泥砂浆，压实抹光，聚氨酯二遍涂膜防水层，厚 2.0，四周卷起 300，最薄处 30 厚 C25 细石混凝土找坡抹平，20 厚 1：3 水泥砂浆面层，面层用户自理，商品非泵送混凝土	m²	17.94	174.67	3133.58	
50	011101001001	水泥砂浆楼地面	楼面普通房间：水泥砂浆一道内掺建筑胶，20 厚 1：3 水泥砂浆面层；面层用户自理	m²	867.66	17.45	15140.67	
51	011101001002	水泥砂浆楼地面	楼面卫生间：20 厚 1：3 水泥砂浆，压实抹光，聚氨酯二遍涂膜防水层，厚 2.0，四周卷起 300，最薄处 30 厚 C25 细石混凝土找坡抹平，20 厚 1：3 水泥砂浆面层，面层用户自理，商品非泵送混凝土	m²	84.7	118.94	10074.22	
52	011105001001	水泥砂浆踢脚线	15 厚 1：3 水泥砂浆 150mm 高	m	667.78	6.21	4146.91	
	0112	墙、柱面装饰与隔断、幕墙工程					106418.12	
53	011201001001	墙面一般抹灰	外墙：砌块墙；刷界面剂一道，12 厚 1：3 水泥砂浆找平，10 厚 1：2.5 水泥砂浆找平	m²	832.878	31.34	26102.4	
54	011201001002	墙面一般抹灰	内墙普通房间：砌块墙；刷界面剂一道，12 厚 1：3 水泥砂浆找平，8 厚 1：2.5 水泥砂浆找平	m²	2428.491	28.29	68702.01	
55	011201001003	墙面一般抹灰	内墙卫生间、茶水间：砌块墙；刷水泥浆一道内掺建筑胶，15 厚 1：3 水泥砂浆找平	m²	526.46	22.06	11613.71	
	0114	油漆、涂料、裱糊工程					129358.44	

续表

序号	项目编码	项目名称	项目特征	计量单位	工程数量	综合单价	合价	其中：暂估价
							金额	
56	011407001001	墙面喷刷涂料	外墙抹灰面，抗裂腻子三遍，弹性涂料三遍	m²	832.878	61.35	51097.07	
57	011407001002	墙面喷刷涂料	内墙乳胶漆二遍；白水泥批嵌二遍	m²	2954.951	17.27	51032	
58	011407002001	天棚喷刷涂料	天棚：水泥掺901胶修补批平，白水泥批嵌二遍；乳胶漆二遍	m²	1356.72	20.07	27229.37	
		合计					1131099.64	45885.86
	011701	脚手架工程					61907.8	
1	011701001001	综合脚手架	框架结构，檐高15.33m	m²	1537.7	40.26	61907.8	
	011703	垂直运输					157832.5	
2	011703001001	垂直运输		天	250	631.33	157832.5	
	011705	大型机械设备进出场及安拆					66038.18	
3	011705001001	大型机械设备进出场及安拆		项	1	66038.18	66038.18	
	011702	混凝土模板及支架（撑）					220830.31	
4	011702001001	基础		m²	217.28	59.78	12989	
5	011702002001	矩形柱		m²	509.43	58.51	29806.75	
6	011702003001	构造柱		m²	182.39	70.81	12915.04	
7	011702005001	基础梁		m²	80.17	42.98	3445.71	
8	011702006001	矩形梁		m²	35.94	64.6	2321.72	
9	011702009001	过梁		m²	115.33	69.45	8009.67	
10	011702014001	有梁板		m²	2421.55	50.32	121852.4	
11	011702024001	楼梯		m²	175.48	153.79	26987.07	
12	011702023001	雨篷、悬挑板、阳台板		m²	14.06	82.61	1161.5	
13	011702025001	其他现浇构件		m²	22.97	58.4	1341.45	
		合计					506608.79	

附表2.3　　　　　　　　　　总价措施项目清单与计价表

工程名称：某办公楼工程　　　　　　　　　　　　　　　　　　　　　　标段：

序号	项目编码	项目名称	计算基础	费率（%）	金额（元）	备注
1	011707001001	安全文明施工		100	62232.92	
	1	基本费		3.1	50768.96	
	2	省级标化增加费	分部分项工程费＋单价措施项目费－除税工程设备费	0.7	11463.96	
2	011707002001	夜间施工		0		
3	011707003001	非夜间施工		0		
4	011707005001	冬雨季施工		0.1	1637.71	

续表

序号	项目编码	项目名称	计算基础	费率（%）	金额（元）	备注
5	011707007001	已完工程及设备保护		0		
6	011707006001	地上、地下设施、建筑物的临时保护设施		0		
7	011707008001	临时设施	分部分项工程费＋单价措施项目费－除税工程设备费	2.1	34391.88	
8	011707009001	赶工措施		0		
9	011707010001	工程按质论价		0		
10	011707011001	住宅分户验收		0		
		合计			98262.51	

附表 2.4　　　　　　　　其他项目清单与计价汇总表

工程名称：某办公楼工程　　　　　　　　　　　　　　　　　标段：

序号	项目名称	金额（元）	结算金额（元）	备注
1	暂列金额	100000		
2	暂估价	450000		
2.1	材料暂估价			
2.2	专业工程暂估价	450000		
3	计日工			
4	总承包服务费	9000		
	合计	559000		

附表 2.5　　　　　　　　暂列金额明细表

工程名称：某办公楼工程　　　　　　　　　　　　　　　　　标段：

序号	项目名称	计量单位	暂定金额（元）	备注
1	暂列金额	元	100000	
	合计		100000	

附表 2.6　　　　　　　材料（工程设备）暂估单价及调整表

工程名称：某办公楼工程　　　　　　　　　　　　　　　　　标段：

序号	材料编码	材料（工程设备）名称、规格、型号	计量单位	数量		暂估（元）		备注
				暂估	确认	单价	合价	
1	09010103@2	乙级防火门	m²	19.392		260	5041.92	
2	09010103@3	平开木夹板门	m²	91.5464		180	16478.35	
3	09090813@1	断热铝合金框体中空LOW-E玻璃平开门	m²	20.37		300	6111	
4	09093511@4	断热铝合金框体中空LOW-E玻璃推拉窗	m²	64.2816		220	14141.95	
5	09093511@5	甲级防火窗	m²	11.7504		350	4112.64	
		合计					45885.86	

附表 2.7 **专业工程暂估价及结算价表**

工程名称：某办公楼工程 　　　　　　　　　　　　　　　　　　　　　标段：

序号	工程名称	工程内容	暂估金额（元）
1	玻璃幕墙	玻璃幕墙制作安装	400000
2	钢结构玻璃雨棚	钢结构玻璃雨棚制作安装	50000
	合计		450000

附表 2.8 **计 日 工 表**

工程名称：某办公楼工程 　　　　　　　　　　　　　　　　　　　　　标段：

序号	项目名称	单位	暂定数量	实际数量	综合单价（元）	合价（元）	
						暂定	实际
一	人工						
1							
2							
3							
二	材料						
1							
2							
3							
三	施工机械						
1							
2							
3							
四	企业管理费及利润		1				
	合计						

附表 2.9 **总承包服务费计价表**

工程名称：某办公楼工程 　　　　　　　　　　　　　　　　　　　　　标段：

序号	项目名称	项目价值	服务内容	计算基础	费率（%）	金额（元）
1	钢结构玻璃雨棚	50000.00	总承包管理和协调，提供配合服务	50000	2	1000
2	玻璃幕墙	400000.00	总承包管理和协调，提供配合服务	400000	2	8000
	合计					9000

附表 2.10 **规费、税金项目计价表**

工程名称：某办公楼工程 　　　　　　　　　　　　　　　　　　　　　标段：

序号	项目名称	计算基础	计算基数	计算费率（%）	金额（元）
1	规费	[1.1]+[1.2]+[1.3]	87897.39	100	87897.39
1.1	社会保险费	分部分项工程费+措施项目费+其他项目费－除税工程设备费	2294970.94	3.2	73439.07
1.2	住房公积金		2294970.94	0.53	12163.35
1.3	工程排污费		2294970.94	0.1	2294.97
2	税金	分部分项工程费+措施项目费+其他项目费+规费－（甲供材料费+甲供设备费）/1.01	2382868.33	11	262115.52
	合计				350012.91

附表 2.11

分部分项工程量清单综合单价分析表

工程名称：某办公楼工程 标段：

序号	项目编码	项目名称	计量单位	工程数量	综合单价							项目合价	备注
					人工费	材料费	机械费	主材费	管理费	利润	小计		
1	0101	土（石）方工程										16976.98	
2	010101001001	平整场地【三类干土】	m²	403.66	0.1		0.63		0.18	0.09	1	403.66	
3	A1-273	推土机（75kW以内）平整场地（厚300mm以内）	1000m²	0.001	77		461.71		134.68	64.65	738.04	1	
4	01010103001	挖沟槽土方【三类土；挖土深度1.5m内；机械挖土；人工修坡；土方就地堆放】	m³	84.962	7.14		2.14		2.32	1.11	12.71	1079.87	
5	A1-205	反铲不装车挖掘机挖土（斗容量1m³以内）	1000m³	0.001	231		2406.72		659.43	316.53	3613.68	3.22	
6	A1-27换	人工挖底宽小于等于3m且底长大于3倍底宽的沟槽三类干土深度在1.5m以内	m³	0.1	69.3				17.33	8.32	94.95	9.5	
7	010101004001	挖基坑土方【三类土；挖土深度1.5m内；机械挖土；人工修坡；土方就地堆放】	m³	271.887	8.1		2.46		2.64	1.27	14.47	3934.2	
8	A1-225	反铲不装车基坑挖掘机挖土（斗容量1m³以内）	1000m³	0.001	277.97		2738		753.99	361.92	4131.88	3.72	
9	A1-59换	人工挖底面积小于20m²的基坑三类干土深度在（1.5m以内）	m³	0.1	78.54				19.64	9.42	107.6	10.76	
10	010103001001	回填方【素土；分层夯实】	m³	209.856	21.79		3.08		6.22	2.98	34.07	7149.79	
11	A1-205F2.7	反铲不装车挖掘机挖土（斗容量1m³以内）	1000m³	0.001	231		2021.65		563.16	270.32	3086.13	3.09	

续表

序号	项目编码	项目名称	计量单位	工程数量	综合单价							项目合价	备注
					人工费	材料费	机械费	主材费	管理费	利润	小计		
12	A1-104	基（槽）坑夯填土回填土	m³	1	21.56		1.06		5.66	2.71	30.99	30.99	
13	01010300 1002	回填方【房心回填】	m³	84.77	21.79		3.08		6.22	2.98	34.07	2888.11	
14	A1-205F2.7	反铲不装车挖掘机挖土（斗容量1m³以内）	1000m³	0.001	231		2021.65		563.16	270.32	3086.13	3.09	
15	A1-104	基（槽）坑夯填土	m³	1	21.56		1.06		5.66	2.71	30.99	30.99	
16	01010300 2001	余方弃置【余土外运5km】	m³	62.223	0.23	0.04	17.59		4.45	2.14	24.45	1521.35	
17	A1-264F2.13	自卸汽车运土运距在（5km以内）	1000m³	0.001		39.3	14497.34		3624.34	1739.68	19900.66	19.9	
18	A1-204	反铲装车挖掘机挖土（斗容量1m³以内）	1000m³	0.001	231		3088.99		830	398.4	4548.39	4.55	
19	0104	砌筑工程										123533.77	
20	01040100 1001	砖基础【MU20混凝土实心砖；墙体厚度240；Mb10水泥砂浆砌筑】	m³	28.296	98.4	312.43	5.79		26.05	12.5	455.17	12879.49	
21	A4-1.2换	M10水泥砂浆直形砖基础	m³	1	98.4	312.43	5.79		26.05	12.5	455.17	455.17	
22	01040200 1001	砌块墙【外墙；M5混合砂浆；200厚A5蒸压轻质砂加气混凝土砌块（B06）】	m³	91.192	86.81	313.62	2.29		22.27	10.7	435.69	39731.44	
23	A4-7换	M5混合砂浆砌筑加气混凝土砌块墙200厚	m³	0.999	86.92	314.02	2.29		22.3	10.71	436.24	435.69	
24	01040200 1002	砌块墙【内墙；M5混合砂浆；200厚A3.5蒸压轻质砂加气混凝土砌块（B05）】	m³	141.667	86.92	298.33	2.29		22.3	10.71	420.55	59578.06	
25	A4-7换	M5混合砂浆砌筑加气混凝土墙200厚	m³	1	86.92	298.33	2.29		22.3	10.71	420.55	420.55	

续表

序号	项目编码	项目名称	计量单位	工程数量	综合单价							项目合价	备注
					人工费	材料费	机械费	主材费	管理费	利润	小计		
26	010402001003	砌块墙【内墙；M5混合砂浆；100厚A3.5蒸压轻质砂加气混凝土砌块块(B05)】	m³	16.156	106.07	306.95	2.09		27.04	12.98	455.13	7353.08	
27	A4-9换	M5混合砂浆砌筑加气混凝土砌块墙100厚（用于多水房间，底有混凝土坎台）	m³	1.019	104.14	301.35	2.05		26.55	12.74	446.83	455.13	
28	010401003001	实心砖墙【MU15砼实心砖；女儿墙；Mb10混合砂浆】	m³	8.522	118.9	297.74	5.67		31.14	14.95	468.4	3991.7	
29	A4-35换	M10混合砂浆1砖外墙 MU15砼实心砖	m³	1	118.9	297.74	5.67		31.14	14.95	468.4	468.4	
30	0105	混凝土及钢筋混凝土工程										582022.02	
31	010501001001	垫层【非泵送C15无筋商品砼】	m³	18.89	61.5	320.78	1.05		15.64	7.51	406.48	7678.41	
32	A6-301.1	C15砼非泵送垫层	m³	1	61.5	320.78	1.05		15.64	7.51	406.48	406.48	
33	010501002001	带形基础【非泵送C15商品砼】	m³	9.69	37.72	326.37	24.25		15.49	7.44	411.27	3985.21	
34	A6-303换	C20砼非泵送无梁式砼条形基础	m³	1	37.72	326.37	24.25		15.49	7.44	411.27	411.27	
35	010501003001	独立基础【泵送C30商品砼】	m³	82.273	24.6	363.67	11.92		9.13	4.38	413.7	34036.34	
36	A6-185.2	C30砼泵送桩承台独立柱基	m³	1	24.6	363.67	11.92		9.13	4.38	413.7	413.7	
37	010503001001	基础梁【地圈梁；泵送C25商品砼】	m³	7.844	24.6	356.4	18.8		10.85	5.21	415.86	3262.01	

续表

序号	项目编码	项目名称	计量单位	工程数量	综合单价						小计	项目合价	备注
					人工费	材料费	机械费	主材费	管理费	利润			
38	A6-193.1	C25砼泵送基础梁地坑支撑梁	m³	1	24.6	356.4	18.8		10.85	5.21	415.86	415.86	
39	010502001001	矩形柱【泵送C30商品砼；柱周长2.5m内】	m³	57.689	62.32	362.01	19.5		20.46	9.82	474.11	27350.93	
40	A6-190	C30砼泵送矩形柱	m³	1	62.32	362.01	19.5		20.46	9.82	474.11	474.11	
41	010502001002	矩形柱【泵送C30商品砼；柱周长1.6m内】	m³	3.595	62.32	362.01	19.5		20.46	9.82	474.11	1704.43	
42	A6-190	C30砼泵送矩形柱	m³	1	62.32	362.01	19.5		20.46	9.82	474.11	474.11	
43	010502002001	构造柱【MZ、TZ，非泵送C25商品砼】	m³	2.226	163.18	343.27	1.89		41.27	19.81	569.42	1267.53	
44	A6-316.1	C25砼非泵送构造柱	m³	1	163.18	343.27	1.89		41.27	19.81	569.42	569.42	
45	010502002002	构造柱【GZ，非泵送C25商品砼】	m³	14.205	163.18	343.27	1.89		41.27	19.81	569.42	8088.61	
46	A6-316.1	C25砼非泵送构造柱	m³	1	163.18	343.27	1.89		41.27	19.81	569.42	569.42	
47	010503002001	矩形梁【泵送C30商品砼】	m³	4.14	45.92	366.92	18.8		16.18	7.77	455.59	1886.14	
48	A6-194	C30砼泵送单梁框架梁&连续梁	m³	1	45.92	366.92	18.8		16.18	7.77	455.59	455.59	
49	010503005001	过梁【GL，非泵送C25商品砼】	m³	8.027	127.1	350.38	1.19		32.07	15.39	526.13	4223.25	
50	A6-321.2	C25砼非泵送过梁	m³	1	127.1	350.38	1.19		32.07	15.39	526.13	526.13	
51	010503005002	过梁【窗台梁，非泵送C25商品砼】	m³	1.584	127.1	350.38	1.19		32.07	15.39	526.13	833.39	
52	A6-321.2	C25砼非泵送过梁	m³	1	127.1	350.38	1.19		32.07	15.39	526.13	526.13	
53	010505001001	有梁板【泵送C30商品砼；板厚度200m内】	m³	148.331	36.08	371.66	19.19		13.82	6.63	447.38	66360.32	
54	A6-207	C30砼泵送有梁板	m³	1	36.08	371.66	19.19		13.82	6.63	447.38	447.38	

续表

| 序号 | 项目编码 | 项目名称 | 计量单位 | 工程数量 | 综合单价 | | | | | | | 项目合价 | 备注 |
					人工费	材料费	机械费	主材费	管理费	利润	小计		
55	010505001002	有梁板【泵送 C30 商品砼;板厚度 100mm 内】	m³	114.441	36.08	371.66	19.19		13.82	6.63	447.38	51198.61	
56	A6-207	C30砼泵送有梁板	m³	1	36.08	371.66	19.19		13.82	6.63	447.38	447.38	
57	010505008001	雨篷、悬挑板、阳台板,复式雨蓬【泵送 C30 商品砼】	m³	0.85	66.5	370.17	31.2		24.42	11.73	504.02	428.42	
58	A6-216.2	C30 砼泵送水平挑檐复式雨蓬	10m²	0.765	72.98	406.81	34.09		26.77	12.85	553.5	423.27	
59	A6-218.1	C30 砼泵送每增减楼梯、雨蓬、阳台、台阶	m³	0.167	63.96	353.64	30.69		23.66	11.36	483.31	80.74	
60	010505008002	雨篷、悬挑板、阳台板【泵送 C30 商品砼、KTB】	m³	0.756	66.29	372.33	32.02		24.58	11.79	507.01	383.3	
61	A6-215.1	C30 砼泵送水平挑檐复式雨蓬	10m²	1	59.86	336.78	28.93		22.2	10.65	458.42	458.42	
62	A6-218.1	C30 砼泵送每增减楼梯、雨蓬、阳台、台阶	m³	0.101	63.96	353.64	30.69		23.66	11.36	483.31	48.59	
63	010506001001	直形楼梯【泵送 C30 商品砼】	m²	175.475	13.41	78.84	6.68		5.02	2.41	106.36	18663.52	
64	A6-213.1	C30 砼泵送楼梯直形	10m²	0.1	126.28	745.39	63.09		47.34	22.72	1004.82	100.48	
65	A6-218.1	C30 砼泵送每增减楼梯、雨蓬、阳台、台阶	m³	0.012	63.96	353.64	30.69		23.66	11.36	483.31	5.88	
66	010507005001	扶手、压顶【100*210;泵送 C25 商品砼】	m³	1.973	69.7	369.43	28.81		24.63	11.82	504.39	995.16	
67	A6-226.2	C25砼泵送压顶	m³	1	69.7	369.43	28.81		24.63	11.82	504.39	504.39	
68	010503004001	圈梁【泵送 C30 商品砼、上人孔翻边】	m³	0.128	62.32	368.52	18.8		20.28	9.73	479.65	61.4	
69	A6-196.1	C30砼泵送圈梁	m³	1	62.32	368.52	18.8		20.28	9.73	479.65	479.65	

续表

序号	项目编码	项目名称	计量单位	工程数量	综合单价							项目合价	备注
					人工费	材料费	机械费	主材费	管理费	利润	小计		
70	010507001001	散水、坡道【散水：苏J08-2006/30】	m²	41.616	19.11	32.45	1.01		5.03	2.41	60.01	2497.38	
71	A13-163	C20现浇混凝土散水	10m²	0.1	191.06	324.46	10.14		50.3	24.14	600.1	60.02	
72	010507001002	散水、坡道【素土夯实，300厚3:7灰土分两步夯实，宽出面层300，100厚C15非泵送商品混凝土，素水泥浆一道内掺建筑胶，30厚1:3干硬性水泥砂浆结合层，20厚花岗岩石板铺面】	m²	41.4	147.44	552	2.27		37.43	17.97	757.11	31344.35	
73	A13-61换	石材块料面板台阶拼贴多色简单图案干硬性水泥砂浆	10m²	0.1	628.15	1930.43	6.88		158.76	76.2	2800.42	280.04	
74	A6-301.1	C15砼非泵送垫层	m³	0.998	61.5	320.78	1.05		15.64	7.51	406.48	405.5	
75	A4-95	3:7灰土基础垫层	m³	0.363	61.6	107.44	1.13		15.68	7.53	193.38	70.12	
76	A1-99	地面原土打底夯	10m²	0.121	7.7		0.96		2.17	1.04	11.87	1.43	
77	010507004001	台阶【素土夯实，300厚3:7灰土分两步夯实，宽出面层100，60厚C15非泵送商品混凝土，素水泥浆一道内掺建筑胶，20厚1:3干硬性水泥砂浆结合层，30厚花岗岩石板铺面】	m²	20.556	87.91	327.66	1.24		22.29	10.7	449.8	9246.09	
78	A13-61换	石材块料面板台阶拼贴多色简单图案干硬性水泥砂浆	10m²	0.1	628.15	2725.6	6.88		158.76	76.2	3595.59	359.63	
79	A6-301.1	C15砼非泵送垫层	m³	0.06	61.5	320.78	1.05		15.64	7.51	406.48	24.38	

续表

序号	项目编码	项目名称	计量单位	工程数量	综合单价						小计	项目合价	备注
					人工费	材料费	机械费	主材费	管理费	利润			
80	A4-95	3∶7灰土基础垫层	m³	0.333	61.6	107.44	1.13		15.68	7.53	193.38	64.46	
81	A1-99	地面原土打底夯	10m²	0.111	7.7		0.96		2.17	1.04	11.87	1.32	
82	010515001001	现浇构件钢筋【砌体加固筋】	t	0.923	1915.13	3536.64	54.48		492.4	236.36	6235.01	5754.91	
83	A5-25	砌体、板缝内加固钢筋 不绑扎	t	0.501	1737.58	3516.3	54.43		448	215.04	5971.35	2988.9	
84	A5-26	砌体、板缝内加固钢筋 绑扎	t	0.501	2088.54	3549.34	54.43		535.74	257.16	6485.21	3246.11	
85	010515001002	现浇构件钢筋【直径Φ12MM以内】	t	32.91	885.6	3558.05	73.29		239.72	115.07	4871.73	160328.63	
86	A5-1	现浇混凝土构件钢筋 Φ12以内	t	1	885.6	3558.05	73.29		239.72	115.07	4871.73	4871.73	
87	010515001003	现浇构件钢筋【直径Φ25MM以内】	t	28.277	523.98	3573.86	73.58		149.39	71.71	4392.52	124207.29	
88	A5-2	现浇混凝土构件钢筋 Φ25以内	t	1	523.98	3573.86	73.58		149.39	71.71	4392.52	4392.52	
89	010515003001	钢筋网片【Φ8以内】	t	1.44	1867.96	3543.11	450.79		579.69	278.25	6719.8	9676.51	
90	A5-13	点焊钢筋网片构件主筋 Φ8以内	t	1	1867.96	3543.11	450.79		579.69	278.25	6719.8	6719.8	
91	010516003001	机械连接	个	228	4.59	2.25	0.05		1.16	0.56	8.61	1963.08	
92	A5-33	直螺纹接头 Φ25以内	10个接头	0.1	45.92	22.46	0.52		11.61	5.57	86.08	8.61	
93	010516004001	钢筋电渣压力焊接头	个	676	2.54	0.87	1.79		1.08	0.52	6.8	4596.8	
94	A5-32	电渣压力焊	10个接头	0.1	25.42	8.73	17.93		10.84	5.2	68.12	6.81	
95	0108	门窗工程										58407.55	
96	010802001001	金属(塑钢)门【M1528,断热铝合金框中空体LOW-E玻璃平开门】	m²	21	36.38	322.17	1.46		9.46	4.54	374.01	7854.21	

续表

序号	项目编码	项目名称	计量单位	工程数量	综合单价							项目合价	备注
					人工费	材料费	机械费	主材费	管理费	利润	小计		
97	A16-2换	铝合金门平开门及推拉门	10m²	0.1	363.8	3221.67	14.58		94.6	45.41	3740.06	374.01	
98	010801004001	木质防火门【FM乙1522, FM乙1522, 乙级防火门】	m²	19.2	25.33	264.25	0.26		6.4	3.07	299.31	5746.75	
99	A16-31换	实拼门夹板面	10m²	0.1	253.3	2642.48	2.58		63.97	30.71	2993.04	299.3	
100	010801001001	木质门【M020, M022, M0822, 平开木板门】	m²	90.64	25.33	183.45	0.26		6.4	3.07	218.51	19805.75	
101	A16-31换	实拼门夹板面	10m²	0.1	253.3	1834.48	2.58		63.97	30.71	2185.04	218.5	
102	010807001001	金属（塑钢、断桥）窗【C1818, C1806, 断热铝合金框体中空LOW-E玻璃推拉窗】	m²	66.96	37.23	243.38	1.46		9.67	4.64	296.38	19845.6	
103	A16-3换	铝合金窗推拉窗	10m²	0.1	372.3	2433.76	14.58		96.72	46.43	2963.79	296.38	
104	010807002001	金属防火窗【FC甲1718, 甲级防火窗】	m²	12.24	37.23	368.18	1.46		9.67	4.64	421.18	5155.24	
105	A16-3换	铝合金窗推拉窗	10m²	0.1	372.3	3681.76	14.58		96.72	46.43	4211.79	421.18	
106	0109	屋面及防水工程										38119.55	
107	010902001001	屋面卷材防水【3厚SBS改性沥青防水卷材, 热熔单层满铺】	m²	380.806	5.99	30.23			1.5	0.72	38.44	14638.18	
108	A10-32	单层SBS改性沥青防水卷材热熔满铺法	10m²	0.1	59.86	302.3			14.97	7.18	384.31	38.43	
109	010902003001	屋面刚性层【40厚C20防水细石混凝土现拌6M×6M分仓缝宽20, 密封胶嵌缝口贴200宽SBS防水卷材, 3厚1:3石灰砂浆隔离层；20厚1:3水泥砂浆找平】	m²	359.586	24.71	23.35	0.98		6.42	3.08	58.54	21050.16	

续表

序号	项目编码	项目名称	计量单位	工程数量	综合单价							项目合价	备注
					人工费	材料费	机械费	主材费	管理费	利润	小计		
110	A10-77	C20现浇细石混凝土有分格缝40mm厚	10m²	0.1	165.64	164.99	4.33		42.49	20.4	397.85	39.79	
111	A10-32	单层SBS改性沥青防水卷材热熔满铺法	10m²	0.006	59.86	302.3			14.97	7.18	384.31	2.31	
112	A10-90	1:3石灰砂浆隔离层3mm	10m²	0.1	22.96	5.6	0.72		5.92	2.84	38.04	3.8	
113	A13-15	1:3水泥砂浆找平层(厚20mm)砼或硬基层上	10m²	0.1	54.94	44.73	4.83		14.94	7.17	126.61	12.66	
114	010902004001	屋面排水管【Φ110PVC排水管,Φ110PVC水斗,女儿墙铸铁弯头落水口】	m	61.8	4.94	32.58			1.23	0.59	39.34	2431.21	
115	A10-202	PVC水落管 Φ110	10m	0.1	37.72	268.35			9.43	4.53	320.03	32	
116	A10-206	PVC水斗 Φ110	10只	0.006	31.16	325.32			7.79	3.74	368.01	2.38	
117	A10-219	女儿墙铸铁弯头落水口	10只	0.006	150.06	562.97			37.52	18.01	768.56	4.97	
118	0110	保温、隔热、防腐工程										20571.92	
119	011001001001	保温隔热屋面【最薄处200厚泡沫混凝土,坡度2%,泡沫混凝土容重400kg/m³】	m²	359.586	22.14	26.87			5.54	2.66	57.21	20571.92	
120	A11-6换	1:8水泥珍珠岩砂浆屋面,楼地面保温隔热现浇水泥珍珠岩(砂浆1:8)	m³	0.27	82	99.51			20.5	9.84	211.85	57.2	
121	0111	楼地面装饰工程										55691.29	

续表

序号	项目编码	项目名称	计量单位	工程数量	综合单价							项目合价	备注
					人工费	材料费	机械费	主材费	管理费	利润	小计		
122	011101003001	细石混凝土楼地面【一层地面普通房间：素土夯实，100厚碎石垫层，40厚C20混凝土表面撒5厚1：1水泥砂浆随打随抹光，面层用户自理，商品非泵送混凝土】	m²	328.88	17.88	45.44	0.44		4.58	2.19	70.53	23195.91	
123	A13-26	1：1水泥砂浆加浆抹光随捣随抹厚5mm	10m²	0.1	51.66	15.8	1.21		13.22	6.34	88.23	8.82	
124	A13-18F524.3	C20现浇砼细石砼找平层厚40mm	10m²	0.1	41	132.52	0.69		10.42	5	189.63	18.96	
125	A13-13换	C15非泵送预拌砼垫层 不分格	m³	0.06	58.22	331.4	1.08		14.83	7.12	412.65	24.76	
126	A13-9	碎石干铺垫层	m³	0.1	43.46	107.31	0.94		11.1	5.33	168.14	16.81	
127	A1-99	地面原土打底夯	10m²	0.1	7.7		0.96		2.17	1.04	11.87	1.19	
128	011101003002	细石混凝土楼地面【一层地面卫生间：素土夯实，100厚碎石夯实，60厚C25混凝土，20厚1：3水泥砂浆，压实抹光，聚氨脂二遍涂膜防水层，厚2.0，四周卷起300，最薄处30厚C25细石混凝土找坡抹平，20厚1：3水泥砂浆面层，面层用户自理，商品非泵送混凝土】	m²	17.94	34.74	124.96	1.55		9.07	4.35	174.67	3133.58	
129	A13-22换	1：2水泥砂浆楼地面面层厚20mm（砂浆1：3）	10m²	0.1	73.8	46.2	4.83		19.66	9.44	153.93	15.39	

续表

序号	项目编码	项目名称	计量单位	工程数量	综合单价						小计	项目合价	备注
					人工费	材料费	机械费	主材费	管理费	利润			
130	A13-18换	C20现浇砼细石砼找平层厚40mm	10m²	0.1	68.88	136.44	4.45		18.33	8.8	236.9	23.69	
131	A13-19×2	C20现浇砼细石砼找平层厚度每增(减)5mm	10m²	-0.100	13.12	24.57	1.07		3.55	1.7	44.01	-4.40	
132	A10-116	平面刷聚氨脂防水涂料一涂2.0mm	10m²	0.134	57.4	549.34			14.35	6.89	627.98	84.01	
133	A13-15	1:3水泥砂浆找平层(厚20mm)砼或硬基层上	10m²	0.1	54.94	44.73	4.83		14.94	7.17	126.61	12.66	
134	A13-13换	C15非泵送预拌砼垫层不分格	m³	0.06	58.22	341.26	1.08		14.83	7.12	422.51	25.34	
135	A13-9	碎石干铺垫层	m³	0.1	43.46	107.31	0.94		11.1	5.33	168.14	16.81	
136	A1-99	地面原土打底夯	10m²	0.1	7.7		0.96		2.17	1.04	11.87	1.19	
137	011101001001	水泥砂浆楼地面【楼面 普通房间：水泥砂浆一道内掺建筑胶，20厚1:3水泥砂浆面层；面层用户自理】	m²	867.66	8.15	5.56	0.53		2.17	1.04	17.45	15140.67	
138	A13-22换	1:2水泥砂浆楼地面层厚20mm(砂浆1:3)	10m²	0.11	73.8	50.32	4.83		19.66	9.44	158.05	17.45	
139	011101001002	水泥砂浆楼地面【楼面 卫生间：20厚1:3水泥砂浆，压实抹光，聚氨脂二遍涂膜防水层，厚2.0，四周卷起300，最薄处30厚C25细石混凝土找坡平，20厚1:3水泥砂浆抹平，面层用户自理，商品非泵送混凝土】	m²	84.7	26.81	80.12	1.52		7.09	3.4	118.94	10074.22	

续表

序号	项目编码	项目名称	计量单位	工程数量	综合单价							项目合价	备注
					人工费	材料费	机械费	主材费	管理费	利润	小计		
140	A13-22换	1:2水泥砂浆楼地面面层厚20mm（砂浆1:3）	10m²	0.1	73.8	46.2	4.83		19.66	9.44	153.93	15.39	
141	A13-18换	C20现浇砼细石砼找平层厚40mm	10m²	0.1	68.88	136.44	4.45		18.33	8.8	236.9	23.69	
142	A13-19×2	C20现浇砼细石砼找平层厚度每增（减）5mm	10m²	0.1	13.12	24.57	1.07		3.55	1.7	44.01	4.4	
143	A10-116	平面刷聚氨脂防水涂料二涂2.0mm	10m²	0.1	57.4	549.34			14.35	6.89	627.98	62.8	
144	A13-15	1:3水泥砂浆找平层（厚20mm）砼或硬基层上	10m²	0.1	54.94	44.73	4.83		14.94	7.17	126.61	12.66	
145	011105001001	水泥砂浆踢脚线【15厚1:3水泥砂浆150mm高】	m	667.78	3.77	0.91	0.1		0.97	0.46	6.21	4146.91	
146	A13-27	踢脚线水泥砂浆	10m	0.1	37.72	9.09	0.97		9.67	4.64	62.09	6.21	
147	0112	墙、柱面装饰与隔断、幕墙工程										106418.12	
148	011201001001	墙面一般抹灰【外墙：砌块墙；刷界面剂一道；12厚1:3水泥砂浆找平，10厚1:2.5水泥砂浆找平】	m²	832.878	16.57	7.89	0.54		4.28	2.06	31.34	26102.4	
149	A14-10换	混凝土墙外墙抹水泥砂浆	10m²	0.1	145.96	56.61	5.43		37.85	18.17	264.02	26.4	
150	A14-32	加气混凝土面刷界面剂	10m²	0.1	19.68	22.34			4.92	2.36	49.3	4.93	
151	011201001002	墙面一般抹灰【内墙普通房间：砌块墙；刷界面剂一道，12厚1:3水泥砂浆找平，8厚1:2.5水泥砂浆找平】	m²	2428.491	14.93	7.12	0.52		3.86	1.86	28.29	68702.01	

续表

序号	项目编码	项目名称	计量单位	工程数量	综合单价						小计	项目合价	备注
					人工费	材料费	机械费	主材费	管理费	利润			
152	A14-11换	混凝土墙内墙抹水泥砂浆	10m²	0.1	129.56	48.92	5.19		33.69	16.17	233.53	23.35	
153	A14-32	加气混凝土面刷界面剂	10m²	0.1	19.68	22.34			4.92	2.36	49.3	4.93	
154	011201001003	墙面一般抹灰【内墙卫生间：砌块墙，浆水泥浆；刷水泥砂浆一道内掺建筑胶，15厚1：3水泥砂浆找平】	m²	526.46	12.96	3.59	0.52		3.37	1.62	22.06	11613.71	
155	A14-11换	混凝土墙内墙抹水泥砂浆	10m²	0.1	129.56	35.89	5.19		33.69	16.17	220.5	22.05	
156	0114	油漆、涂料、裱糊工程										129358.44	
157	011407001001	墙面喷刷涂料【外墙抹灰面、抗裂腻子三遍、弹性涂料三遍】	m²	832.878	15.73	39.8			3.93	1.89	61.35	51097.07	
158	A17-195	外墙批抗裂腻子三遍	10m²	0.1	72.25	124.36			18.06	8.67	223.34	22.33	
159	A17-197	外墙弹性涂料二遍	10m²	0.1	76.5	222.11			19.13	9.18	326.92	32.69	
160	A17-198	外墙弹性涂料每增、减一遍	10m²	0.1	8.5	51.46			2.13	1.02	63.11	6.31	
161	011407001002	墙面喷刷涂料【内墙乳胶漆二遍；白水泥批嵌二遍】	m²	2954.951	9.31	4.51			2.33	1.12	17.27	51032	
162	A17-177F782.1.1F782.2.1	内墙面在灰面上901胶白水泥腻子批，刷乳胶漆各三遍	10m²	0.1	93.08	45.09			23.27	11.17	172.61	17.26	
163	011407002001	天棚喷刷涂料【天棚：水泥掺901胶修补水泥平，白水泥批嵌二遍；乳胶漆二遍】	m²	1356.72	11.22	4.68	0.01		2.81	1.35	20.07	27229.37	

续表

序号	项目编码	项目名称	计量单位	工程数量	人工费	材料费	机械费	主材费	管理费	利润	小计	项目合价	备注
								综合单价					
164	A17-177F782.1.1F782.2.1F782.4	内墙面在抹灰面上 901胶白水泥腻子批、刷乳胶漆各三遍	10m²	0.1	102.38	45.09			25.6	12.29	185.36	18.54	
165	A14-79	砼墙、柱、梁面每增一遍刷素水泥浆	10m²	0.1	9.84	1.65	0.12		2.49	1.2	15.3	1.53	
		合计										1131099.64	

附表 2.12　单价措施项目清单综合单价分析表

工程名称：某办公楼工程　　　　　　　　　　标段：

序号	项目编码	项目名称	计量单位	工程数量	人工费	材料费	机械费	主材费	管理费	利润	小计	项目合价
							综合单价					
1	011701	脚手架工程										61907.8
2	011701001001	综合脚手架【框架结构，檐高15.33m】	m²	1537.7	16.9	14.01	2.26		4.79	2.3	40.26	61907.8
3	A20-6	综合脚手架檐高在12m以上层高在5m内	1m²建筑面积	0.504	26.24	19.82	3.28		7.38	3.54	60.26	30.4
4	A20-5	综合脚手架檐高在12m以上层高在3.6m内	1m²建筑面积	0.496	7.38	8.1	1.23		2.15	1.03	19.89	9.86
5	011703	垂直运输										157832.5
6	011703001001	垂直运输	天	250	37.44	57.99	381.06		104.62	50.22	631.33	157832.5
7	A23-8F963.2	现浇框架结构檐口高度（层数）以内20m（6）	天	0.996			375.43		93.86	45.05	514.34	512.28
8	A23-52	塔吊基础自升式塔式起重机起重能力在 630kN·m 以内	台	0.004	7617.77	11891.84	1531.51		2287.32	1097.91	24426.35	97.71
9	A23-57	施工电梯基础单笼	台	0.004	1742.38	2604.94	249.83		498.05	239.07	5334.27	21.34
10	011705	大型机械设备进出场及安拆										66038.18
11	011705001001	大型机械设备进出场及安拆	项	1				48203.04	12050.77	5784.37	66038.18	66038.18

续表

序号	项目编码	项目名称	计量单位	工程数量	综合单价							项目合价
					人工费	材料费	机械费	主材费	管理费	利润	小计	
12	14001	场外运输费用（履带式挖掘机 1m³ 以内）	台次	1			4512.05		1128.01	541.45	6181.51	6181.51
13	14003	场外运输费用（履带式推土机 90kW 以内）	台次	1			3683.43		920.86	442.01	5046.3	5046.3
14	14038	场外运输费用（塔式起重机）	台次	1			10892.3		2723.08	1307.08	14922.46	14922.46
15	14039	组装拆卸费（塔式起重机 60kN·m 以内）	台次	1			10916.39		2729.1	1309.97	14955.46	14955.46
16	14048	场外运输费用（施工电梯 75m）	台次	1			8945.18		2236.3	1073.42	12254.9	12254.9
17	14049	组装拆卸费（施工电梯 75m）	台次	1			9253.69		2313.42	1110.44	12677.55	12677.55
18	011702	混凝土模板及支架（撑）										220830.31
19	011702001001	基础	m²	217.28	28.23	19.43	1.22		7.37	3.53	59.78	12989
20	A21-2	混凝土垫层复合木模板	10m²	0.03	329.64	200.18	9.22		84.72	40.66	664.42	19.97
21	A21-4	现浇无梁式带形基础复合木模板	10m²	0.003	217.3	200.18	9.22		56.63	27.18	510.51	1.68
22	A21-12	现浇各种柱基、桩承台复合木模板	10m²	0.067	264.04	191.34	13.64		69.42	33.32	571.76	38.1
23	011702002001	矩形柱	m²	509.43	28.54	17.4	1.47		7.5	3.6	58.51	29806.75
24	A21-27	矩形柱复合木模板	10m²	0.1	285.36	174	14.74		75.03	36.01	585.14	58.51
25	011702003001	构造柱	m²	182.39	36.08	20.04	0.98		9.26	4.45	70.81	12915.04
26	A21-32	构造柱复合木模板	10m²	0.1	360.8	200.41	9.76		92.64	44.47	708.08	70.81
27	011702005001	基础梁	m²	80.17	18.86	15.69	1.06		4.98	2.39	42.98	3445.71
28	A21-34	基础梁复合木模板	10m²	0.1	188.6	156.87	10.55		49.79	23.9	429.71	42.97
29	011702006001	矩形梁	m²	35.94	29.52	21.38	2.02		7.89	3.79	64.6	2321.72
30	A21-36	挑梁、单梁、连续梁、框架梁复合木模板	10m²	0.1	295.2	213.81	20.19		78.85	37.85	645.9	64.59

续表

序号	项目编码	项目名称	计量单位	工程数量	综合单价							项目合价
					人工费	材料费	机械费	主材费	管理费	利润	小计	
31	011702009001	过梁	m²	115.33	35.01	19.65	1.34		9.09	4.36	69.45	8009.67
32	A21-44	过梁复合木模板	10m²	0.1	350.14	196.51	13.37		90.88	43.62	694.52	69.45
33	011702014001	有梁板	m²	2421.55	22.04	17.69	1.77		5.96	2.86	50.32	121852.4
34	A21-59	现浇板厚度20cm内复合木模板	10m²	0.049	239.44	178.98	20.08		64.88	31.14	534.52	26.42
35	A21-57	现浇板厚度10cm内复合木模板	10m²	0.051	201.72	174.74	15.48		54.3	26.06	472.3	23.88
36	011702024001	楼梯	m²	175.48	77.98	38.81	5.95		20.98	10.07	153.79	26987.07
37	A21-74	现浇楼梯复合木模板	10m²水平投影面积	0.1	779.82	388.13	59.49		209.83	100.72	1537.99	153.8
38	011702023001	雨篷、悬挑板、阳台板	m²	14.06	45.26	17.46	2.29		11.89	5.71	82.61	1161.5
39	A21-76	现浇水平挑檐、板式雨篷复合木模板	10m²水平投影面积	0.1	452.64	174.56	22.91		118.89	57.07	826.07	82.61
40	011702025001	其他现浇构件	m²	22.97	27.49	18.7	1.49		7.25	3.47	58.4	1341.45
41	A21-94	现浇压顶复合木模板	10m²	0.095	276.34	187.38	15.1		72.86	34.97	586.65	55.93
42	A21-42	圈梁、地坑支撑梁复合木模板	10m²	0.005	245.18	179.46	11.47		64.16	30.8	531.07	2.47
		合计										506608.79

附表 2.13 **单位工程工料机总表**

工程名称：某办公楼工程 标段：

序号	材料编码	材料名称	规格型号等特殊要求	单位	单价（元）	数量	合价（元）
1	*21005	回程＝［机械费×25.00％］（进退场）		元	1	5606.59	5606.59
2	00010202	一类工		工日	85	763.2651	64877.53
3	00010301	人工（进退场）		工日	82	154	12628
4	00010301	二类工		工日	82	3104.4203	254562.46
5	00010302	二类工		工日	82	956.5525	78437.31
6	00010401	三类工		工日	77	198.3524	15273.13
7	01010100	钢筋综合		t	3447.35	65.9799	227455.81
8	01270100	型钢		t	3498.8	0.2228	779.53
9	02010109	橡胶板（进退场）		m²	15.44	0.78	12.04
10	02090101	塑料薄膜		m²	0.69	1589.3257	1096.63
11	02310101	无纺布		m²	0.77	26.6315	20.51
12	02330105	草袋（进退场）		片	0.86	53	45.58
13	03032113	塑料胀管螺钉		套	0.09	1542.12	138.79
14	03050106	螺栓（进退场）		个	0.48	52	24.96
15	03052109	对拉螺栓（止水螺栓）		kg	5.66	7.7712	43.98
16	03270202	砂纸		张	0.94	49.9728	46.97
17	03410205	电焊条 J422		kg	4.97	206.9722	1028.65
18	03450200	焊剂		kg	3.43	211.588	725.75
19	03510201	钢钉		kg	6	1.2073	7.24
20	03510701	铁钉		kg	3.6	841.0989	3027.96
21	03550204	镀锌铁丝（进退场）		kg	4.2	40	168
22	03570216	镀锌铁丝 8#		kg	4.2	495.3164	2080.33
23	03570237	镀锌铁丝 22#		kg	4.72	307.1424	1449.71
24	03610207	直螺纹套筒接头 φ25 以内		个	3	232.56	697.68
25	04010132	水泥 42.5 级		kg	0.3	12480.237	3744.07
26	04010611	水泥 32.5 级		kg	0.27	70198.3685	18953.57
27	04010701	白水泥		kg	0.6	2326.3643	1395.82
28	04030105	细砂		t	53.24	1.1147	59.35
29	04030107	中砂		t	67.39	277.286	18686.3
30	04050203	碎石 5～16mm		t	66.06	27.3289	1805.35
31	04050207	碎石 5～40mm		t	60.23	121.4475	7314.78
32	04090100	生石灰		t	316.69	5.344	1692.39
33	04090120	石灰膏		m³	209.83	2.329	488.69
34	04090302	黏土		m³	24.29	25.395	616.84
35	04090801	石膏粉 325 目		kg	0.36	250.508	90.18
36	04135500	MU20 砼砖 240×115×53		百块	51.5	147.7051	7606.81
37	04135500	MU15 砼实心砖 240×115×53		百块	47.17	45.6779	2154.63

序号	材料编码	材料名称	规格型号等特殊要求	单位	单价（元）	数量	合价（元）
38	04135535	配砖 190×90×40		m³	272	12.0838	3286.79
39	04150113	A3.5 蒸压轻质砂加气混凝土砌块（B05）		m³	291.57	15.913	4639.75
40	04150115	A3.5 蒸压轻质砂加气混凝土砌块（B05）		m³	291.57	129.6253	37794.85
41	04150115	A5 蒸压轻质砂加气混凝土砌块（B06）		m³	308.72	83.3355	25727.34
42	05011201	枕木（进退场）		m³	1071.94	0.08	85.76
43	05011201	枕木（进退场）		m³	1071.94	0.08	85.76
44	05030600	普通木成材		m³	1372.08	0.1666	228.59
45	07112133	石材块料 20 厚花岗岩石板		m²	180	42.228	7601.04
46	07112133	石材块料 30 厚花岗岩石板铺面		m²	260	20.9712	5452.51
47	09010103@2	乙级防火门		m²	260	19.392	5041.92
48	09010103@3	平开木夹板门		m²	180	91.5464	16478.35
49	09090813@1	断热铝合金框体中空 LOW-E 玻璃平开门		m²	300	20.37	6111
50	09093511@4	断热铝合金框体中空 LOW-E 玻璃推拉窗		m²	220	64.2816	14141.95
51	09093511@5	甲级防火窗		m²	350	11.7504	4112.64
52	09493560	镀锌铁脚		个	1.46	771.06	1125.75
53	10031503	钢压条		kg	4.29	20.9263	89.77
54	11010304	内墙乳胶漆		kg	10.29	1478.9029	15217.91
55	11010361	外墙弹性乳胶涂料		kg	25.73	166.576	4286
56	11010362	外墙弹性乳胶涂料（中涂）		kg	21.44	499.728	10714.17
57	11010363	外墙弹性乳胶涂料（面涂）		kg	25.73	166.576	4286
58	11030303	防锈漆		kg	12.86	0.712	9.16
59	11030734	聚氨酯甲料		kg	15.44	149.3538	2306.02
60	11030735	聚氨酯乙料		kg	15.44	231.4223	3573.16
61	11112505	高渗透性表面底漆		kg	30.01	99.9456	2999.37
62	11430327	大白粉		kg	0.73	250.508	182.87
63	11450345	外墙抗裂腻子粉		kg	7.29	1415.896	10321.88
64	11570552	SBS 聚酯胎乙烯膜卷材 δ3mm		m²	21.44	503.0375	10785.12
65	11573505	石油沥青油毡 350#		m²	3.34	377.5695	1261.08
66	11590914	硅酮密封胶		L	68.6	14.529	996.69
67	11592505	SBS 封口油膏		kg	6	24.9506	149.7
68	11592705	APP 高强嵌缝膏		kg	7.55	132.6887	1001.8
69	12030107	油漆溶剂油		kg	12.01	0.0735	0.88
70	12310303	二甲苯		kg	5.06	14.131	71.5
71	12330300	界面剂		kg	1.29	5589.9882	7211.09
72	12330505	APP 及 SBS 基层处理剂		kg	6.84	142.8627	977.18

序号	材料编码	材料名称	规格型号等特殊要求	单位	单价（元）	数量	合价（元）
73	12333551	PU 发泡剂		L	25.73	26.3025	676.76
74	12370305	氧气		m³	2.83	5.9083	16.72
75	12370331	石油液化气		kg	5.83	20.9263	122
76	12370336	乙炔气		m³	14.05	2.5673	36.07
77	12413501	胶水		kg	10.72	1.2204	13.08
78	12413518	901 胶		kg	2.14	1158.7819	2479.79
79	13010303	石棉板		m²	5.15	13.52	69.63
80	14310106	塑料管 dn20		m	3.11	12.6282	39.27
81	14310615	PVC—U 排水管 dn110		m	19.69	63.036	1241.18
82	15054503	铸铁弯头出水口		套	55.74	4.04	225.19
83	15170308	PVC 塑料管束节 dn110		个	5.88	21.0132	123.56
84	15170916	PVC 塑料管 135°弯头 dn110		个	7.01	3.5226	24.69
85	15372507	PVC 塑料抱箍 φ110		副	4.29	69.588	298.53
86	30090307	PVC 塑料落水斗 φ110		只	21.44	4.08	87.48
87	31130106	其它材料费		元	0.86	12478.3547	10731.39
88	31130506	泵管摊销费		元	0.86	114.3778	98.36
89	31130537	其它机械费		元	0.86	40.3021	34.66
90	31130538	起重机械检测费（进退场）		元	1	450	450
91	31130540	电梯检测费（进退场）		元	1	500	500
92	31132507	回库修理、保养费		元	0.86	651.3687	560.18
93	31150101	水		m³	4.57	1137.098	5196.54
94	32010502	复合木模板 18mm		m²	32.59	887.0087	28907.61
95	32011111	组合钢模板		kg	4.29	26.8592	115.23
96	32020115	卡具		kg	4.18	626.3008	2617.94
97	32020132	钢管支撑		kg	3.59	2035.9414	7309.03
98	32030105	工具式金属脚手		kg	4.08	76.2001	310.9
99	32030303	脚手钢管		kg	3.68	2107.2492	7754.68
100	32030504	底座		个	4.12	6.1784	25.46
101	32030513	脚手架扣件		个	4.89	347.2842	1698.22
102	32090101	周转木材		m³	1586.47	18.6793	29634.15
103	80212104.2	C25 预拌混凝土（泵送型）20mm	C25 粒径 20mm	m³	341.95	2.0125	688.17
104	80212104.3	C25 预拌混凝土（泵送型）31.5mm	C25 粒径 31.5mm	m³	341.95	8.0009	2735.91
105	80212105.2	C30 预拌混凝土（泵送型）20mm	C30 粒径 20mm	m³	351.66	308.2664	108404.96
106	80212105.3	C30 预拌混凝土（泵送型）31.5mm	C30 粒径 31.5mm	m³	351.66	64.894	22820.62
107	80212105.4	C30 预拌混凝土（泵送型）40mm	C30 粒径 40mm	m³	351.66	83.9185	29510.78

序号	材料编码	材料名称	规格型号等特殊要求	单位	单价（元）	数量	合价（元）
108	80212114.4	C15 预拌混凝土（非泵送型）40mm	C15 粒径 40mm	m³	313.78	72.2282	22663.76
109	80212115	C20 预拌混凝土（非泵送型）		m³	323.49	20.029	6479.18
110	80212115.1	C20 预拌混凝土（非泵送型）	C20 粒径 16mm	m³	323.49	13.2868	4298.15
111	80212116	C25 预拌混凝土（非泵送型）		m³	333.2	5.2388	1745.57
112	80212116.2	C25 预拌混凝土（非泵送型）20mm	C25 粒径 20mm	m³	333.2	16.2667	5420.06
113	80212116.3	C25 预拌混凝土（非泵送型）31.5mm	C25 粒径 31.5mm	m³	333.2	9.8032	3266.43
114	80230304	泡沫混凝土 400kg/m³		m³	97.56	99.0308	9661.44
115	99010305	履带式单斗挖掘机（液压）	1m³	台班	1284.24	1.2339	1584.62
116	99010305	履带式单斗挖掘机（进退场）	液压 1m³	台班	1284.24	0.5	642.12
117	99050152	滚筒式混凝土搅拌机（电动）	出料容量 400L	台班	150.22	2.5513	383.26
118	99050503	灰浆搅拌机	拌筒容量 200L	台班	120.64	31.2128	3765.51
119	99051304	混凝土输送泵车	输送量 60m³/h	台班	1600.52	5.0269	8045.65
120	99052107	混凝土振捣器	插入式	台班	10.42	27.2092	283.52
121	99052108	混凝土振捣器	平板式	台班	13.85	40.1756	556.43
122	99070106	履带式推土机	功率 75kW	台班	802.97	0.3873	310.99
123	99070107	履带式推土机（进退场）	90kW	台班	918.35	0.5	459.18
124	99070906	载货汽车	4t	台班	410	16.1395	6617.2
125	99070909	载重汽车（进退场）	8t	台班	511.59	9	4604.31
126	99070912	载重汽车（进退场）	15t	台班	934.12	5	4670.6
127	99071100	自卸汽车		台班	800.57	1.1057	885.19
128	99071311	平板拖车组（进退场）	40t	台班	1385.88	2	2771.76
129	99071903	机动翻斗车	装载质量 1t	台班	179.62	5.9382	1066.62
130	99073123	轨道平车	5t	台班	12.35	0.0249	0.31
131	99090503	汽车式起重机（进退场）	5t	台班	482.28	5	2411.4
132	99090503	汽车式起重机	5t	台班	482.28	5.1636	2490.3
133	99090504	汽车式起重机（进退场）	8t	台班	653.09	13	8490.17
134	99090507	汽车式起重机（进退场）	16t	台班	922.2	4.5	4149.9
135	99090704	门式起重机	提升质量 10t	台班	382.52	0.0142	5.43
136	99091301	自升式塔式起重机	起重力矩 315kN·m	台班	473.64	119.8089	56746.29
137	99091304	自升式塔式起重机（进退场）	630kN·m	台班	532.45	0.5	266.23

序号	材料编码	材料名称	规格型号等特殊要求	单位	单价（元）	数量	合价（元）
138	99091925	电动卷扬机（单筒慢速）	牵引力 50kN	台班	148.44	14.1262	2096.89
139	99091943	卷扬机带塔	牵引力 1t，H＝40m	台班	168.99	217.377	36734.54
140	99092303	单笼施工电梯（进退场）	提升高度 75m	台班	261.34	0.5	130.67
141	99130511	夯实机（电动）	夯击能力 20～62N·m	台班	23.48	18.6999	439.07
142	99170307	钢筋调直机	直径 40mm	台班	29.82	0.4516	13.47
143	99170507	钢筋切断机	直径 40mm	台班	38.5	7.0988	273.3
144	99170707	钢筋弯曲机	直径 40mm	台班	21.3	21.1565	450.63
145	99190726	摇臂钻床	钻孔直径 50mm	台班	139.94	0.0125	1.75
146	99191111	剪板机	厚度 40mm×宽度 3100mm	台班	518.24	0.0018	0.93
147	99191507	多辊板料校平机	厚度 16mm×宽度 2500mm	台班	1082.09	0.0018	1.95
148	99191741	型钢剪断机	剪断宽度 500mm	台班	195.56	0.0062	1.21
149	99192305	电锤	功率 520W	台班	7.6	19.2284	146.14
150	99192906	刨边机	加工长度 12000mm	台班	535.94	0.0098	5.25
151	99193107	钢筋直螺纹剥肋滚丝机		台班	22.87	7.524	172.07
152	99194545	型钢校正机		台班	229.5	0.0062	1.42
153	99210103	木工圆锯机	直径 500mm	台班	23.9	57.5178	1374.68
154	99250304	交流弧焊机	容量 30kVA	台班	78.68	12.9815	1021.38
155	99250306	交流弧焊机	容量 40kVA	台班	116.64	0.9044	105.49
156	99250342	自动埋弧焊机	电流 1200A	台班	186.02	8.788	1634.74
157	99250506	点焊机	容量长臂 75kVA	台班	237.85	2.6165	622.33
158	99250707	对焊机	容量 75kVA	台班	114.03	2.208	251.78
159	99270911	电焊条烘干箱	容积 45cm×35cm×45cm	台班	11.86	0.0792	0.94
160	99310103	洒水车	4000L	台班	511.01	0.0267	13.64
161	99430106	电动单级离心清水泵	出口直径 100mm	台班	58.22	5.25	305.66
162	99431305	潜水泵	出口直径 100mm	台班	25.89	2.1399	55.4
163	99433309	电动空气压缩机	排气量 6m³/min	台班	311.26	0.0071	2.21
		合计					1419357.13

附表 2.14 　　　　　　　　　　　　**分部分项定额工程量计算表**

工程名称：某办公楼工程 　　　　　　　　　　　　　　　　　　　　　　　　　　　标段：

序号	部位	计算式	计算结果/计量单位	小计
1	0101	土（石）方工程		
2	010101001001	平整场地【三类干土】	m²	403.66
3	A1-273	推土机（75kW 以内）平整场地（厚 300mm 以内）	1000m²	0.55
4		(14.2＋4)×(26.2＋4)	549.64	
5		【计算工程量】0.550 (1000m²)		
6	010101003001	挖沟槽土方【三类土；挖土深度 1.5M 内；机械挖土；人工修坡；土方就地堆放】	m³	84.962
7	A1-205	反铲不装车挖掘机挖土（斗容量 1m³ 以内）	1000m³	0.076
8		84.962×0.9	76.466	
9		【计算工程量】0.076 (1000m³)		
10	A1-27 换	人工挖底宽小于等于 3m 且底长大于 3 倍底宽的沟槽三类干土深度在 1.5m 以内	m³	8.496
11		84.962×0.1	8.496	
12		【计算工程量】8.496 (m³)		
13	010101004001	挖基坑土方【三类土；挖土深度 1.5M 内；机械挖土；人工修坡；土方就地堆放】	m³	271.887
14	A1-225	反铲不装车基坑挖掘机挖土（斗容量 1m³ 以内）	1000m³	0.245
15		271.887×0.9	244.698	
16		【计算工程量】0.245 (1000m³)		
17	A1-59 换	人工挖底面积小于等于 20m² 的基坑三类干土深度在（1.5m 以内）	m³	27.189
18		271.887×0.1	27.189	
19		【计算工程量】27.189 (m³)		
20	010103001001	回填方【素土；分层夯实】	m³	209.856
21	A1-205F2.7	反铲不装车挖掘机挖土（斗容量 1m³ 以内）	1000m³	0.21
22		209.856	209.856	
23		【计算工程量】0.210 (1000m³)		
24	A1-104	基（槽）坑夯填回填土	m³	209.856
25		209.856	209.856	
26		【计算工程量】209.856 (m³)		
27	010103001002	回填方【房心回填】	m³	84.77
28	A1-205F2.7	反铲不装车挖掘机挖土（斗容量 1m³ 以内）	1000m³	0.085
29		84.77	84.77	
30		【计算工程量】0.085 (1000m³)		
31	A1-104	基（槽）坑夯填回填土	m³	84.77
32		84.77	84.77	
33		【计算工程量】84.770 (m³)		
34	010103002001	余方弃置【余土外运 5km】	m³	62.223
35	A1-264F2.13	自卸汽车运土运距在（5km 以内）	1000m³	0.062
36		62.223	62.223	
37		【计算工程量】0.062 (1000m³)		

序号	部位	计算式	计算结果/计量单位	小计
38	A1-204	反铲装车挖掘机挖土（斗容量 1m³ 以内）	1000m³	0.062
39		62.223	62.223	
40		【计算工程量】0.062（1000m³）		
41	0104	砌筑工程		
42	010401001001	砖基础【MU20 混凝土实心砖；墙体厚度 240；Mb10 水泥砂浆砌筑】	m³	28.296
43	A4-1.2 换	M10 水泥砂浆直形砖基础	m³	28.296
44		28.296	28.296	
45		【计算工程量】28.296（m³）		
46	010402001001	砌块墙【外墙；M5 混合砂浆；200 厚 A5 蒸压轻质砂加气混凝土砌块（B06）】	m³	91.192
47	A4-7 换	M5 混合砂浆砌筑加气混凝土砌块墙 200 厚	m³	91.077
48		91.077	91.077	
49		【计算工程量】91.077（m³）		
50	010402001002	砌块墙【内墙；M5 混合砂浆；200 厚 A3.5 蒸压轻质砂加气混凝土砌块（B05）】	m³	141.667
51	A4-7 换	M5 混合砂浆砌筑加气混凝土砌块墙 200 厚	m³	141.667
52		141.667	141.667	
53		【计算工程量】141.667（m³）		
54	010402001003	砌块墙【内墙；M5 混合砂浆；100 厚 A3.5 蒸压轻质砂加气混凝土砌块（B05）】	m³	16.156
55	A4-9 换	M5 混合砂浆砌筑加气混凝土砌块墙 100 厚（用于多水房间、底有混凝土坎台）	m³	16.456
56		16.456	16.456	
57		【计算工程量】16.456（m³）		
58	010401003001	实心砖墙【MU15 砼实心砖；女儿墙；Mb10 混合砂浆】	m³	8.522
59	A4-35 换	M10 混合砂浆 1 砖外墙 MU15 砼实心砖	m³	8.522
60		8.522	8.522	
61		【计算工程量】8.522（m³）		
62	0105	混凝土及钢筋混凝土工程		
63	010501001001	垫层【非泵送 C15 无筋商品砼】	m³	18.89
64	A6-301.1	C15 砼非泵送垫层	m³	18.89
65		18.89	18.89	
66		【计算工程量】18.890（m³）		
67	010501002001	带形基础【非泵送 C15 商品砼】	m³	9.69
68	A6-303 换	C20 砼非泵送无梁式砼条形基础	m³	9.69
69		9.69	9.69	
70		【计算工程量】9.690（m³）		
71	010501003001	独立基础【泵送 C30 商品砼】	m³	82.273
72	A6-185.2	C30 砼泵送桩承台独立柱基	m³	82.273
73		82.273	82.273	

序号	部位	计算式	计算结果/计量单位	小计
74		【计算工程量】82.273（m³）		
75	010503001001	基础梁【地圈梁；泵送 C25 商品砼】	m³	7.844
76	A6-193.1	C25 砼泵送基础梁地坑支撑梁	m³	7.844
77		7.844	7.844	
78		【计算工程量】7.844（m³）		
79	010502001001	矩形柱【泵送 C30 商品砼；柱周长 2.5m 内】	m³	57.689
80	A6-190	C30 砼泵送矩形柱	m³	57.689
81		57.689	57.689	
82		【计算工程量】57.689（m³）		
83	010502001002	矩形柱【泵送 C30 商品砼；柱周长 1.6m 内】	m³	3.595
84	A6-190	C30 砼泵送矩形柱	m³	3.595
85		3.595	3.595	
86		【计算工程量】3.595（m³）		
87	010502002001	构造柱【MZ、TZ，非泵送 C25 商品砼】	m³	2.226
88	A6-316.1	C25 砼非泵送构造柱	m³	2.226
89		2.226	2.226	
90		【计算工程量】2.226（m³）		
91	010502002002	构造柱【GZ，非泵送 C25 商品砼】	m³	14.205
92	A6-316.1	C25 砼非泵送构造柱	m³	14.205
93		14.205	14.205	
94		【计算工程量】14.205（m³）		
95	010503002001	矩形梁【泵送 C30 商品砼】	m³	4.14
96	A6-194	C30 砼泵送单梁框架梁 & 连续梁	m³	4.14
97		4.14	4.14	
98		【计算工程量】4.140（m³）		
99	010503005001	过梁【GL，非泵送 C25 商品砼】	m³	8.027
100	A6-321.2	C25 砼非泵送过梁	m³	8.027
101		8.027	8.027	
102		【计算工程量】8.027（m³）		
103	010503005002	过梁【窗台梁，非泵送 C25 商品砼】	m³	1.584
104	A6-321.2	C25 砼非泵送过梁	m³	1.584
105		1.584	1.584	
106		【计算工程量】1.584（m³）		
107	010505001001	有梁板【泵送 C30 商品砼；板厚度 200 内】	m³	148.331
108	A6-207	C30 砼泵送有梁板	m³	148.331
109		148.331	148.331	
110		【计算工程量】148.331（m³）		
111	010505001002	有梁板【泵送 C30 商品砼；板厚度 100 内】	m³	114.441
112	A6-207	C30 砼泵送有梁板	m³	114.441
113		114.441	114.441	
114		【计算工程量】114.441（m³）		

续表

序号	部位	计算式	计算结果/计量单位	小计
115	010505008001	雨篷、悬挑板、阳台板【泵送 C30 商品砼，复式雨篷】	m³	0.85
116	A6-216.2	C30 砼泵送水平挑檐复式雨篷	10m²	0.65
117		1×2.2×2+1×2.1	6.5	
118		【计算工程量】0.650（10m²）		
119	A6-218.1	C30 砼泵送每增减楼梯、雨篷、阳台、台阶	m³	0.142
120		0.85×(1+1.5%+0.5%)−0.65×1.116	0.142	
121		【计算工程量】0.142（m³）		
122	010505008002	雨篷、悬挑板、阳台板【泵送 C30 商品砼，KTB】	m³	0.756
123	A6-215.1	C30 砼泵送水平挑檐板式雨篷	10m²	0.756
124		0.7×1.8×6	7.56	
125		【计算工程量】0.756（10m²）		
126	A6-218.1	C30 砼泵送每增减楼梯、雨篷、阳台、台阶	m³	0.076
127		0.756×(1+1.5%+0.5%)−0.756×0.919	0.076	
128		【计算工程量】0.076（m³）		
129	010506001001	直形楼梯【泵送 C30 商品砼】	m²	175.475
130	A6-213.1	C30 砼泵送楼梯直形	10m²	17.548
131		175.475	175.475	
132		【计算工程量】17.548（10m²）		
133	A6-218.1	C30 砼泵送每增减楼梯、雨篷、阳台、台阶	m³	2.134
134	1#	31.824−29.33	2.494	2.494
135	2#	6.632−6.992	−0.360	−0.360
136		【计算工程量】2.134（m³）		
137	010507005001	扶手、压顶【100×240；泵送 C25 商品砼】	m³	1.973
138	A6-226.2	C25 砼泵送压顶	m³	1.973
139		1.973	1.973	
140		【计算工程量】1.973（m³）		
141	010503004001	圈梁【泵送 C30 商品砼，上人孔翻边】	m³	0.128
142	A6-196.1	C30 砼泵送圈梁	m³	0.128
143		0.128	0.128	
144		【计算工程量】0.128（m³）		
145	010507001001	散水、坡道【散水：苏 J08-2006/30】	m²	41.616
146	A13-163	C20 现浇混凝土散水	10m²	4.162
147		41.616	41.616	
148		【计算工程量】4.162（10m²）		
149	010507001002	散水、坡道【素土夯实，300 厚 3：7 灰土分两步夯实，宽出面层 300，100 厚 C15 非泵送商品混凝土，素水泥浆一道内掺建筑胶，30 厚 1：3 干硬性水泥砂浆结合层，20 厚花岗岩石板铺面】	m²	41.4
150	A13-61 换	石材块料面板台阶拼贴多色简单图案干硬性水泥砂浆	10m²	4.14
151		41.4	41.4	
152		【计算工程量】4.140（10m²）		
153	A6-301.1	C15 砼非泵送垫层	m³	41.3
154		41.4−0.1	41.3	

序号	部位	计算式	计算结果/计量单位	小计
155		【计算工程量】41.300（m³）		
156	A4-95	3:7灰土基础垫层	m³	15.012
157		[5.4×(1+0.3×2)+4.5×(4+0.3×2)×2]×0.3	15.012	
158		【计算工程量】15.012（m³）		
159	A1-99	地面原土打底夯	10m²	5.004
160		5.4×(1+0.3×2)+4.5×(4+0.3×2)×2	50.04	
161		【计算工程量】5.004（10m²）		
162	010507004001	台阶【素土夯实，300厚3:7灰土分两步夯实，宽出面层100，60厚C15非泵送商品混凝土，素水泥浆一道内掺建筑胶，20厚1:3干硬性水泥砂浆结合层，30厚花岗岩石板铺面】	m²	20.556
163	A13-61 换	石材块料面板台阶拼贴多色简单图案干硬性水泥砂浆	10m²	2.056
164		20.556	20.556	
165		【计算工程量】2.056（10m²）		
166	A6-301.1	C15砼非泵送垫层	m³	1.233
167		20.556×0.06	1.233	
168		【计算工程量】1.233（m³）		
169	A4-95	3:7灰土基础垫层	m³	6.852
170		[8×(0.3×3+0.1)+(0.3×3+0.1)×(1.5+0.3+1.5+0.41×2+0.3×2+1.5+0.3)+(0.3×3+0.1)×(2.4+0.3+1.5+0.41×2+0.3×2+2.4+0.3)]×0.3	6.852	
171		【计算工程量】6.852（m³）		
172	A1-99	地面原土打底夯	10m²	2.284
173		8×(0.3×3+0.1)+(0.3×3+0.1)×(1.5+0.3+1.5+0.41×2+0.3×2+1.5+0.3)+(0.3×3+0.1)×(2.4+0.3+1.5+0.41×2+0.3×2+2.4+0.3)	22.84	
174		【计算工程量】2.284（10m²）		
175	010515001001	现浇构件钢筋【砌体加固筋】	t	0.923
176	A5-25	砌体、板缝内加固钢筋不绑扎	t	0.462
177		0.923×0.5	0.462	
178		【计算工程量】0.462（t）		
179	A5-26	砌体、板缝内加固钢筋绑扎	t	0.462
180		0.923×0.5	0.462	
181		【计算工程量】0.462（t）		
182	010515001002	现浇构件钢筋【直径Φ12mm以内】	t	32.91
183	A5-1	现浇混凝土构件钢筋Φ12以内	t	32.91
184		32.910	32.91	
185		【计算工程量】32.910（t）		
186	010515001003	现浇构件钢筋【直径Φ25MM以内】	t	28.277
187	A5-2	现浇混凝土构件钢筋Φ25以内	t	28.277
188		28.277	28.277	
189		【计算工程量】28.277（t）		

序号	部位	计算式	计算结果/ 计量单位	小计
190	010515003001	钢筋网片【Φ8 以内】	t	1.44
191	A5-13	点焊钢筋网片构件主筋 Φ8 以内	t	1.44
192		1.440	1.44	
193		【计算工程量】1.440（t）		
194	010516003001	机械连接	个	228
195	A5-33	直螺纹接头 Φ25 以内	10 个接头	22.8
196		228	228	
197		【计算工程量】22.800（10 个接头）		
198	010516004001	钢筋电渣压力焊接头	个	676
199	A5-32	电渣压力焊	10 个接头	67.6
200		676	676	
201		【计算工程量】67.600（10 个接头）		
202	0108	门窗工程		
203	010802001001	金属（塑钢）门【M1528，断热铝合金框体中空 LOW-E 玻璃平开门】	m²	21
204	A16-2 换	铝合金门平开门及推拉门	10m²	2.1
205		21	21	
206		【计算工程量】2.100（10m²）		
207	010801004001	木质防火门【FM 乙 1522、FM 乙 1522，乙级防火门】	m²	19.2
208	A16-31 换	实拼门夹板面	10m²	1.92
209		19.2	19.2	
210		【计算工程量】1.920（10m²）		
211	010801001001	木质门【M1020、M1022、M0822，平开木夹板门】	m²	90.64
212	A16-31 换	实拼门夹板面	10m²	9.064
213		90.64	90.64	
214		【计算工程量】9.064（10m²）		
215	010807001001	金属（塑钢、断桥）窗【C1818，C1806，断热铝合金框体中空 LOW-E 玻璃推拉窗】	m²	66.96
216	A16-3 换	铝合金窗推拉窗	10m²	6.696
217		66.96	66.96	
218		【计算工程量】6.696（10m²）		
219	010807002001	金属防火窗【FC 甲 1718，甲级防火窗】	m²	12.24
220	A16-3 换	铝合金窗推拉窗	10m²	1.224
221		12.24	12.24	
222		【计算工程量】1.224（10m²）		
223	0109	屋面及防水工程		
224	010902001001	屋面卷材防水【3 厚 SBS 改性沥青防水卷材，热熔单层满铺】	m²	380.806
225	A10-32	单层 SBS 改性沥青防水卷材热熔满铺法	10m²	38.081
226		380.81	380.81	
227		【计算工程量】38.081（10m²）		
228	010902003001	屋面刚性层【40 厚 C20 防水细石混凝土现拌 6m×6m 分仓缝宽 20，密封胶填缝缝口贴 200 宽 SBS 防水卷材，3 厚 1：3 石灰砂浆隔离层；20 厚 1：3 水泥砂浆找平】	m²	359.586

序号	部位	计算式	计算结果/计量单位	小计
229	A10-77	C20 现浇细石混凝土有分格缝 40mm 厚	10m²	35.959
230		359.59	359.59	
231		【计算工程量】35.959（10m²）		
232	A10-32	单层 SBS 改性沥青防水卷材热熔满铺法	10m²	2.162
233		0.2×［(26＋0.2－0.24×2)×2＋(14＋0.1＋0.55－0.24×2)×4］	21.624	
234		【计算工程量】2.162（10m²）		
235	A10-90	1：3 石灰砂浆隔离层 3mm	10m²	35.959
236		359.59	359.59	
237		【计算工程量】35.959（10m²）		
238	A13-15	1：3 水泥砂浆找平层（厚 20mm）砼或硬基层上	10m²	35.959
239		359.59	359.59	
240		【计算工程量】35.959（10m²）		
241	010902004001	屋面排水管【Φ110PVC 排水管，Φ110PVC 水斗，女儿墙铸铁弯头落水口】	m	61.8
242	A10-202	PVC 水落管 Φ110	10m	6.18
243		61.8	61.8	
244		【计算工程量】6.180（10m）		
245	A10-206	PVC 水斗 Φ110	10 只	0.4
246		4	4	
247		【计算工程量】0.400（10 只）		
248	A10-219	女儿墙铸铁弯头落水口	10 只	0.4
249		4	4	
250		【计算工程量】0.400（10 只）		
251	0110	保温、隔热、防腐工程		
252	011001001001	保温隔热屋面【最薄处 200 厚泡沫混凝土，坡度 2%，泡沫混凝土容重 400kg/m³】	m²	359.586
253	A11-6 换	1：8 水泥珍珠岩砂浆屋面、楼地面保温隔热现浇水泥珍珠岩（砂浆 1：8）	m³	97.089
254		359.59×0.27	97.089	
255		【计算工程量】97.089（m³）		
256	0111	楼地面装饰工程		
257	011101003001	细石混凝土楼地面【一层地面普通房间：素土夯实，100 厚碎石夯实，60 厚 C20 混凝土垫层，40 厚 C20 细石混凝土表面撒 5 厚 1：1 水泥砂浆随打随抹光，面层用户自理，商品非泵送混凝土】	m²	328.88
258	A13-26	1：1 水泥砂浆加浆抹光随捣随抹厚 5mm	10m²	32.888
259		328.880	328.88	
260		【计算工程量】32.888（10m²）		
261	A13-18F524.3	C20 现浇砼细石砼找平层厚 40mm	10m²	32.888
262		328.880	328.88	
263		【计算工程量】32.888（10m²）		
264	A13-13 换	C15 非泵送预拌砼垫层不分格	m³	19.733
265		328.880×0.06	19.733	

序号	部位	计算式	计算结果/计量单位	小计
266		【计算工程量】19.733（m³）		
267	A13-9	碎石干铺垫层	m³	32.888
268		328.880×0.1	32.888	
269		【计算工程量】32.888（m³）		
270	A1-99	地面原土打底夯	10m²	32.888
271		328.880	328.88	
272		【计算工程量】32.888（10m²）		
273	011101003002	细石混凝土楼地面【一层地面卫生间：素土夯实，100厚碎石夯实，60厚C25混凝土，20厚1:3水泥砂浆，压实抹光，聚氨酯二遍涂膜防水层，厚2.0，四周卷起300，最薄处30厚C25细石混凝土找坡抹平，20厚1:3水泥砂浆面层，面层用户自理，商品非泵送混凝土】	m²	17.94
274	A13-22换	1:2水泥砂浆楼地面面层厚20mm（砂浆1:3）	10m²	1.794
275		17.94	17.94	
276		【计算工程量】1.794（10m²）		
277	A13-18换	C20现浇砼细石砼找平层厚40mm	10m²	1.794
278		17.94	17.94	
279		【计算工程量】1.794（10m²）		
280	A13-19×2	C20现浇砼细石砼找平层厚度每增（减）5mm	10m²	−1.794
281		−17.94	−17.940	
282		【计算工程量】−1.794（10m²）		
283	A10-116	平面刷聚氨酯防水涂料二涂2.0mm	10m²	2.4
284		17.94+[(8−0.1−0.1)×2+2.3×2]×0.3	24	
285		【计算工程量】2.400（10m²）		
286	A13-15	1:3水泥砂浆找平层（厚20mm）砼或硬基层上	10m²	1.794
287		17.94	17.94	
288		【计算工程量】1.794（10m²）		
289	A13-13换	C15非泵送预拌砼垫层不分格	m³	1.076
290		17.94×0.06	1.076	
291		【计算工程量】1.076（m³）		
292	A13-9	碎石干铺垫层	m³	1.794
293		17.94×0.1	1.794	
294		【计算工程量】1.794（m³）		
295	A1-99	地面原土打底夯	10m²	1.794
296		17.94	17.94	
297		【计算工程量】1.794（10m²）		
298	011101001001	水泥砂浆楼地面【楼面普通房间：水泥砂浆一道内掺建筑胶，20厚1:3水泥砂浆面层；面层用户自理】	m²	867.66

施 工 说 明

一、项目概况

1.概况
建筑名称: 常州某公司办公楼。
建设地点: 常州市。
建筑规模: 地上四层,建筑面积: 1537.7m²,建筑高度: 15.45m。
耐火等级二级,结构类型: 混凝土框架,抗震分类丙类,抗震设防烈度7度,屋面防水等级Ⅱ级。
建筑使用年限: 50年。

2.设计依据
(1) 建设单位设计委托合同书。
　①甲方认可的方案;　　　　②城市规划部门批准的详细规划图;
　③城市规划部门批准的建筑设计方案;　　④现势地形图及岩土工程勘察报告。
(2) 主要规范:
《民用建筑设计通则》(GB50352—2005)、《建筑设计防火规范》(GB 50016—2014)
《屋面工程技术规范》(GB50345—2012)、《办公建筑设计规范》(JGJ 67—2006)
《建筑外窗空气渗透性能分级及其检测方法》(GB 7107—1986)、《公共建筑节能设计标准》(GB 50189—2015)
以及现行国家、省及市颁布的其他相关规范、通则及规定。

3 建筑定位、设计标高与尺寸标注
(1) 建筑单体及道路定位均详见总平面图,建筑定位坐标点采用城市坐标系。
(2) 建筑总平面所注尺寸及图纸标高以米(m)为单位,其余以毫米(mm)为单位。
(3) 建筑平面、立面、剖面所标各层楼地面标高(包括楼梯)均为建筑完成面标高(特殊注明除外),屋面标高为结构面标高。
(4) 建筑平面所注尺寸均为轴线尺寸,门窗洞口尺寸为洞口尺寸。所有尺寸以图纸上标注尺寸为准,不得从图上度量。
(5) 室内地坪±0.000相当于85,高程6.221m。
(6) 卫生间除注明外,低相应地面50mm。

二、砌体工程

(1) 本工程墙体材料: ±0.000以上墙体外墙为200厚A5蒸压轻质砂加气混凝土砌块(B06),砂浆强度详见结构设计说明。
　　　　　　　　　内墙为200厚A3.5蒸压轻质砂加气混凝土砌块(B06),砂浆强度详见结构设计说明。
　　　　　　　　　女儿墙为MU15混凝土实心砖。
　　　　　　　　　±0.000以下墙体为MU20混凝土实心砖,砂浆强度详见结构设计说明。
(2) 墙体防潮层: 砖砌体在室内地坪±0.00以下60mm处做1:2水泥砂浆防潮层(加5 %防水剂),有地圈梁处可不设。
　　　室内相邻地面有高差时,应在高差处墙身的侧面加做20厚1:2水泥砂浆防潮层。
(3) 构造柱见建筑抗震构造详图,柱边砖垛<200与柱同浇。
(4) 填充墙砌块砌筑方法及构造做法均应遵照《非承重混凝土小型空心砌块墙体技术规程》06CG01的各项要求执行。

门窗表

类型	设计编号	洞口尺寸(mm) 宽	洞口尺寸(mm) 高	各层樘数 1层	各层樘数 2层	各层樘数 3层	各层樘数 4层	总樘数	门窗类型
门	M1528	1500	2800	2	3			5	断热铝合金框体中空Low-e玻璃平开门(5+12A+5)(专业厂家设计制作)
	M1022	1000	2200	2	4	12	10	28	平开木夹板门(专业厂家制作)
	M1020	1000	2000	2				2	平开木夹板门(专业厂家制作)
	M0822	800	2200			6	8	14	平开木夹板门(专业厂家制作)
	FMZ1528	1500	2800		1	1	1	3	乙级防火门(专业厂家制作)
	FMZ1522	1500	2200					2	乙级防火门(专业厂家制作)
窗	C1806	1800	600	2	6	6	6	20	断热铝合金框体中空Low-e玻璃推拉窗(5+12A+5)(传热系数2.40)(专业厂家设计制作)
	C1818	1800	1800	2	6	6	6	20	断热铝合金框体中空Low-e玻璃推拉窗(5+12A+5)(传热系数2.40)(专业厂家设计制作)
	FC甲1718	1700	1800	1	1	1	1	4	甲级防火窗(专业厂家制作)
幕墙	MQ1	7800	17000	1				1	断热铝合金框体中空Low-e玻璃(5+12A+5)(传热系数2.40)(专业厂家设计制作)(一层带外开门与电动推拉门)
	MQ2	8200	14880	2				2	断热铝合金框体中空Low-e玻璃(5+12A+5)(传热系数2.40)(专业厂家设计制作)

注
1. 本图中有关门窗、幕墙的尺寸仅为洞口尺寸,承包商必须严格按照设计图纸上的立面分格,依据承包合同使用保险年限,负责一切技术措施。必须按照相关的设计和
施工规范绘制施工安装图,送甲方及设计院审阅同意后方可制作施工。其安装、用料大小及一切配件,由承包厂家依其本厂产品,按设计要求另行负责设计。
2. 木门及木构件均须做防腐处理。
3. 防火门应用消防部门认可的材料,防火墙和公共出入口疏散用的平开防火门应设闭门器,双扇平开防火门应安装闭门器和顺序器。
4. 公共出入口的无框玻璃门,玻璃选用钢化夹胶安全玻璃。
5. 本工程面积大于1.5m²的玻璃或玻璃底边离最终装修面小于500的落地窗,使用钢化玻璃。
6. 卫生间玻璃1.7m以下做磨砂玻璃。
7. 本工程外门窗气密性不低于《建筑外门窗气密、水密、抗风压性能分级及检测方法》GB/T 7106—2008中的6级(幕墙为3级),水密性不低于3级,抗风压性不低于4级。

建筑用料表

名称	构造做法	适用范围	名称	构造做法	适用范围	名称	构造做法	适用范围
屋面	40厚C20防水细石混凝土随浇随抹(内配Φ4@100双向钢筋)6m×6m,设分仓缝,缝宽20,密封胶嵌缝,缝口贴200宽SBS防水卷材 3厚1:3石灰砂浆隔离层 3厚SBS改性沥青防水卷材满铺,热熔单层 20厚1:3水泥砂浆找平 最薄处200厚泡沫混凝土(容重400kN/m²),找坡(坡度2%)现浇钢筋混凝土屋面板	保温屋面(Ⅱ级防水)	外墙	外墙弹性涂料三道 抗裂腻子三遍 10厚1:25水泥砂浆一道 12厚1:3水泥砂浆找平 刷界面剂一道 基层墙体	涂料外保温墙面	台阶	30厚花岗石板铺面 20厚1:3干硬水泥砂浆结合层 素水泥浆一道(内渗建筑胶) 60厚C15混凝土,台阶面向外坡1% 300厚3:7灰土分两步夯实,宽出面层100素土夯实	
楼面	面层用户自理 20厚1:3水泥砂浆面层 水泥砂浆一道(内掺建筑胶) 现浇钢筋混凝土楼面板	普通房间	内墙	内墙乳胶漆二遍,白水泥腻子二遍 8厚1:25水泥砂浆粉面抹光 12厚1:3水泥砂浆粉面打底 刷界面处理剂一道 基层墙体	普通房间	坡道	20厚花岗岩石板铺面 30厚1:3干硬水泥砂浆结合层 素水泥浆一道(内渗建筑胶) 100厚C15混凝土 300厚3:7灰土分两步夯实,宽出面层300素土夯实	
	面层用户自理 20厚1:3水泥砂浆面层 最薄处30厚C25细石混凝土找坡抹平 聚氨酯二遍涂膜防水层,厚2.0, 四周围起300,所有地面与墙面、竖管转角处附加300一布二涂 20厚1:3水泥砂浆,压实抹光 现浇钢筋混凝土楼面板	卫生间 茶水间		内墙乳胶漆二遍,白水泥腻子二遍 15厚1:3水泥砂浆一道 刷水泥浆一道901胶 基层墙体	卫生间 茶水间	散水	苏J08-2006/30	
天棚	面层用户自理 40厚C20细石混凝土表面撒5厚1:1水泥砂浆,随打随抹光(内配Φ3@50钢丝网片) 60厚C20混凝土垫层 100厚碎石夯实 素土夯实	普通房间	室内房间	内墙乳胶漆二遍 白水泥批嵌二遍 水泥掺901胶修补批平	室内房间	踢脚线角	15厚1:3水泥砂浆	踢脚线高(150mm)
地面	面层用户自理 20厚1:3水泥砂浆面层 20厚1:3水泥砂浆找坡抹平 20厚1:3水泥砂浆,压实抹光 60厚C25混凝土 100厚碎石夯实 素土夯实	普通房间							
	面层用户自理 20厚1:3水泥砂浆面层 最薄处30厚C25细石混凝土找坡抹平 聚氨酯二遍涂膜防水层,厚2.0, 四周卷起300 20厚1:3水泥砂浆,压实抹光 60厚C25混凝土 100厚碎石夯实 素土夯实	卫生间							

建设单位	常州某公司	工程名称	办公楼
图名	施工说明		
图号	建施-01	比例 1:100	日期 2015.01

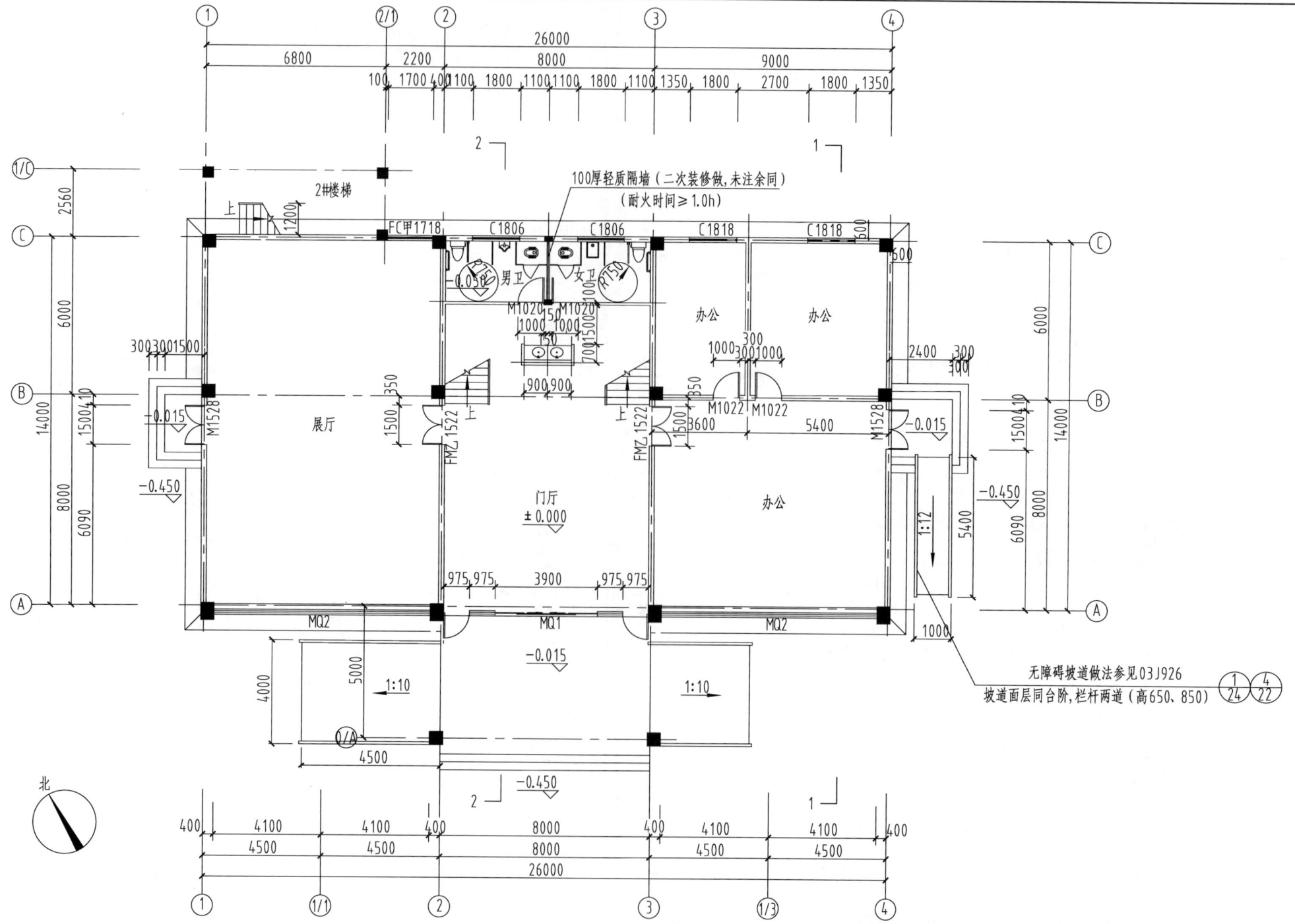

一层平面图 1:100

建设单位	常州某公司	工程名称	办公楼
图 名			一层平面图
图 号	建施—02	比 例	1:100	日 期	2015.01

北

2#楼梯

100厚轻质隔墙（二次装修,未注余同）
（耐火时间≥1.0h）

FC甲1718 C1806 C1806 C1818 C1818

男卫 女卫

办公 办公

展厅

门厅
±0.000

办公

无障碍坡道做法参见03J926
坡道面层同台阶,栏杆两道（高650、850）

空调板自由落水（未注余同）
板四周做600高铝合金百叶栏杆（专业公司设计制作）

FC甲 1718
C1818
C1818
C1818
C1818

空调板自由落水（未注余同）

预埋Φ50PVC排水管, L=200
（未注余同）

FMZ乙 1528

100厚房间轻质隔墙
（二次装修做,未注余同）
（耐火时间≥1.0h）
会议

办公
办公

M1022
M1022
M1022
M1022

C1818
C1818

M1528
M1528
M1528

4.200

办公
办公
办公

4500
4500

上
下
上

1.5厚KDS高级复合D型自粘防水卷材
20厚1:3水泥砂浆找平
现浇钢筋混凝土板

MQ2
MQ1
MQ2

钢结构玻璃雨篷
专业钢结构公司设计并经本所审核后方可施工

（14.400）
3.000

成品滴水线

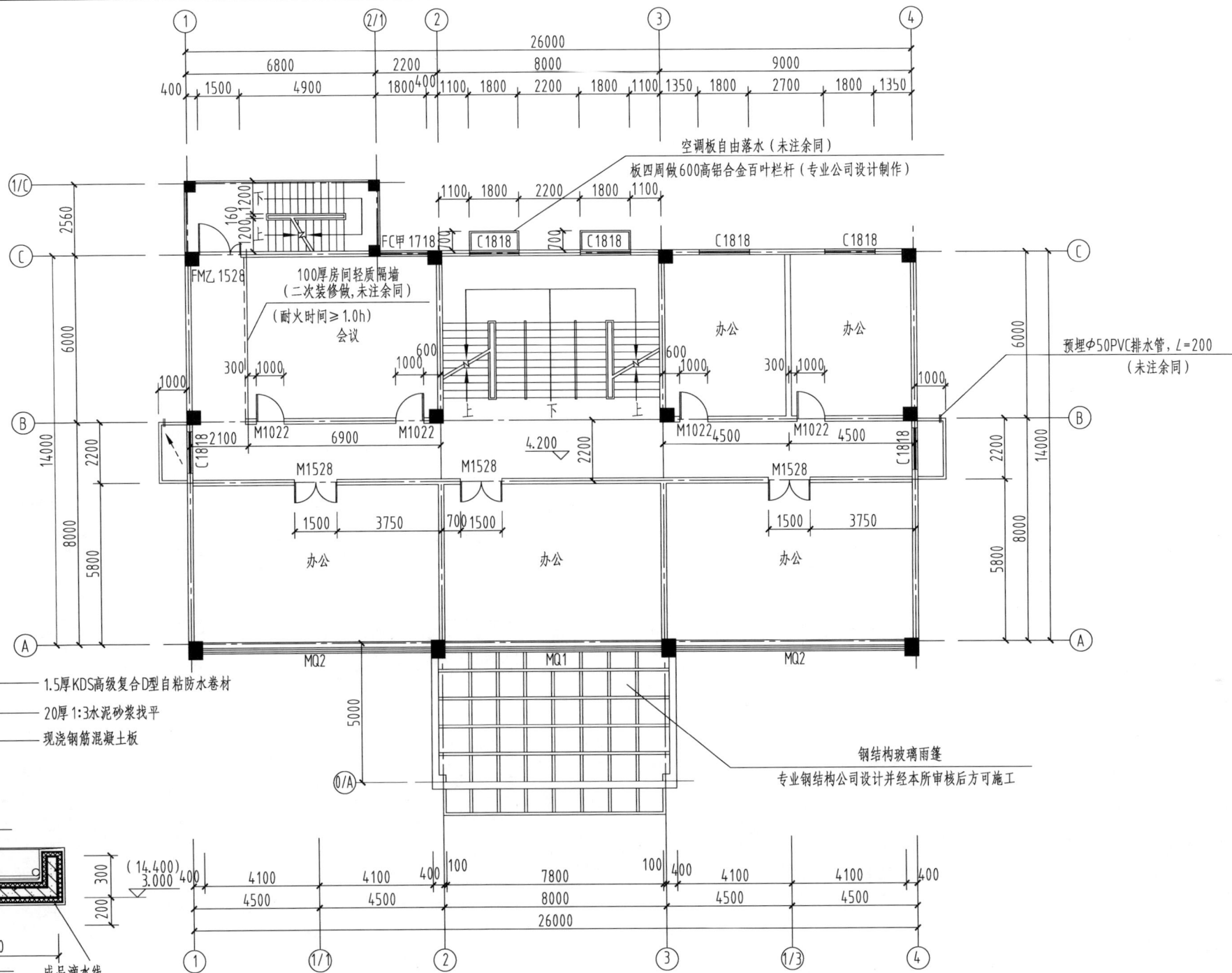

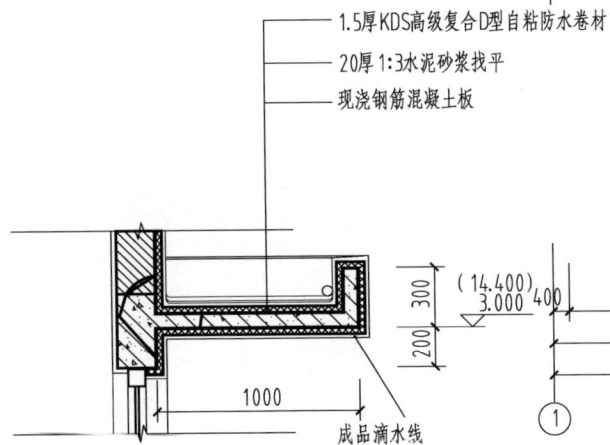

雨篷大样图 1:20

二层平面图 1:100

建设单位	常州某公司	工程名称	办公楼
图名		二层平面图 雨篷大样图	
图号	建施-03	比例 1:100	日期 2015.01

给排水 暖通
工号
建筑 结构 电气 其他

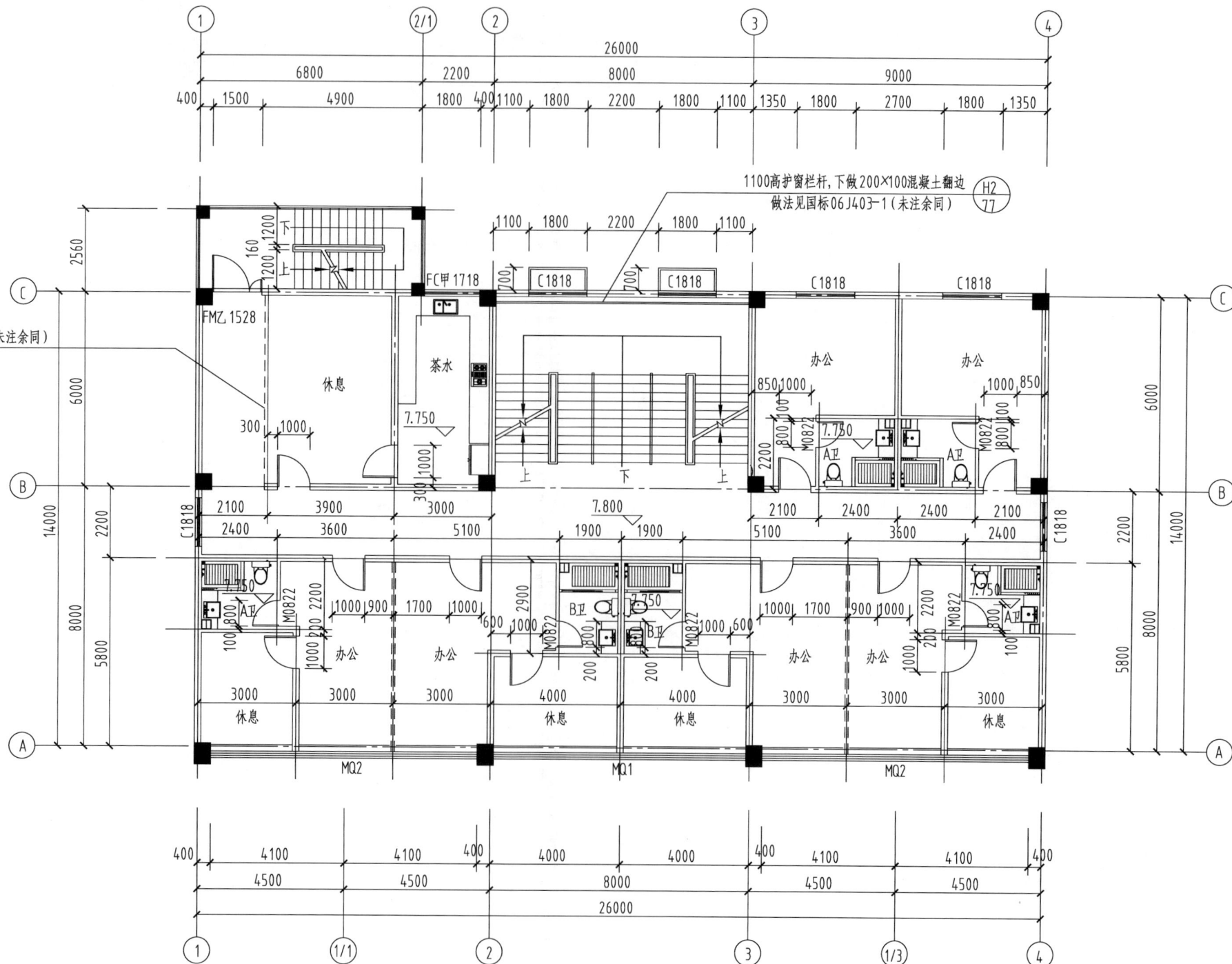

1100高护窗栏杆,下做200×100混凝土翻边
做法见国标06J403-1(未注余同)

100厚房间轻质隔墙,(二次装修做,未注余同)
(耐火时间≥1.0h)

FC甲1718

FMZ 1528

休息

茶水

7.750

7.750

办公

办公

A卫

A卫

M0822

M0822

7.800

7.750

B卫

B卫

办公

办公

休息

休息

办公

办公

休息

休息

A卫

M0822

MQ2

MQ1

MQ2

C1818

C1818

C1818

C1818

C1818

三层平面图 1:100

注:未注明的门均为M1022

建设 单位	常州某公司	工程 名称	办公楼
图 名		三层平面图	
图 号	建施-04	比 例	1:100	日 期	2015.01

暖通 排水 给水 工艺 结构

建筑 结构 气活 电给 电气

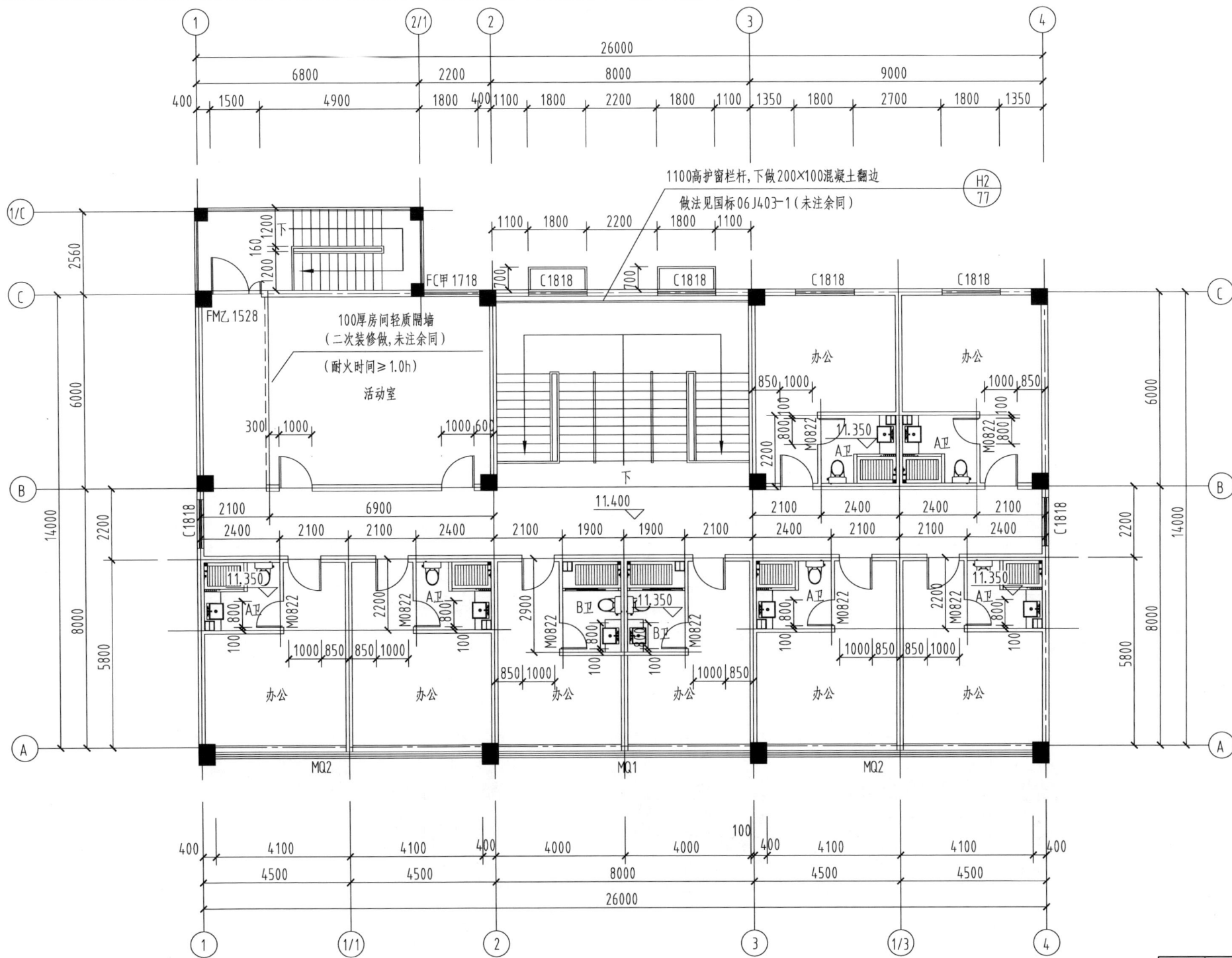

四层平面图 1:100

注: 未注明的门均为M1022

建设单位	常州某公司	工程名称	办公楼
图 名		四层平面图	
图 号	建施-05	比 例	1:100	日 期	2015.01

26000

9000　　　　8000　　　　9000

100　2100

预埋 φ50PVC排水管，L=200
（未注余同）

屋面泛水做法参见苏 J03-2006
未注余同

预埋 φ110PVC排水管、水斗铸铁
弯头出水口
（未注余同）

1%　　　1%

上人孔做法详见
苏 J03-2006

700700

烟气道做法参见苏 J19-2006-14
（未注余同）

2%　　2%　　2%

3000

3000

4000

14000

2%　　2%　　2%

平屋面（不上人）
建筑找坡

结构标高
15.000

烟气道做法参见苏 J19-2006-15
（未注余同）

1%　　　1%

MQ1

4000

4000

14000

550　　　　　　　　　　　　　　　　　　　　　　　　　　　　　　　　　　　550

4500　　4500　　4000　　4000　　4500　　4500

26000

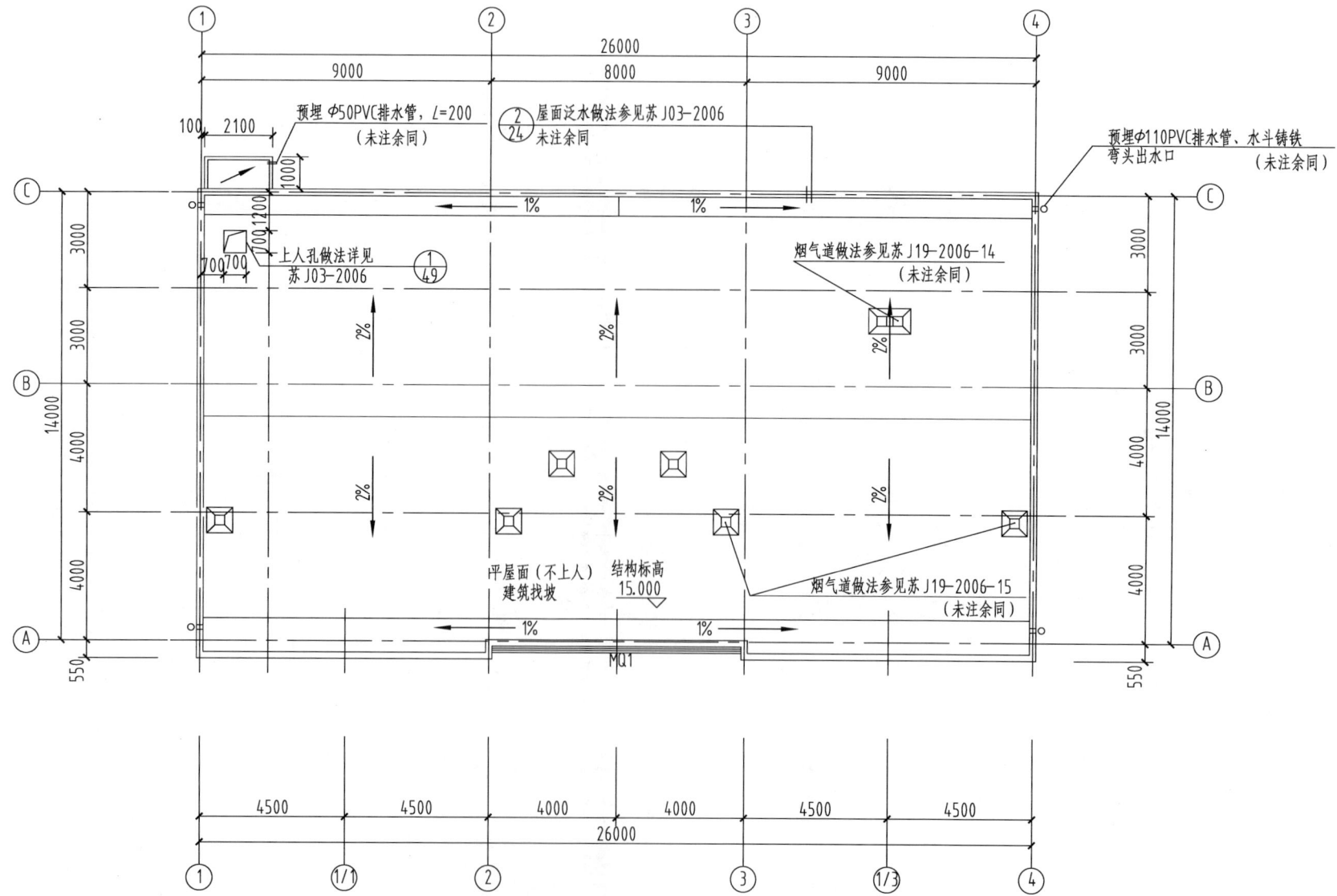

屋顶平面图 1:100

建设单位	常州某公司	工程名称	办公楼
图 名		屋顶平面图	
图 号	建施-06	比例 1:100　日 期 2015.01	

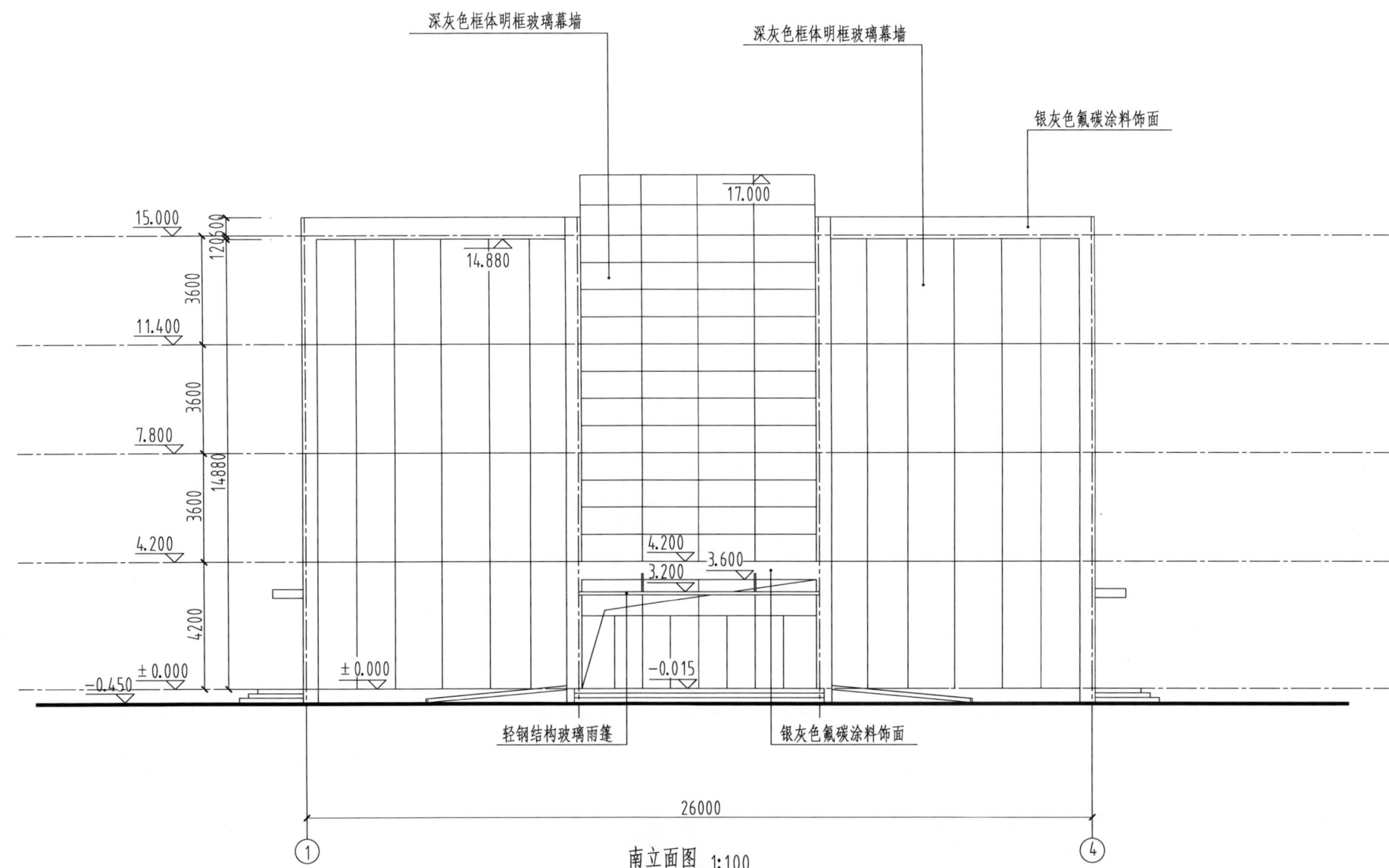

深灰色框体明框玻璃幕墙　　　　深灰色框体明框玻璃幕墙　　　　银灰色氟碳涂料饰面

15.000
12060
3600
11.400
3600
7.800
14880
3600
4.200
4200
±0.000
-0.450

17.000

14.880

4.200
3.200　3.600

±0.000

-0.015

轻钢结构玻璃雨篷　　　　银灰色氟碳涂料饰面

26000

① ④

南立面图 1:100

暖通 给排水 工程项目

建筑结构 电气 水暖

建设单位	常州某公司	工程名称	办公楼
图 名	南立面图		
图 号	建施-07	比 例	1:100	日 期	2015.01

银灰色氟碳涂料饰面

15.600

14.400

1100高楼梯外侧栏杆（未注余同）
做法见国标06J403-1

1100高楼梯梯井道栏杆，梯段侧边固定（未注余同）
做法见国标99SJ403

15.000

11.400
11.350
11.250

7.800
7.750
7.650

4.200
4.150
4.050

1.400   1.400

±0.000
-0.450

银灰色氟碳涂料饰面

26000

④   ①

北立面图 1:100

建设单位	常州某公司	工程名称	办公楼
图 名		北立面图	
图 号	建施-08	比 例	1:100	日 期	2015.01

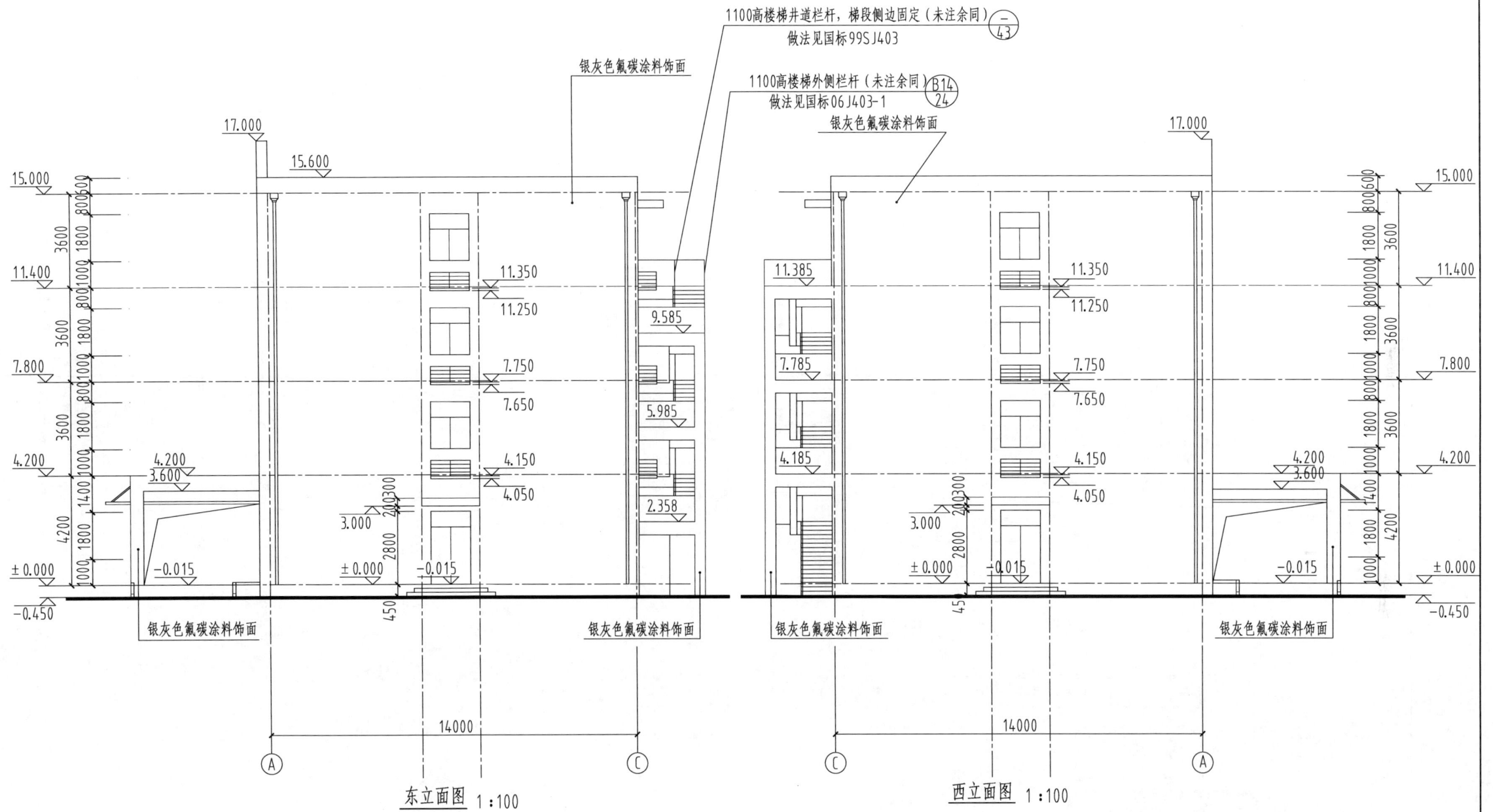

1100高楼梯井道栏杆，梯段侧边固定（未注余同）$\dfrac{-}{43}$
做法见国标99SJ403

银灰色氟碳涂料饰面

1100高楼梯外侧栏杆（未注余同）$\dfrac{B14}{24}$
做法见国标06J403-1

银灰色氟碳涂料饰面

东立面图 1:100

17.000
15.600
15.000
11.400
11.350
11.250
9.585
7.800
7.750
7.650
5.985
4.200
4.150
4.050
3.600
2.358
3.000
±0.000
-0.015
-0.450

14000

银灰色氟碳涂料饰面
银灰色氟碳涂料饰面

Ⓐ   Ⓒ

西立面图 1:100

17.000
15.000
11.385
11.400
11.350
11.250
7.785
7.800
7.750
7.650
4.185
4.200
4.150
4.050
3.600
3.000
±0.000
-0.015
-0.450

14000

银灰色氟碳涂料饰面
银灰色氟碳涂料饰面

Ⓒ   Ⓐ

建设单位	常州某公司	工程名称	办公楼
图 名	东立面图 西立面图		
图 号	建施-09	比 例	1:100	日 期	2015.01

建设单位	常州某公司	工程名称	办公楼
图名	1—1剖面图　2—2剖面图　空调板大样图		
图号	建施-10	比例 1:100	日期 2015.01

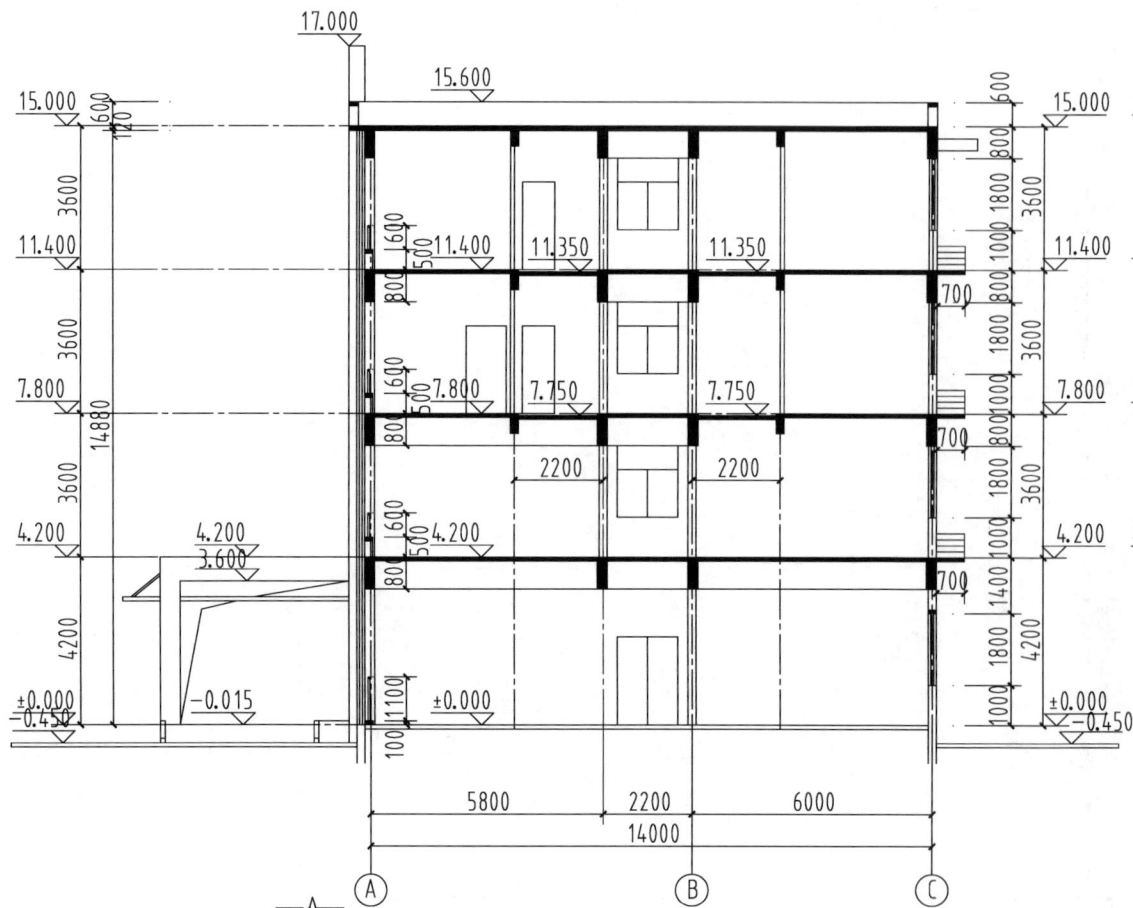

1—1剖面图 1:100

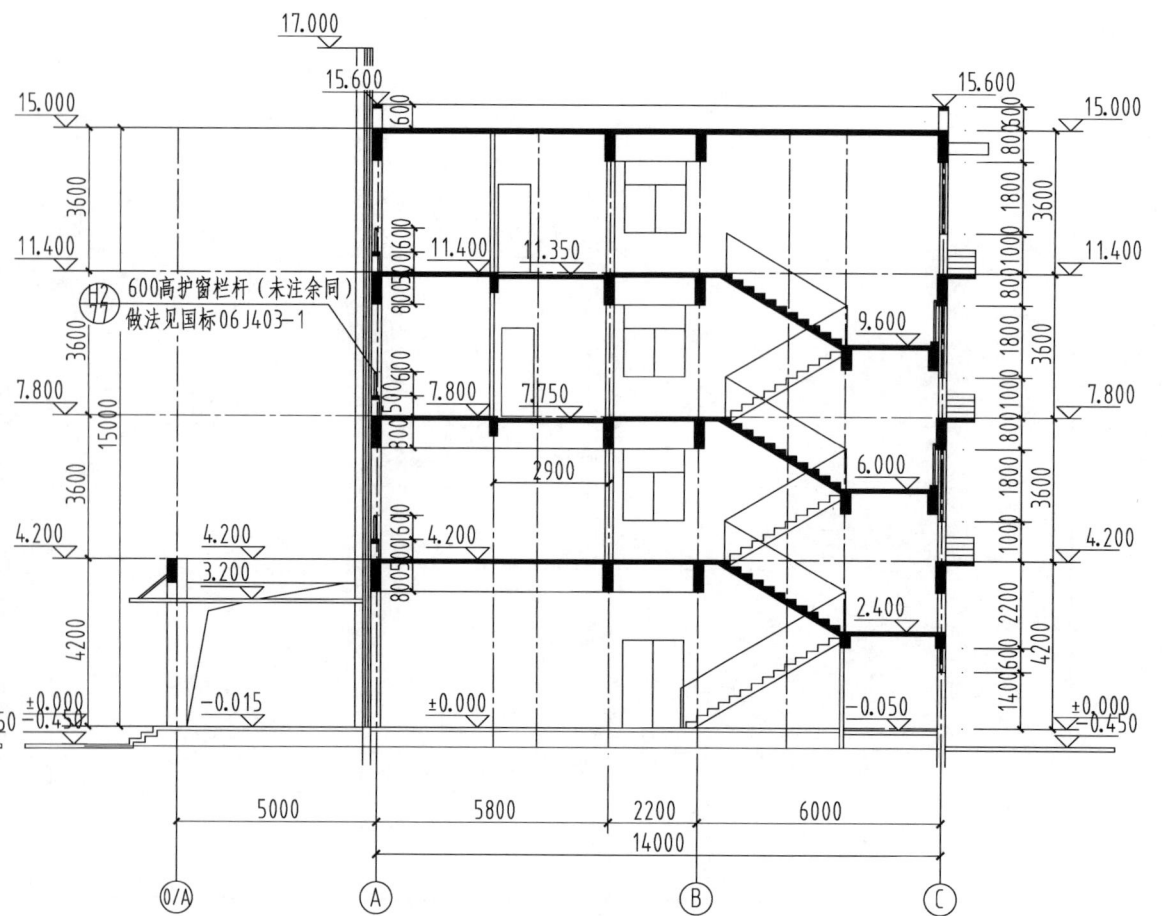

2—2剖面图 1:100

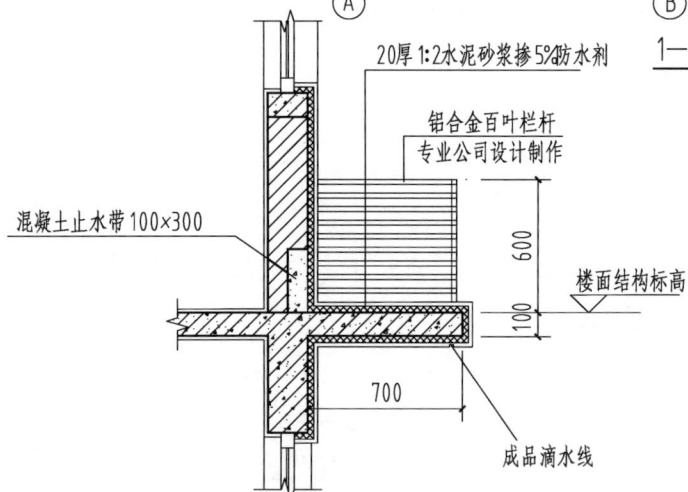

空调板大样图 1:20

600高护窗栏杆（未注余同）
做法见国标06J403-1

20厚1:2水泥砂浆掺5%防水剂

铝合金百叶栏杆
专业公司设计制作

混凝土止水带100×300

楼面结构标高

成品滴水线

给水　排水　采暖
工　目　通

建筑　结构　电气　通讯

17.000
15.600
15.000
11.400
11.350
11.350
7.800
7.750
7.750
4.200
3.600
±0.000
−0.015
−0.450

5800　2200　6000
14000

17.000
15.600
15.000
11.400
11.350
9.600
7.800
7.750
6.000
4.200
2.400
3.200
±0.000
−0.015
−0.050
−0.450

5000　5800　2200　6000
14000

A　B　C
0/A

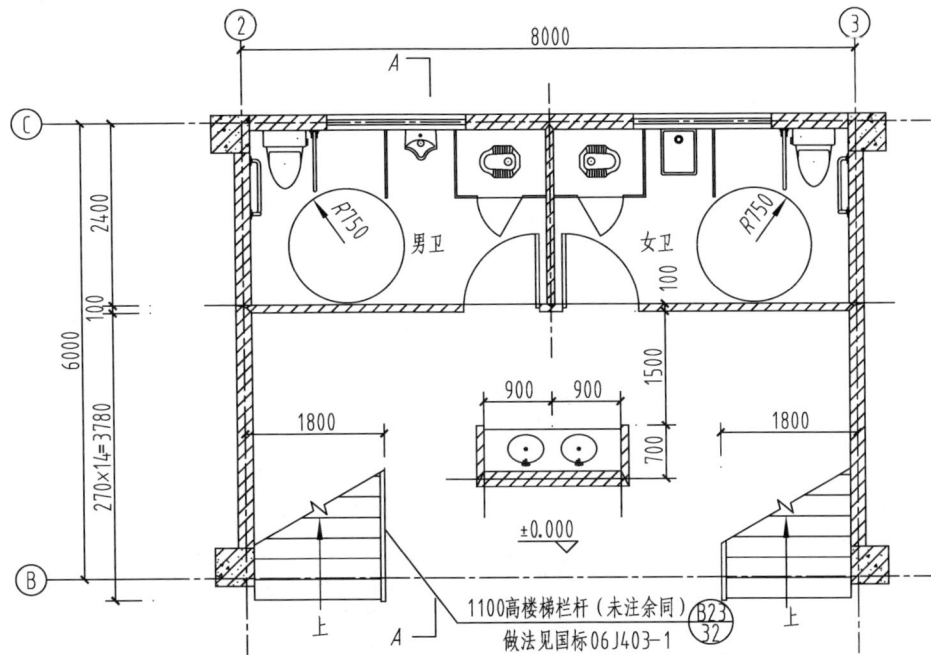

1#楼梯一层平面图 1:50

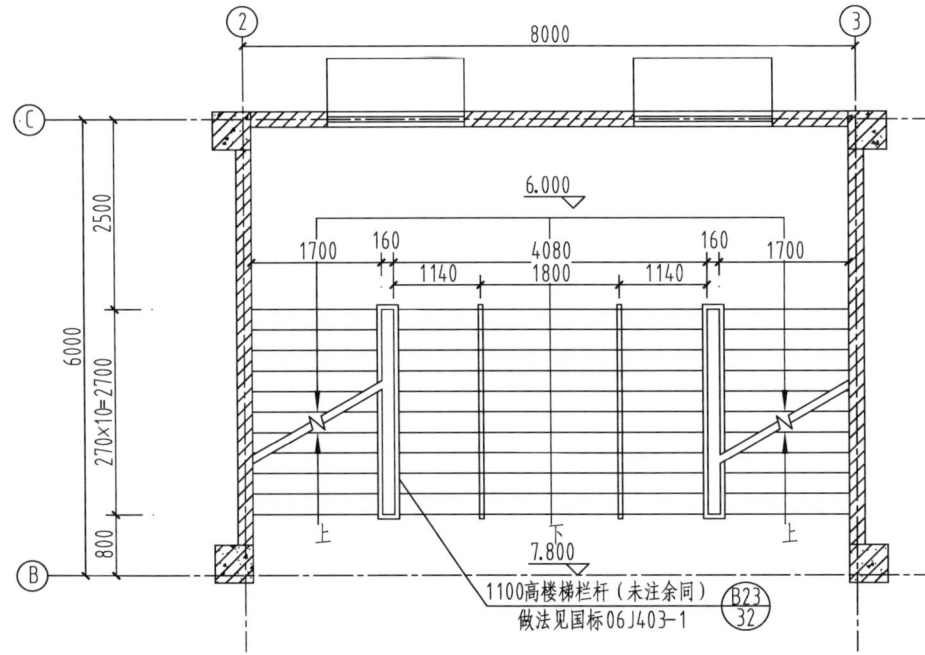

男卫　女卫

R750　R750

±0.000

1100高楼梯栏杆（未注余同）
做法见国标06J403-1

1#楼梯三层平面图 1:50

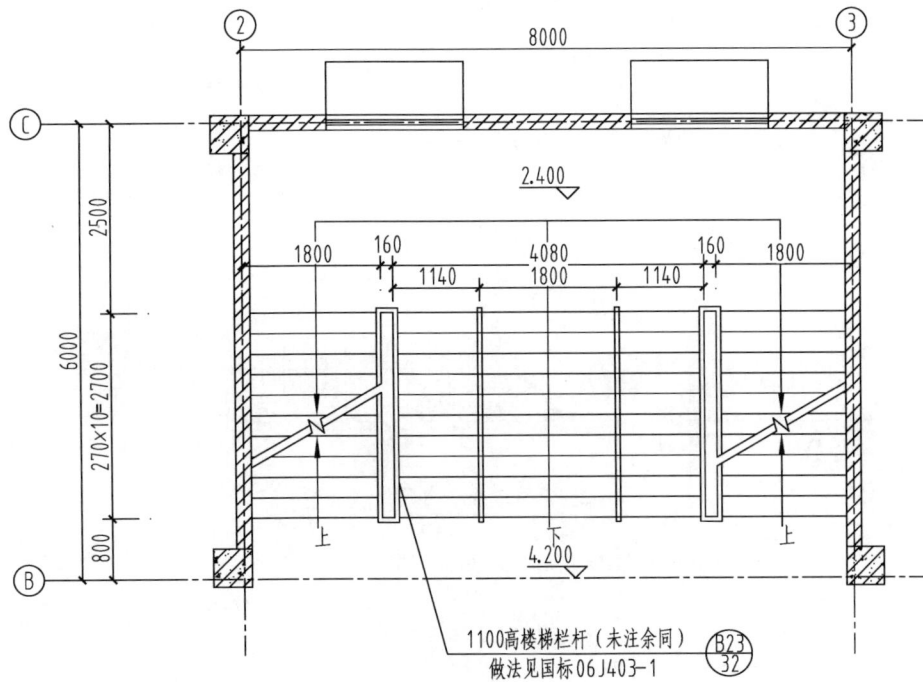

6.000

7.800

1100高楼梯栏杆（未注余同）
做法见国标06J403-1

1#楼梯二层平面图 1:50

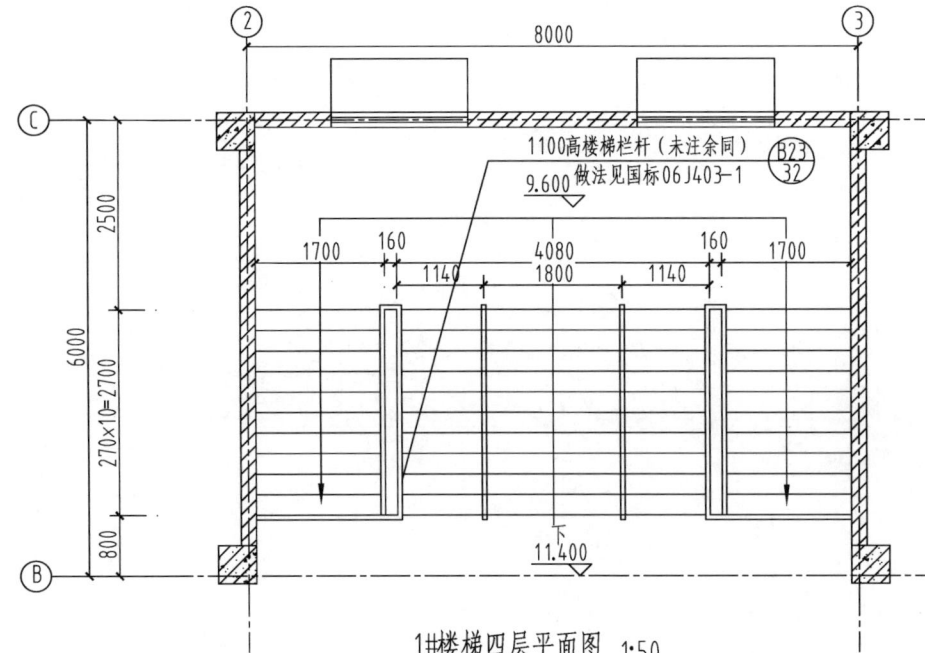

2.400

4.200

1100高楼梯栏杆（未注余同）
做法见国标06J403-1

1#楼梯四层平面图 1:50

9.600

11.400

1100高楼梯栏杆（未注余同）
做法见国标06J403-1

建设单位	常州某公司	工程名称	办公楼
图名		1#楼梯平面大样图	
图号	建施-11	比例 1:100	日期 2015.01

2#楼梯一层平面图 1:50

1100高楼梯外侧栏杆（未注余同）
做法见国标06J403-1

2#楼梯三层平面图 1:50

1100高楼梯外侧栏杆（未注余同）
做法见国标06J403-1

1100高楼梯井道栏杆，梯段侧边固定（未注余同）
做法见国标99SJ403

2#楼梯二层平面图 1:50

1100高楼梯外侧栏杆（未注余同）
做法见国标06J403-1

1100高楼梯井道栏杆，梯段侧边固定（未注余同）
做法见国标99SJ403

2#楼梯四层平面图 1:50

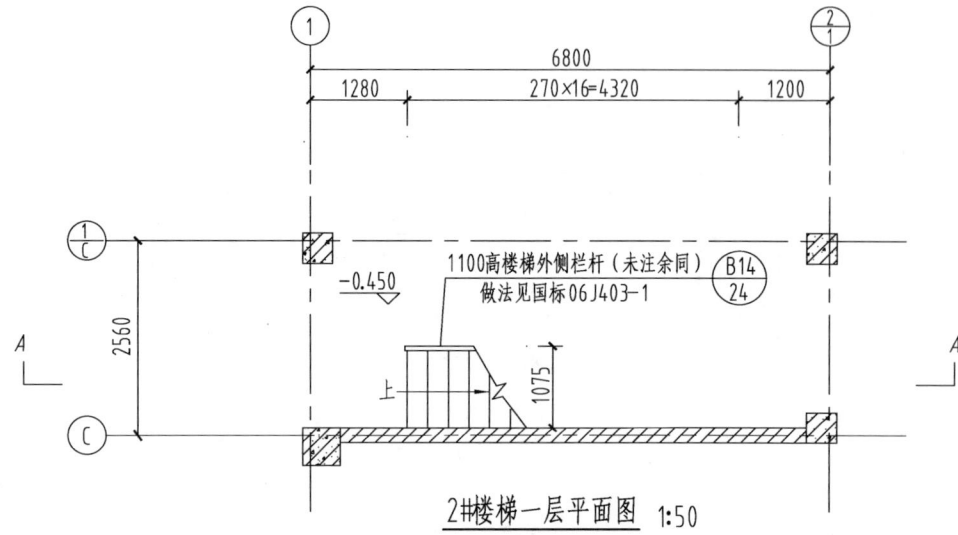

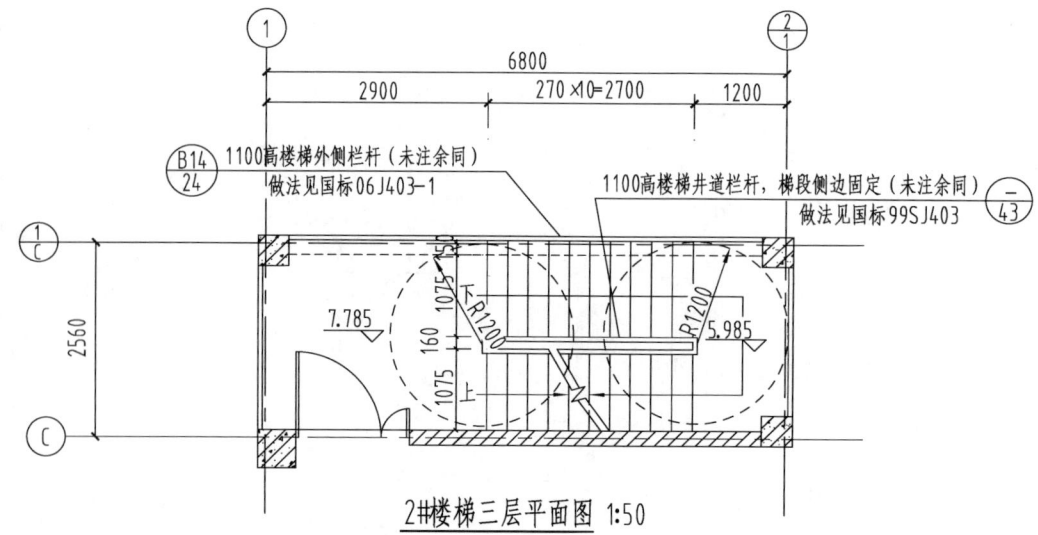

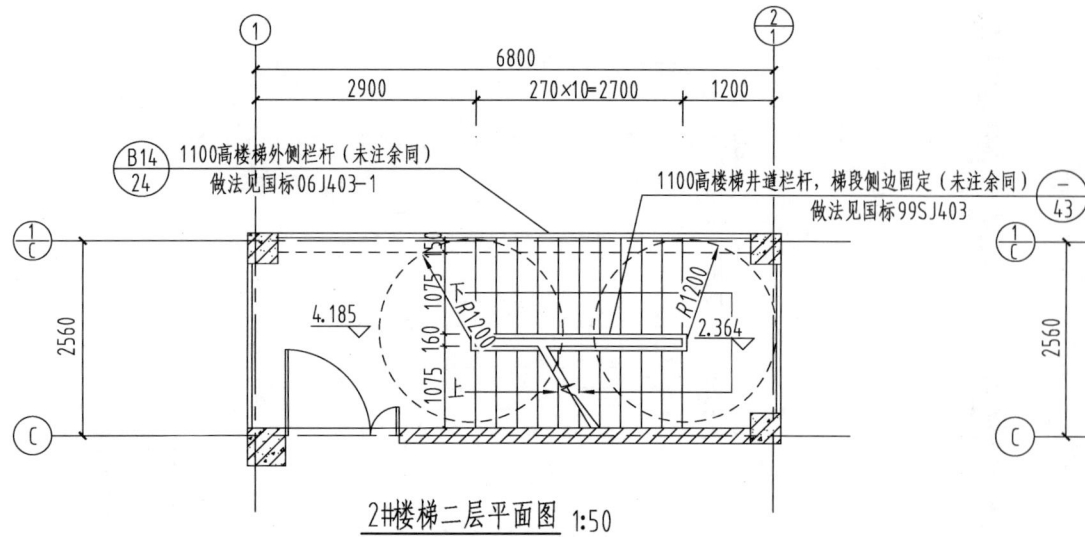

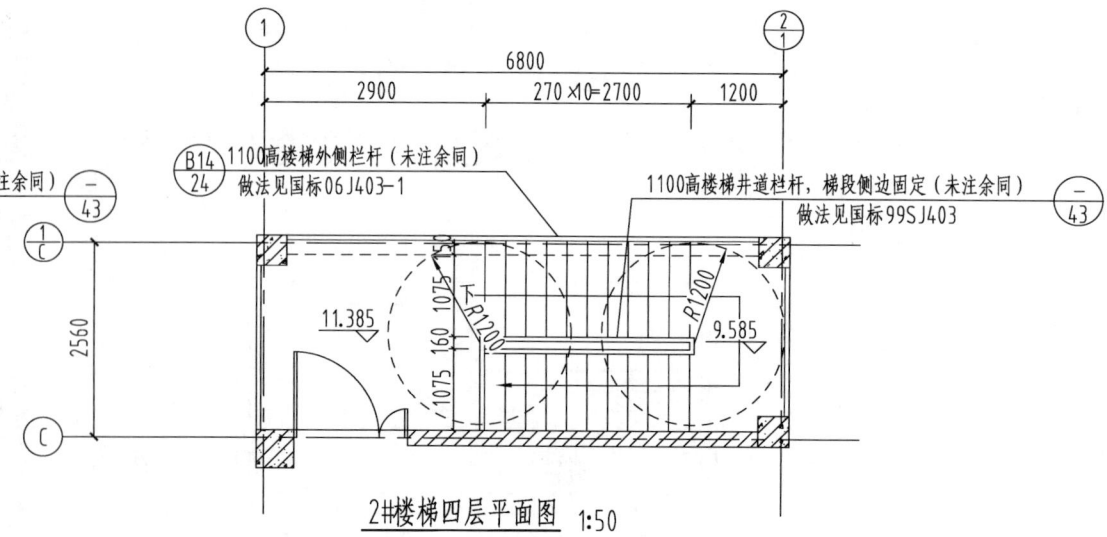

建设单位	常州某公司	工程名称	办公楼
图 名		2#楼梯平面大样图	
图 号	建施-12	比 例 1:100	日 期 2015.01

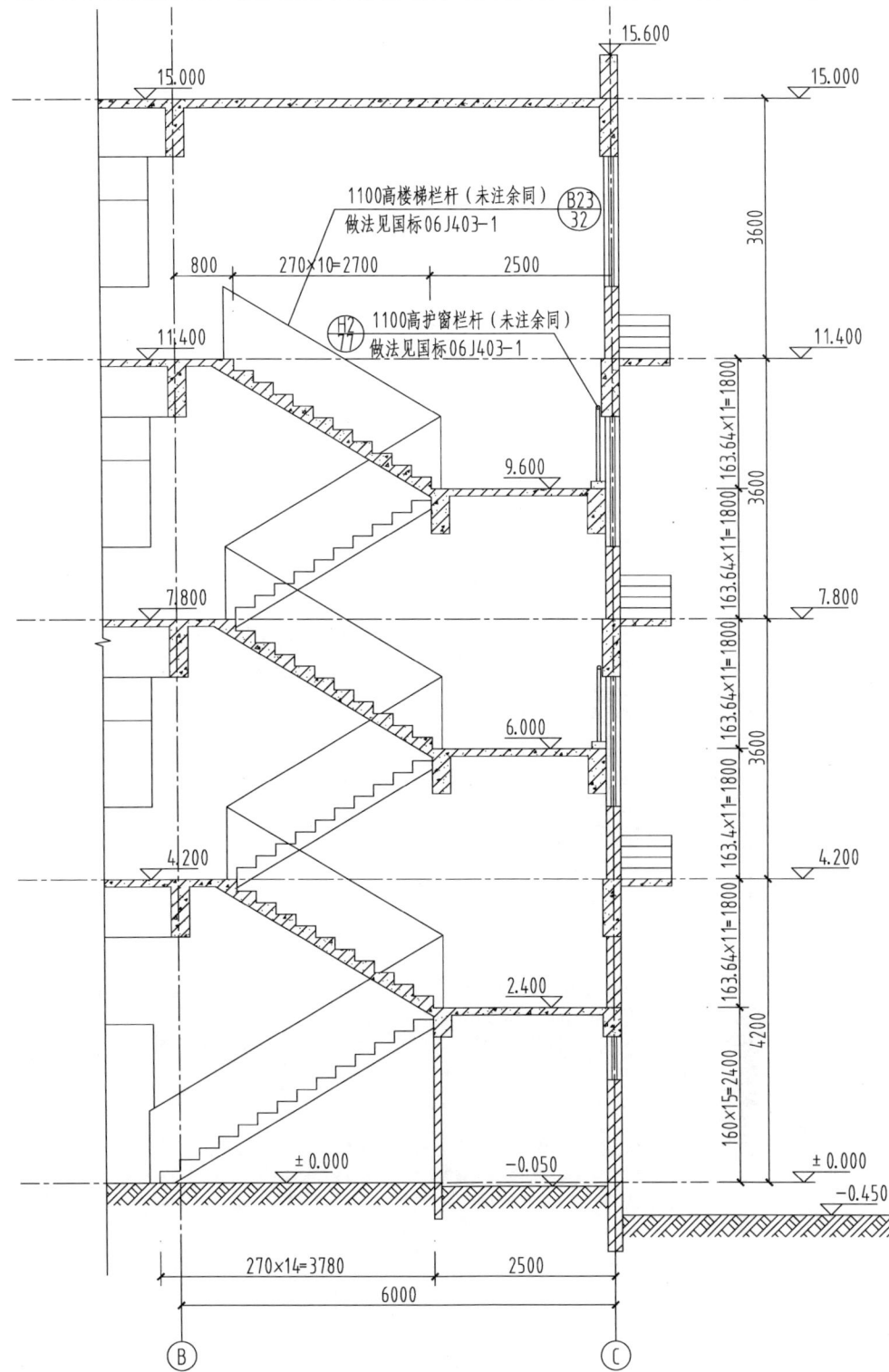

1# 楼梯 *A—A* 剖面图 1:50

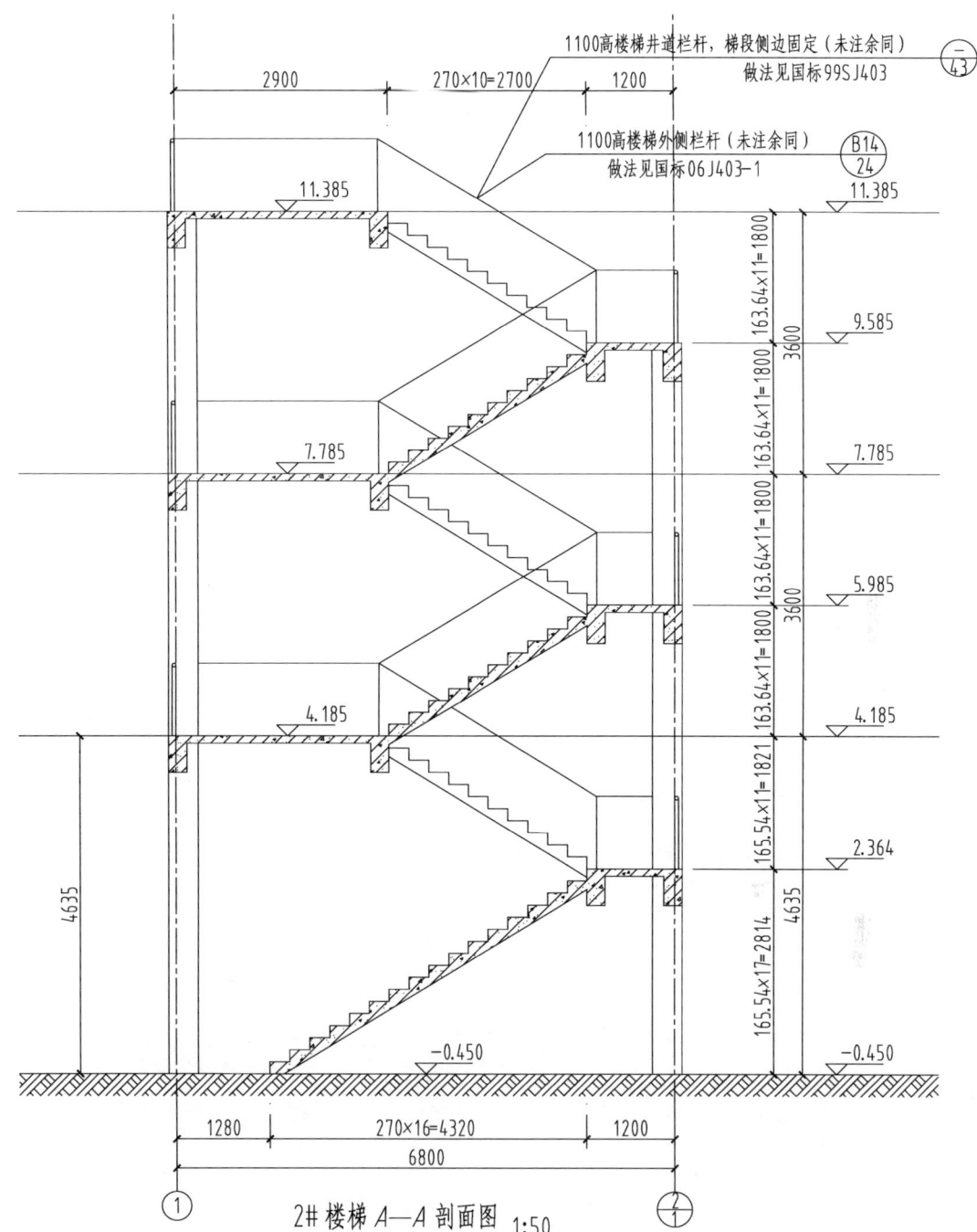

2# 楼梯 *A—A* 剖面图 1:50

1100高楼梯栏杆（未注余同）
做法见国标06J403-1

1100高护窗栏杆（未注余同）
做法见国标06J403-1

1100高楼梯井道栏杆，梯段侧边固定（未注余同）
做法见国标99SJ403

1100高楼梯外侧栏杆（未注余同）
做法见国标06J403-1

15.000
15.600
11.400
9.600
7.800
6.000
4.200
2.400
± 0.000
-0.050
-0.450

11.385
9.585
7.785
5.985
4.185
2.364
-0.450

800 270×10=2700 2500
270×14=3780 2500
6000

2900 270×10=2700 1200
1280 270×16=4320 1200
6800

163.64×1=1800
163.4×1=1800
160×15=2400
4200
3600
3600
3600

165.54×11=1821
165.54×17=2814
163.64×11=1800
4635

建设单位	常州某公司	工程名称	办公楼
图 名		1#2#楼梯剖面大样图	
图 号	建施-13	比 例 1:100 日 期 2015.01	

结 构 设 计 总 说 明

1. 设计总则

1.1 结构类型及概况

结构类型	安全等级	设计使用年限	平面尺寸		层数		室外地面至檐口总高度
			长（m）	宽（m）	地下	地上	
框架	二级	50年	见平面图	见平面图		4	见建筑

1.2 抗震设防

抗震设防类别	抗震设防烈度	设计地震基本加速度	设计地震分组	抗震等级 框架
标准设防类	七度	0.10g	第一组	三级

1.3 高程及地下水

室内±0.00m（85国家高程）	设计室外地面（85国家高程）	设计常年水位（85国家高程）
6.221m	5.771m	3.671m

2. 本工程设计遵循的标准、规范、规程

1	建筑工程抗震设防分类标准（GB 50223—2008）	6	砌体结构设计规范（GB 50003—2011）
2	建筑抗震设计规范（GB50011—2010）	7	工程结构可靠性设计统一标准（GB 50153—2008）
3	建筑结构荷载规范（GB 50009—2012）	8	混凝土外加剂应用技术规范（GB 50119—2013）
4	混凝土结构设计规范（GB 50010—2010）	9	墙体材料应用统一技术规范（GB 50574—2010）
5	建筑地基基础设计规范（GB 50007—2011）		

3. 设计使用荷载标准值（kN/m²）

办公	会议	茶水	休息	活动室	走廊	卫生间	楼梯	不上人屋面
2.0	2.0	2.0	2.0	4.0	2.5	4.0	3.5	2.0

注 1.建施图中注明的轻质隔墙，其面密度不得大于 1.2kN/m²。
　　2.非上人屋面板、檩条、混凝土挑檐、雨篷和预制小梁的施工或检修集中荷载为1.0kN。
　　3.楼梯、看台、阳台和上人屋面等的栏杆顶部水平荷载为0.5kN/m。

4. 主要材料

4.1 混凝土

混凝土强度等级

部位 \ 构件	框架柱	梁、板、楼梯	圈梁、构造柱
地上部分	C30	C30	C25
地下基础部分	独立柱基 C30、基础垫层 C15		

注 1.采用省标、国标图集的，混凝土强度等级按图集要求采用。
　　2.本工程采用的为预拌混凝土和预拌砂浆。
　　3.图中特别注明混凝土强度等级的构件，按施工图要求采用。

4.2 钢筋

普通钢筋采用 HRB400级⊕钢筋、HPB300级中钢筋；
钢筋强度设计值见下表。

牌号	抗拉强度设计值 f_y	抗压强度设计值 f'_y
	钢筋强度设计值	
HPB300	270N/mm²	270N/mm²
HRB400	360N/mm²	360N/mm²

4.3 砌体：

本工程采用的砌体材料见下表。

砌体材料

材料 \ 部位	±0.00以下砌体	±0.00以上填充墙、自承重墙			砌体施工质量控制等级
		外墙	内墙	女儿墙	
砌块	MU20混凝土实心砖 240×115×53	200厚A5蒸压轻质砂加气混凝土砌块（B06）	200厚A3.5蒸压轻质砂加气混凝土砌块（B06）	MU15混凝土实心砖 240×115×53	B级
砂浆	Mb10水泥砂浆	Ms5（Ms7.5）混合砂浆	Ms5（Ms7.5）混合砂浆	Mb10混合砂浆	

4.4 纵向受力钢筋的锚固长度、搭接长度及接头要求

4.4.1 纵向受力钢筋的最小锚固、搭接长度详见国标图集《11G101-1》第 53、55页。
4.4.2 纵向受力钢筋的接头形式：
　　纵向通长钢筋的接头可采用机械连接、绑扎搭接或焊接；钢筋直径不小于16mm时采用机械连接或焊接；钢筋直径小于16mm时采用绑扎搭接或焊接。
4.4.3 纵向受力钢筋的接头百分率、连接区段长度及接头位置。
　　（1）纵向受力钢筋的连接接头应相互错开，位于同一连接区段内的受拉钢筋接头面积百分率应符合下列要求：
　　1）当采用搭接接头时，对于梁类、板类及墙类构件，不大于25%，当确有必要增大接头百分率时，不应大于50%；对于柱及剪力墙边 构件，
　　　不应大于50%；
　　2）当采用机械连接或焊接时，不应大于50%。
　　（2）连接区段长度：对于绑扎搭接，不小于1.3倍搭接长度；对于机械连接，不小于35d（d为纵向受力钢筋的较大直径）；对于焊接，不小于35d
　　　及500mm。凡接头中点位于该连接区段长度内的接头均属于同一连接区段。
　　（3）纵向受力钢筋的接头位置。
　　1）基础以外的梁类、板类构件：纵向受力钢筋的接头位置，上部钢筋在跨中1/3跨长范围内，下部钢筋在支座处；
　　2）柱：纵向受力钢筋的连接区域详见国标图集11G101-1第 57、58、63页；
　　3）梁、柱纵向受力钢筋采用搭接时，搭接范围内箍筋直径不小于搭接钢筋较大直径的0.25，箍筋间距不大于搭接钢筋较小直径的5倍，且不大于100mm。

4.5 过梁

过梁选用国标图集《钢筋混凝土过梁》13G322-2（烧结多孔砖砌体），型号为 GL-1xx2M（用于墙厚为200mm）
GL-2xx2M（用于墙厚为100mm），过梁宽度同墙宽（见下图）。

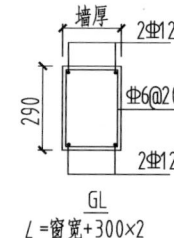

GL
L=窗宽+300×2

5. 填充墙及非结构构件的构造及施工要求

窗台做法：底层的砌体填充墙应设置C25通长现浇钢筋混凝土窗台梁，高度 120mm，宽度同墙厚，
纵筋 4Φ10，箍筋Φ6@200；其他层在窗台标高处，设置C25压顶，高度120mm，宽度同墙厚，
长度 L=窗宽+300×2，配筋为 4Φ8、Φ6@200。

建设单位	常州某公司	工程名称	办公楼
图名		结构设计总说明	
图号	结施-01	比例 1:100	日期 2015.01

专业 给排水 电气 暖通　　签名

专业 建筑 结构　　签名

图号 结施-02 比例 1:100 日期 2015.01

柱基参数表

基础编号	B×L(mm)	$A_s^{上}$	$A_s^{下}$	截面型式	h(mm)	H(mm)
J-1	1700×1700	Φ12@120	Φ12@120	A—A	300	600
J-2	2400×2400	Φ12@120	Φ12@120	A—A	300	600
J-3	2600×2600	Φ12@120	Φ12@120	A—A	300	600
J-4	2900×2900	Φ12@120	Φ12@120	A—A	300	650
J-5	3300×3300	Φ12@120	Φ12@120	A—A	300	650
J-6	3700×3700	Φ12@100	Φ12@100	A—A	350	700
J-7	4500×4500	Φ14@120	Φ14@120	A—A	350	850
J-8	2900×4800	Φ12@100	Φ14@100	B—B	350	700
J-9	2000×1700	Φ12@120	Φ12@120	B—B	300	600

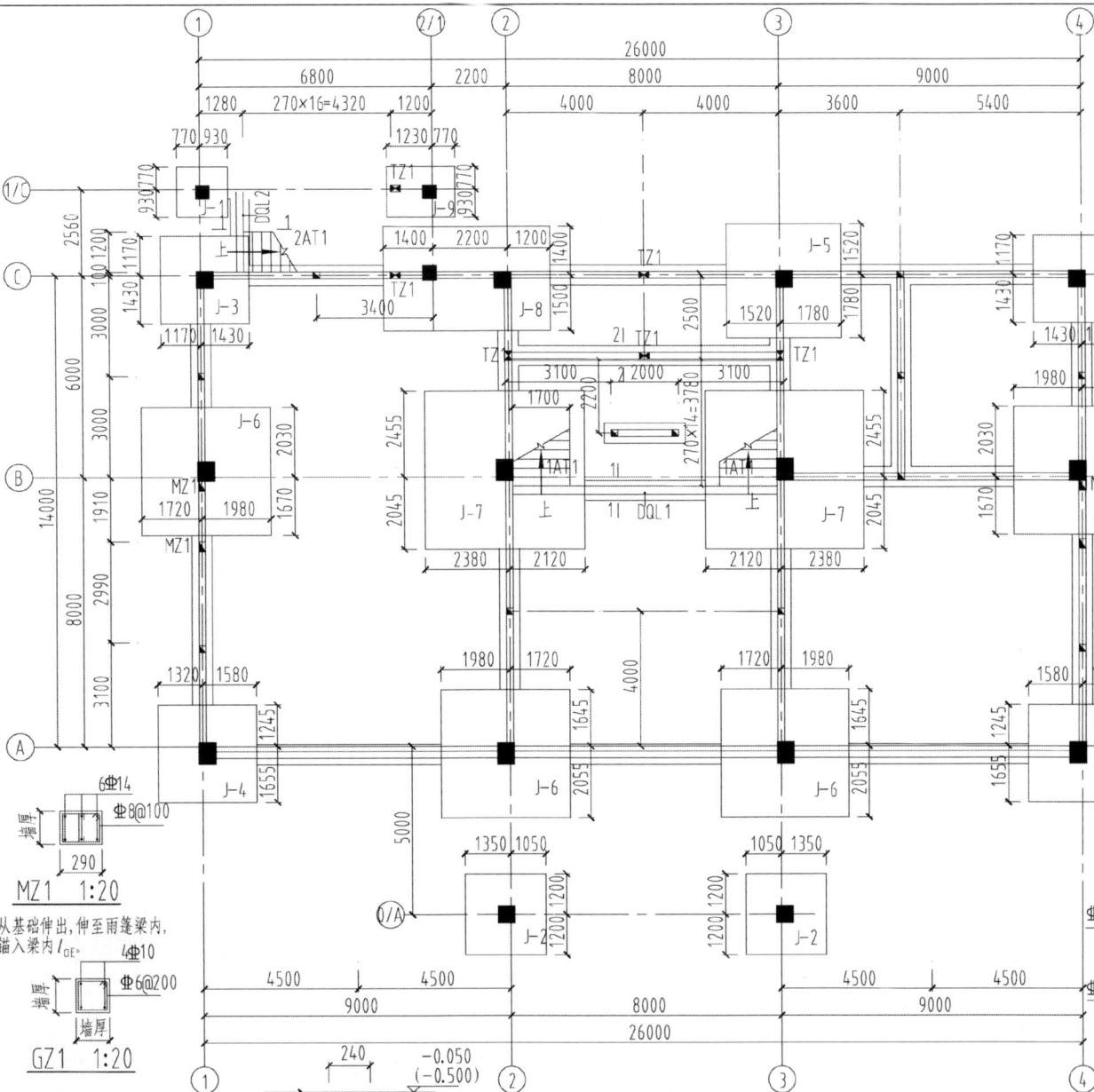

基础平面图 1:100

TZ1 1:20

MZ1 1:20

钢筋从基础伸出,伸至雨篷梁内,主筋锚入梁内 l_{aE}

GZ1 1:20

注:构造柱按国标图集《12G614-1》第15页施工。

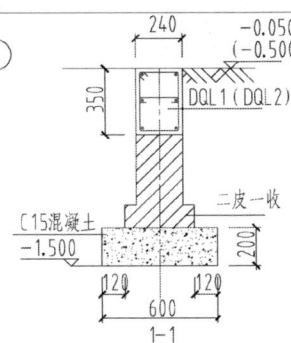

GZ2 1:20

注:构造柱按国标图集《12G614-1》第15页施工。

1-1

未注明墙下条基

A—A

$B>L$ 时,A_s^a 置于 A_s^b 之下

基础边缘的第一根钢筋取全长

2-2

J-8 1:50

注:1.本图未尽要求详见结构设计总说明。
2.本图选用图例:
a、配筋图例: ■ 构造柱(除注明外均为 GZ1,详见本图);
▨ 构造柱(GZ2,详见结施本图);
▨ 构造柱(TZ1,详见结施本图);

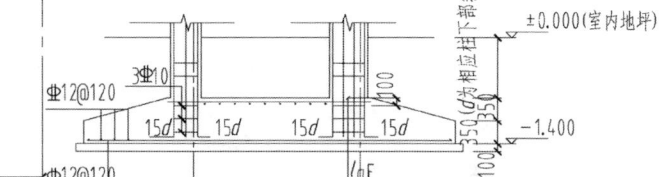

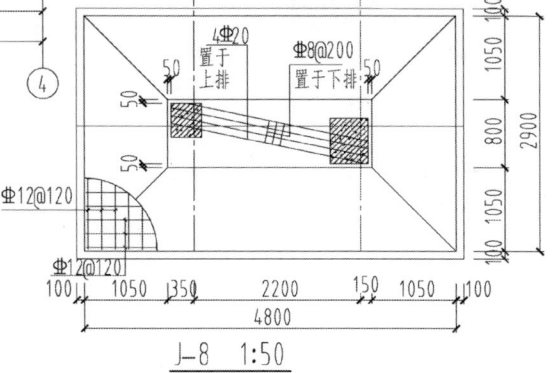

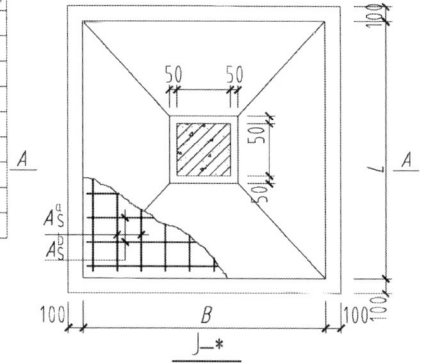

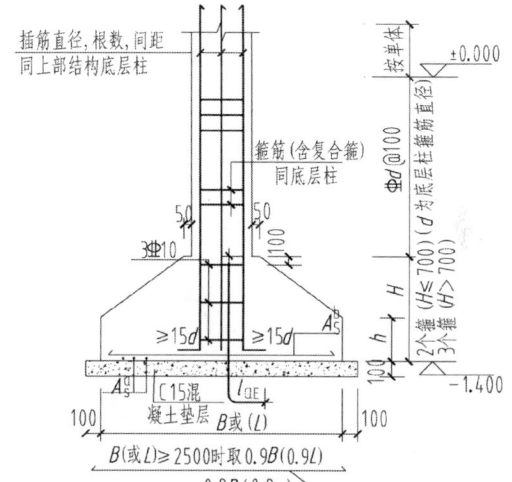

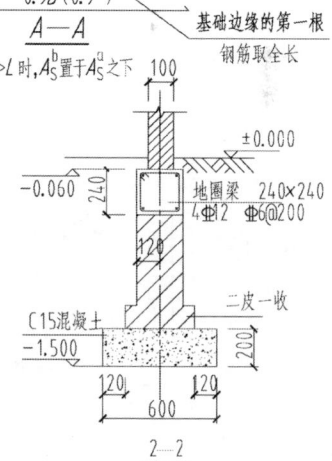

C15混凝土 -1.500
二皮一收
地圈梁 240×240 4Φ12 Φ6@200

建设单位 常州某公司 工程名称 办公楼
图名 基础平面图

截面			
编号	KZ1	KZ2	KZ3
标高	基础顶~4.150	基础顶~4.150	基础顶~4.150
纵筋	4Φ24(角)+4Φ25+6Φ20	4Φ20(角)+12Φ20	4Φ25(角)+12Φ22
箍筋	Φ8@100	Φ10@100	Φ12@100/200

截面			
编号	KZ4	KZ5	KZ6
标高	基础顶~4.150	基础顶~4.150	基础顶~4.150
纵筋	4Φ22(角)+6Φ20+4Φ22	4Φ20(角)+4Φ18+6Φ20	4Φ22(角)+10Φ20
箍筋	Φ10@100	Φ8@100/200	Φ10@100

截面				
编号	KZ7	KZ8(KZ8a)	KZ9	KZ10
标高	基础顶~4.150	基础顶~4.135	基础顶~4.150	基础顶~4.200
纵筋	4Φ25(角)+8Φ20	4Φ22(角)+6Φ18	4Φ20(角)+2Φ18+4Φ20	4Φ25(角)+8Φ25
箍筋	Φ8@100	Φ8@100(Φ10@100)	Φ10@100	Φ8@100

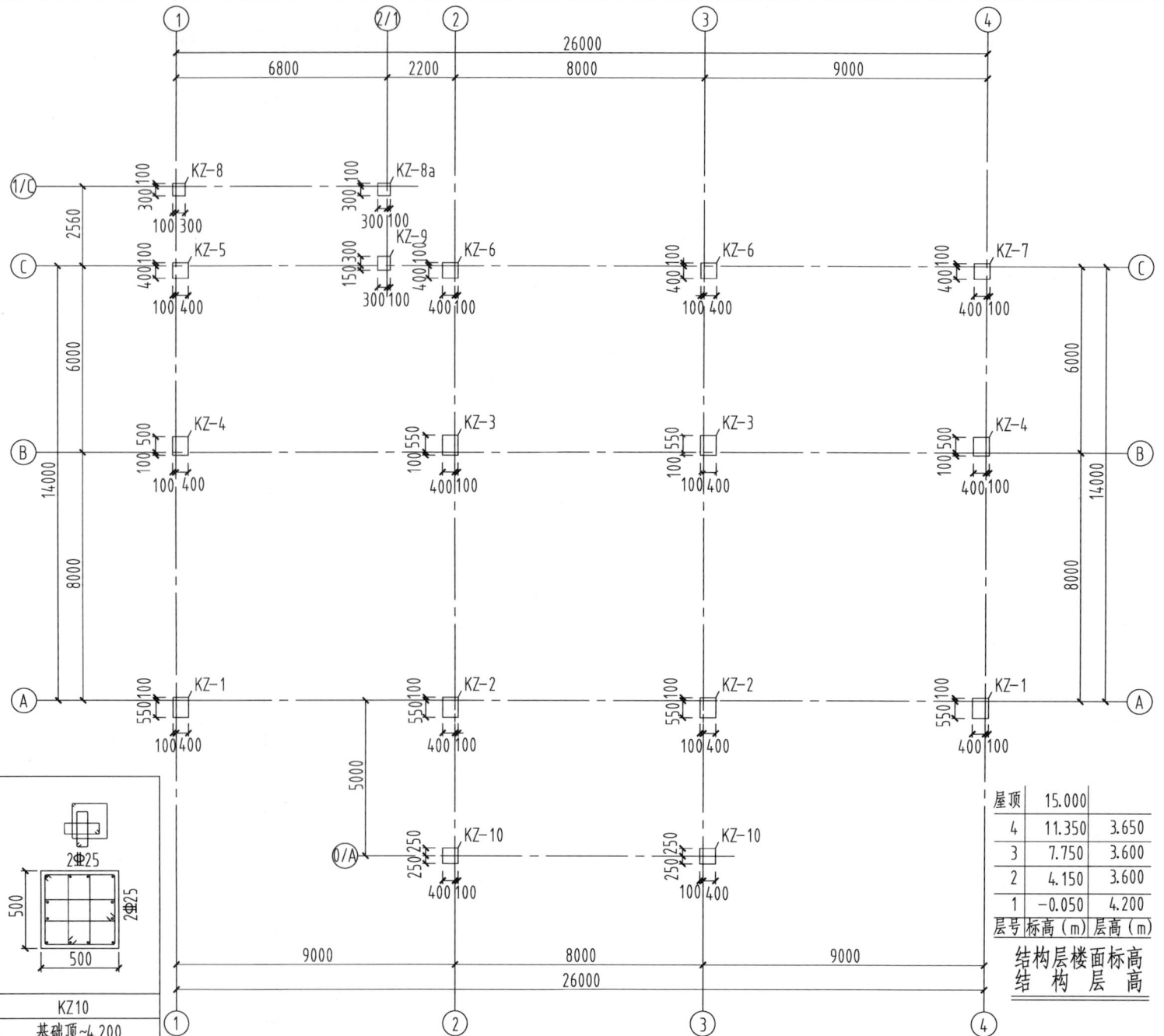

基础顶~4.150m柱平法施工图　1:100

注: 1.柱定位除注明外均为轴线居中。2.框架柱断面尺寸及配筋相同者编同号，但其与轴线定位关系按原位标注。

屋顶	15.000	
4	11.350	3.650
3	7.750	3.600
2	4.150	3.600
1	-0.050	4.200
层号	标高(m)	层高(m)

结构层楼面标高
结构层高

专业 给排水 电气 暖通
专业 建筑 结构

建设单位	常州某公司	工程名称	办公楼
图名	基础顶~4.150m柱平法施工图		
图号	结施-03	比例 1:100	日期 2015.01

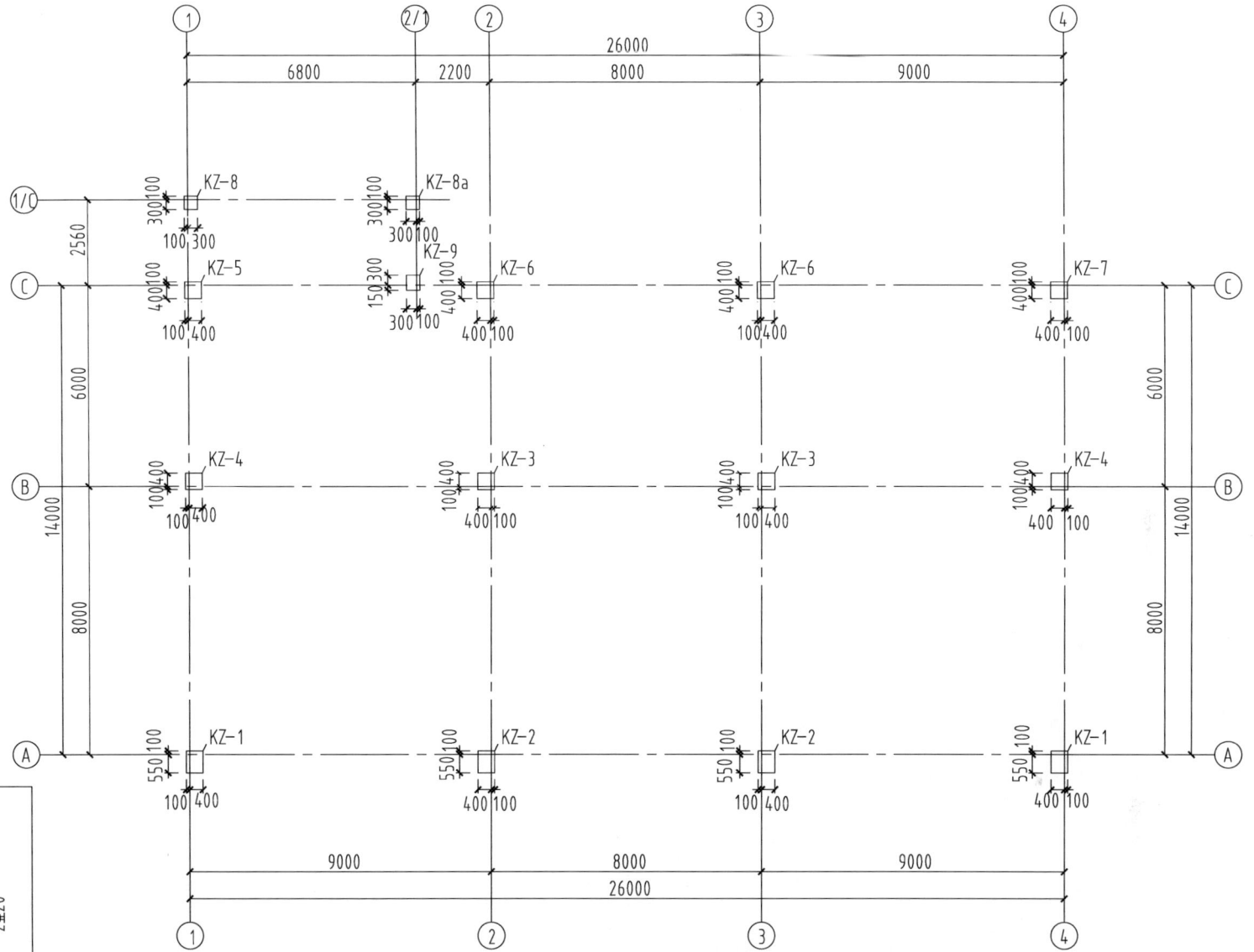

截面配筋表

编号	KZ1	KZ2	KZ3
标高	4.150~11.350	4.150~11.350	4.150~11.350
纵筋	4Φ25(角)+10Φ20	4Φ20(角)+12Φ20	4Φ25(角)+12Φ22
箍筋	Φ8@100	Φ10@100/200	Φ12@100/200

编号	KZ4	KZ5	KZ6
标高	4.150~11.350	4.150~11.350	4.150~11.350
纵筋	4Φ22(角)+8Φ20	4Φ20(角)+2Φ18+4Φ20	4Φ18(角)+8Φ18
箍筋	Φ8@100	Φ8@100/200	Φ10@100

编号	KZ7	KZ8(KZ8a)	KZ9
标高	4.150~11.350	4.135~11.335(4.135~9.535)	4.150~11.350
纵筋	4Φ22(角)+8Φ18	4Φ20(角)+6Φ18	4Φ20(角)+2Φ18+4Φ20
箍筋	Φ8@100	Φ8@100(Φ10@100)	Φ10@100

4.150~11.350m柱平法施工图 1:100

注：1、柱定位除注明外均为轴线居中。2、框架柱断面尺寸及配筋相同者编同号，但其与轴线定位关系按原位标注。

结构层楼面标高
结构层高

层号	标高(m)	层高(m)
屋顶	15.000	
4	11.350	3.650
3	7.750	3.600
2	4.150	3.600
1	-0.050	4.200

建设单位	常州某公司	工程名称	办公楼
图名	4.150m~11.350m柱平法施工图		
图号	结施-04	比例 1:100	日期 2015.01

截面	2⚎20 650 3⚎20 500	2⚎18 650 3⚎18 500
编号	KZ1	KZ2
标高	11.350~15.000	11.350m~15.000m
纵筋	4⚎25(角)+10⚎20	4⚎18(角)+10⚎18
箍筋	⚎8@100	⚎10@100/200

截面	2⚎18 500 2⚎18 500	2⚎20 500 2⚎20 500
编号	KZ3	KZ4
标高	11.350~15.000	11.350~15.000
纵筋	4⚎16(角)+8⚎18	4⚎22(角)+8⚎20
箍筋	⚎8@100/200	⚎8@100/200

截面	2⚎18 500 2⚎20 500	2⚎20 500 3⚎18 500	2⚎18 500 2⚎18 500
编号	KZ5	KZ6	KZ7
标高	11.350~15.000	11.350~15.000	11.350~15.000
纵筋	4⚎20(角)+4⚎18+4⚎20	4⚎18(角)+2⚎18+4⚎18	4⚎22(角)+8⚎18
箍筋	⚎8@100	⚎8@100/200	⚎8@100

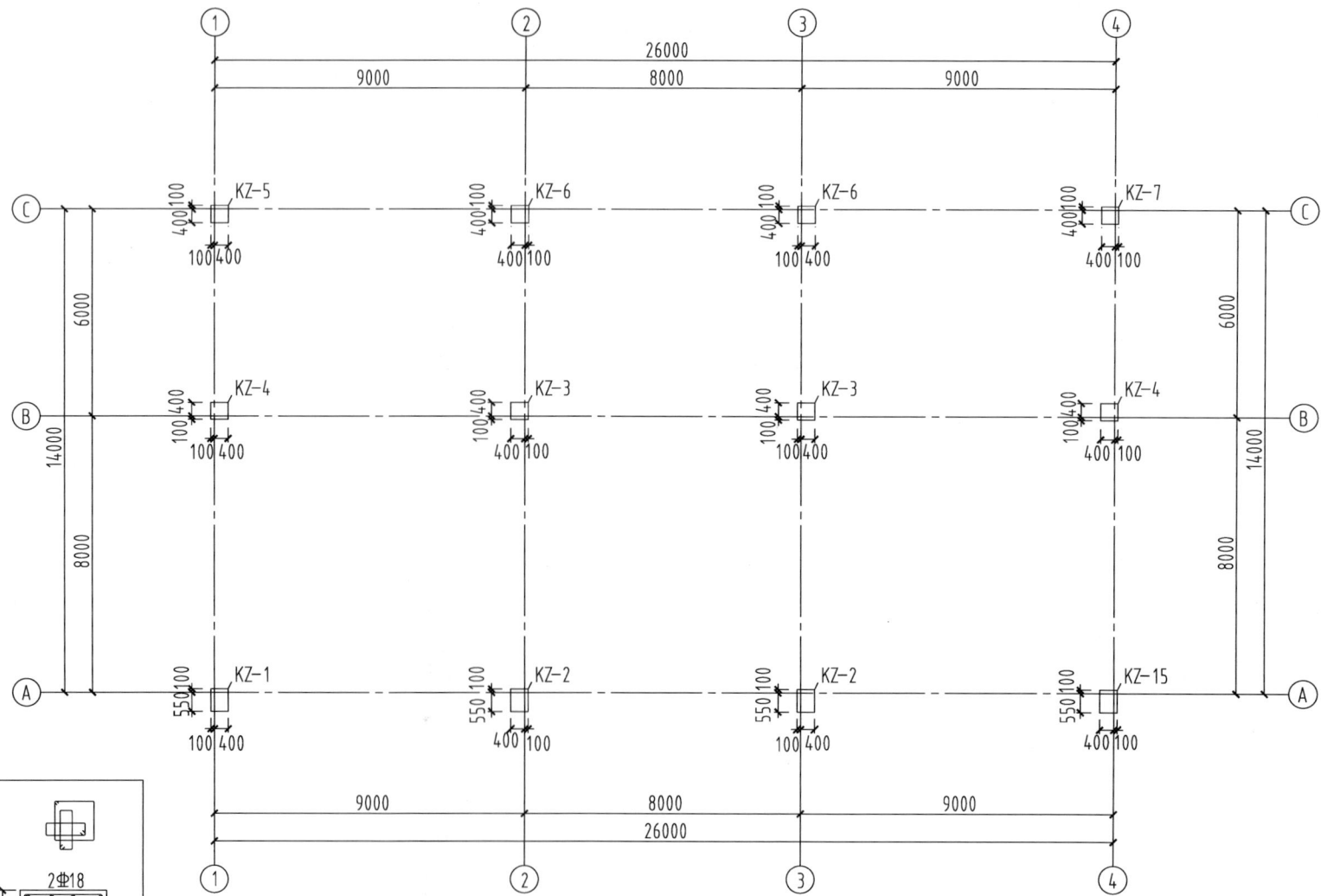

11.350~15.000m柱平法施工图 1:100

注: 1.柱定位除注明外均为轴线居中。2.框架柱断面尺寸及配筋相同者编同号，但其与轴线定位关系按原位标注。

屋顶	15.000	
4	11.350	3.650
3	7.750	3.600
2	4.150	3.600
1	-0.050	4.200
层号	标高(m)	层高(m)

结构层楼面标高
结 构 层 高

建设单位	常州某公司	工程名称	办公楼
图 名	11.350~15.000m柱平法施工图		
图 号	结施-05	比例 1:100	日期 2015.01

签名 专业 给排水 电气 暖通
签名 专业 建筑 结构

KTB1 1:20

120 700
$\Phi8@150$
下弯250
11.350
7.750
4.150
100

$\Phi6@200$

KL

YP-1 1:20

$\Phi8@100$
$2\Phi10$转通
$3\Phi18$
(下弯250)溢水孔
80
3.000
$\Phi6@200$
$4\Phi14$
$\Phi8@100$
$4\Phi18$
YPL-1
240
1000
梁长=2080mm
200 100 200

纵筋锚入框架柱及门柱内≥l_a

注:
1.本图须与国标图集《11G101-1》配合使用。
2.板面标高除注明外均为H=4.150m。
3.板厚除注明外均为120mm,其余不同板厚详见本图原位标注及图例。
4.梁定位除注明外均为轴线居中或与柱、墙一边平齐。
5.水电管线穿主体结构部位需预埋套管,设备套管型号及定位详见相关设备专业
图纸,土建施工单位应配合设备安装单位,于主体结构施工阶段预留,不得遗漏及后期敲凿。
6.图中板配筋除注明外:板底筋X向$\Phi8@180$通长;Y向$\Phi8@200$通长;
板面筋如图所示;图中板面筋K8表示$\Phi8@200$;
B表示下层板底钢筋,T表示上层板面钢筋。
7.板面筋在端支座及两侧楼板有高差的中间支座,锚固要求按下表对应。

部 位	端支座 (梁或剪力墙)	两侧楼板有高差(a)的中间支座(梁或剪力墙,宽度为b)	
		a/b＞1/6,且a≤50mm	a/b＞1/6,且a≤50mm
板面筋锚固要求	充分利用钢筋的抗拉强度	充分利用钢筋的抗拉强度	充分利用钢筋的抗拉强度

8.相邻等跨或不等跨的板,板面标高相同,板面通长筋不同时,应将配置较大者伸至较小者
的跨中连接区段连接。相关构造及施工要求详见国标图集《11G101-1》第92,93页。
9.现浇板上开洞时,根据相应洞口尺寸,洞边加强筋构造做法及施工要求详见国标图集
《11G101-1》第101,102页。
10.板分布筋要求按下表对应。

板厚(mm)	h≤90	h=100	100＜h≤120	h=130~140	h=150~160	h=170~180
分布筋	$\Phi6@200$	$\Phi6@180$	$\Phi6@150$	$\Phi6@125$	$\Phi8@200$	$\Phi8@180$
板厚(mm)	h=190~220	h=230~250	h=260~290	h=300~350	h=400	
分布筋	$\Phi8@150$	$\Phi10@200$	$\Phi10@180$	$\Phi10@150$	$\Phi12@180$	

注:当分布筋小于受力钢筋的15%时,按受力钢筋的15%配置分布钢筋。

11.本图选用图例:
a.构造柱图例:
■ 构造柱(除注明外均为GZ1,详见结施-02);
■ 构造柱(TZ1,详见结施-02)。
12.本图未尽要求详见结构设计总说明。

二层楼板平法施工图 1:100

钢结构玻璃雨篷
专业钢结构公司设计并经本单位审核后方可施工

建设单位	常州某公司	工程名称	办公楼
图 名	二层楼板平法施工图		
图 号	结施-06	比 例	1:100	日 期	2015.01

二层梁平法施工图 1:100

注:
1.本图须与国标图集《11G101-1》配合使用。
2.梁顶标高除注明外均为 H=4.150m。
3.梁箍筋肢数除注明外均为2肢;附加箍筋的直径及肢数同该跨梁箍筋,根数见图示;附加吊筋按图示部位设置(除注明外均为2Φ12);相同编号的梁除注明外附加箍筋及吊筋也相同。
4.框架梁的箍筋(**/**)表示:加密区箍筋直径、间距、肢数/非加密区箍筋直径、间距、肢数;当非加密区箍筋直径不注时,同加密区箍筋直径。

5.普通梁(L)的上部纵筋在端支座内的锚固要求按铰接,构造做法及施工要求详见国标图集《11G101-1》第86页。
6.梁一端与柱连接、另一端与梁连接时,平面内连接的一端需按框架梁的端部构造要求施工,另一端可按普通梁的端部构造要求施工。
7.纯悬挑梁和各类梁的悬挑端长度大于1.5m时,在其根部均设2Φ14鸭筋。
8.梁定位除注明外均为轴线居中或与柱、墙一边平齐。
9.本图未尽要求详见结构设计总说明及国标图集《11G101-1》。

建设单位	常州某公司	工程名称	办公楼
图 名			二层梁平法施工图
图 号	结施-07	比例 1:100	日期 2015.01

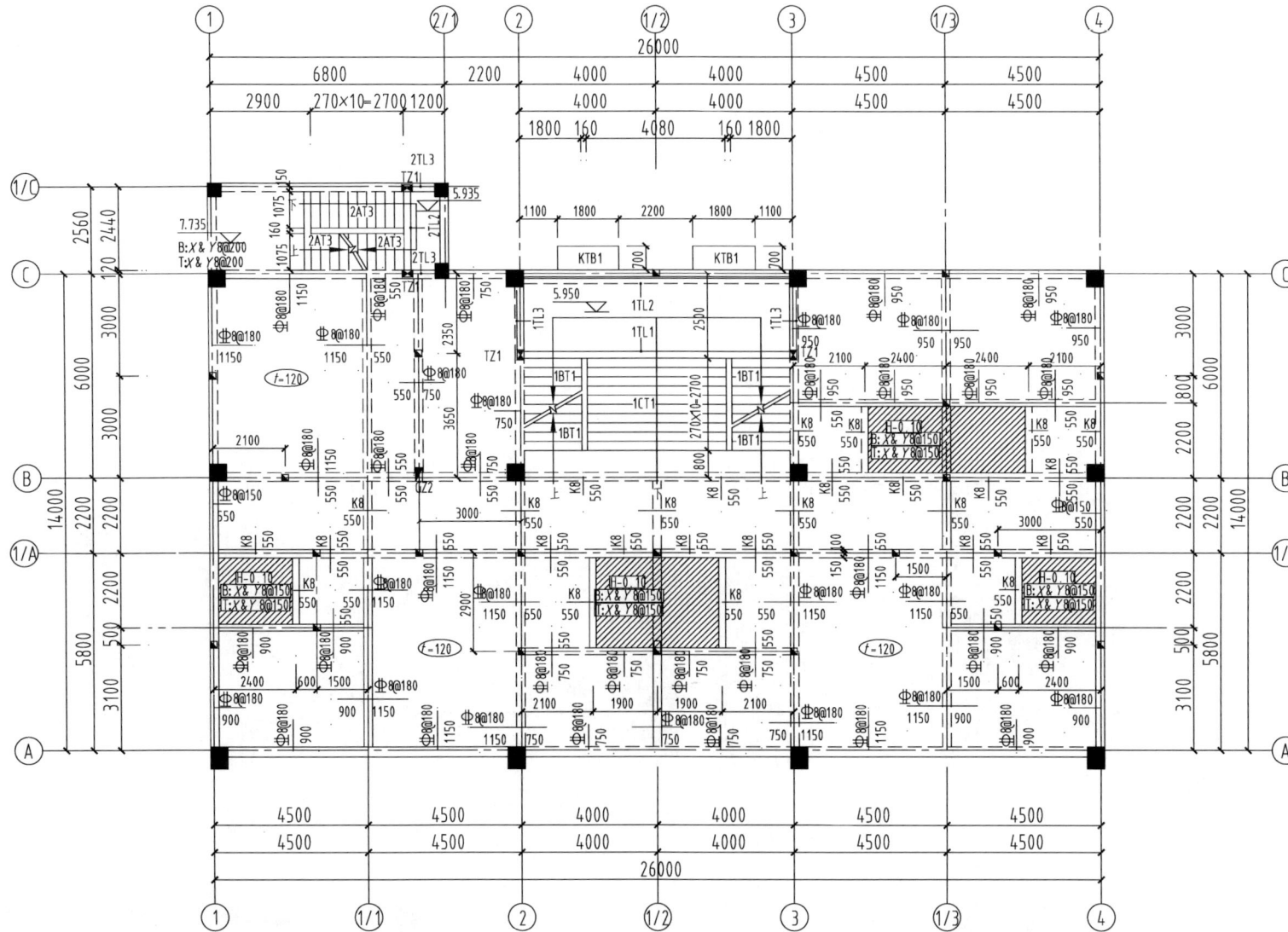

三层楼板平法施工图 1:100

注:
1.本图须与国标图集《11G101-1》配合使用。
2.板面标高除注明外均为H=7.750m。
3.板厚除注明外均为100mm,其余不同板厚详见本图原位标注及图例。
4.其他说明同二层楼板模板及配筋图。
5.本图选用图例:
　a.构造柱图例:
　　■　　　　　构造柱(除注明外均为GZ1,详见结施-02);
　　▨　　　　　构造柱(GZ2,详见结施-02);
　　▧　　　　　构造柱(TZ1,详见结施-02);
　b.不同板厚图例:　▨▨▨　卫生间,板厚l=100,标高及配筋详见图中。

建设单位	常州某公司	工程名称	办公楼
图名			三层楼板平法施工图
图号	结施-08	比例 1:100	日期 2015.01

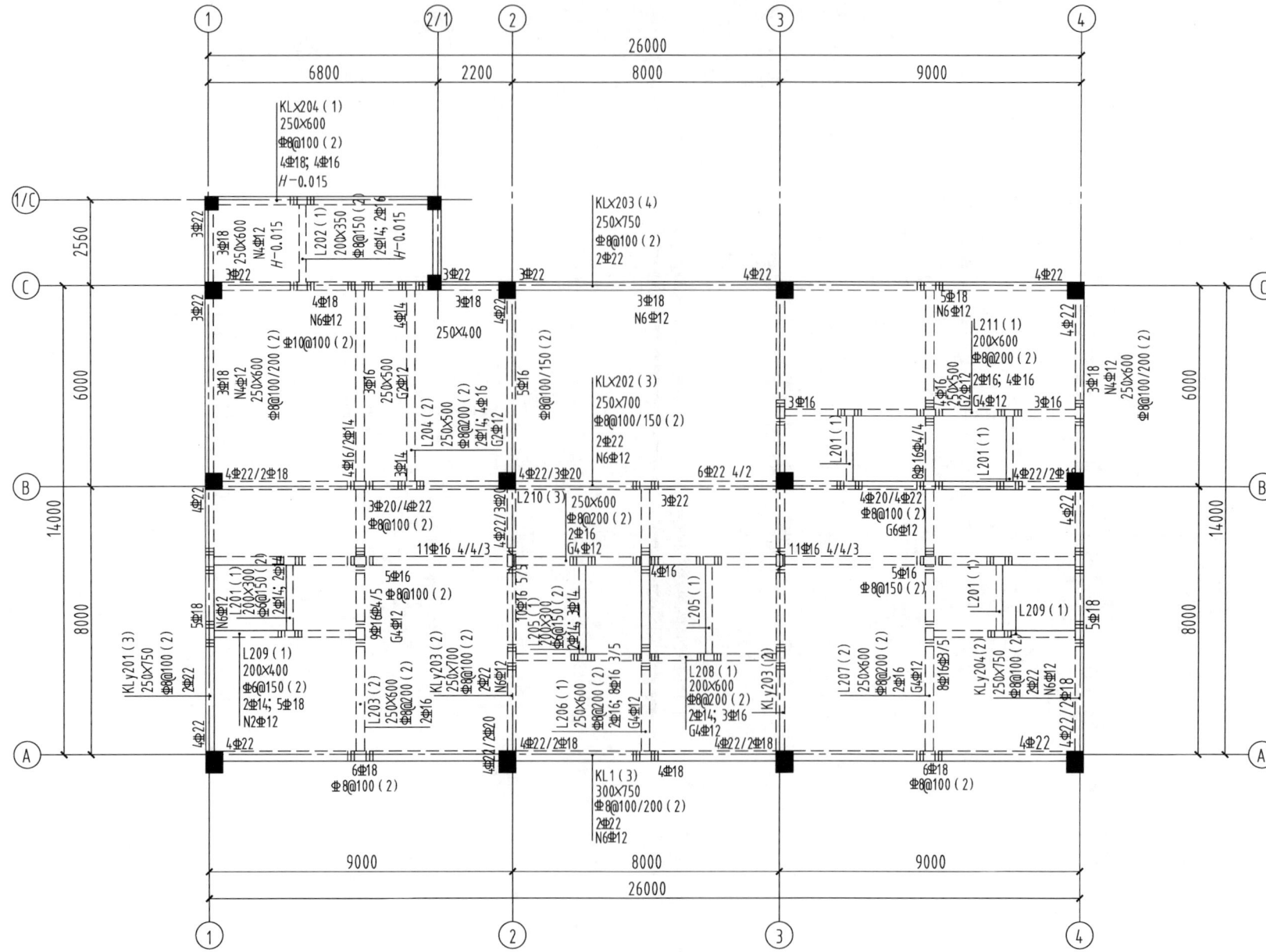

三层梁平法施工图 1:100

注:

1.本图须与国标图集《11G101-1》配合使用。

2.梁顶标高除注明外均为 $H=7.750\text{m}$。

3.其余说明均同二层梁平法施工图。

建设单位	常州某公司	工程名称	办公楼
图 名		三层梁平法施工图	
图 号	结施-09	比例 1:100	日期 2015.01

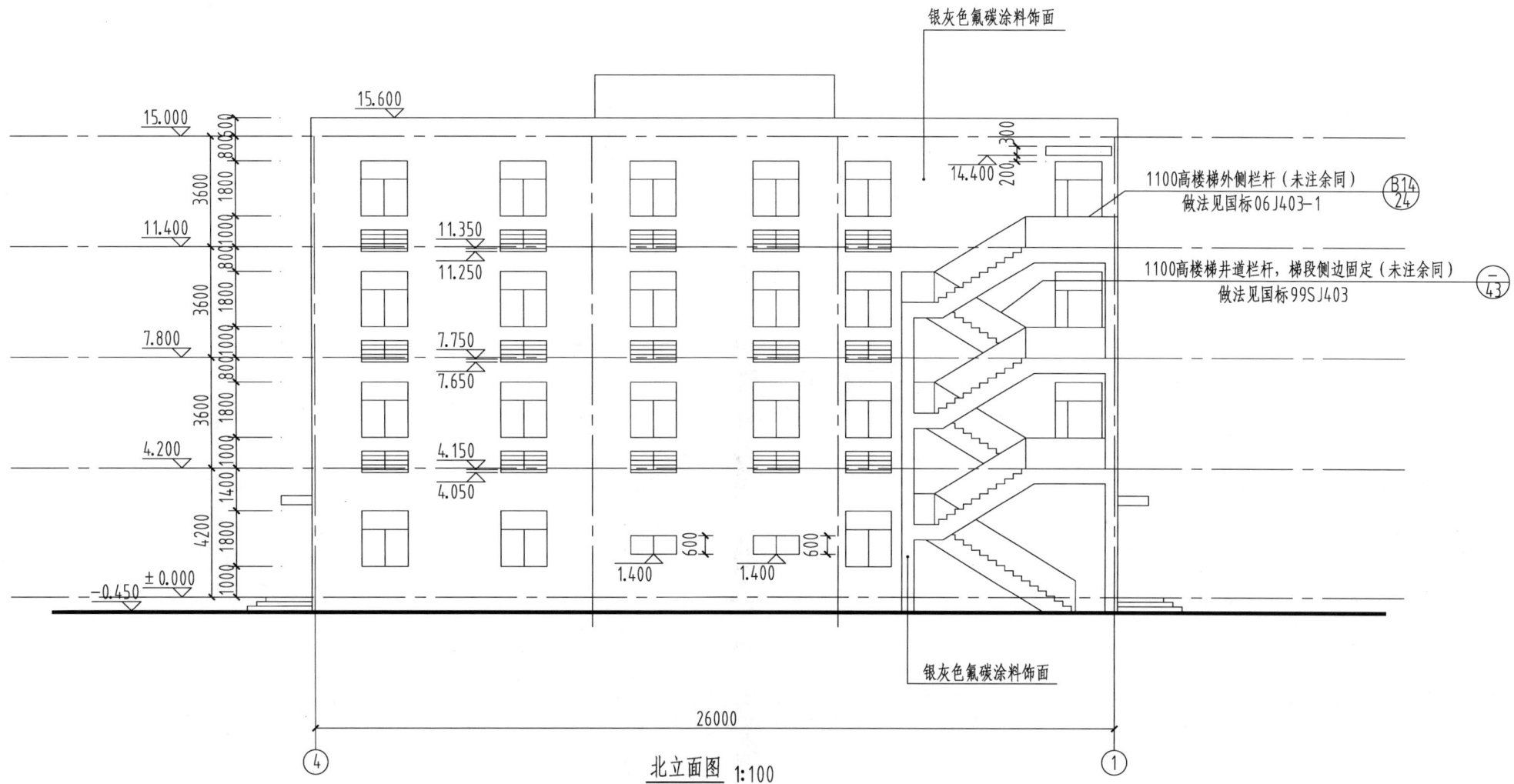

银灰色氟碳涂料饰面

15.600

14.400

1100高楼梯外侧栏杆（未注余同）
做法见国标06J403-1

1100高楼梯井道栏杆，梯段侧边固定（未注余同）
做法见国标99SJ403

15.000

11.400
11.350
11.250

7.800
7.750
7.650

4.200
4.150
4.050

±0.000
-0.450

1.400
1.400

银灰色氟碳涂料饰面

26000

④   ①

北立面图 1:100

建设单位	常州某公司	工程名称	办公楼
图 名		北立面图	
图 号	建施-08	比 例	1:100	日 期	2015.01

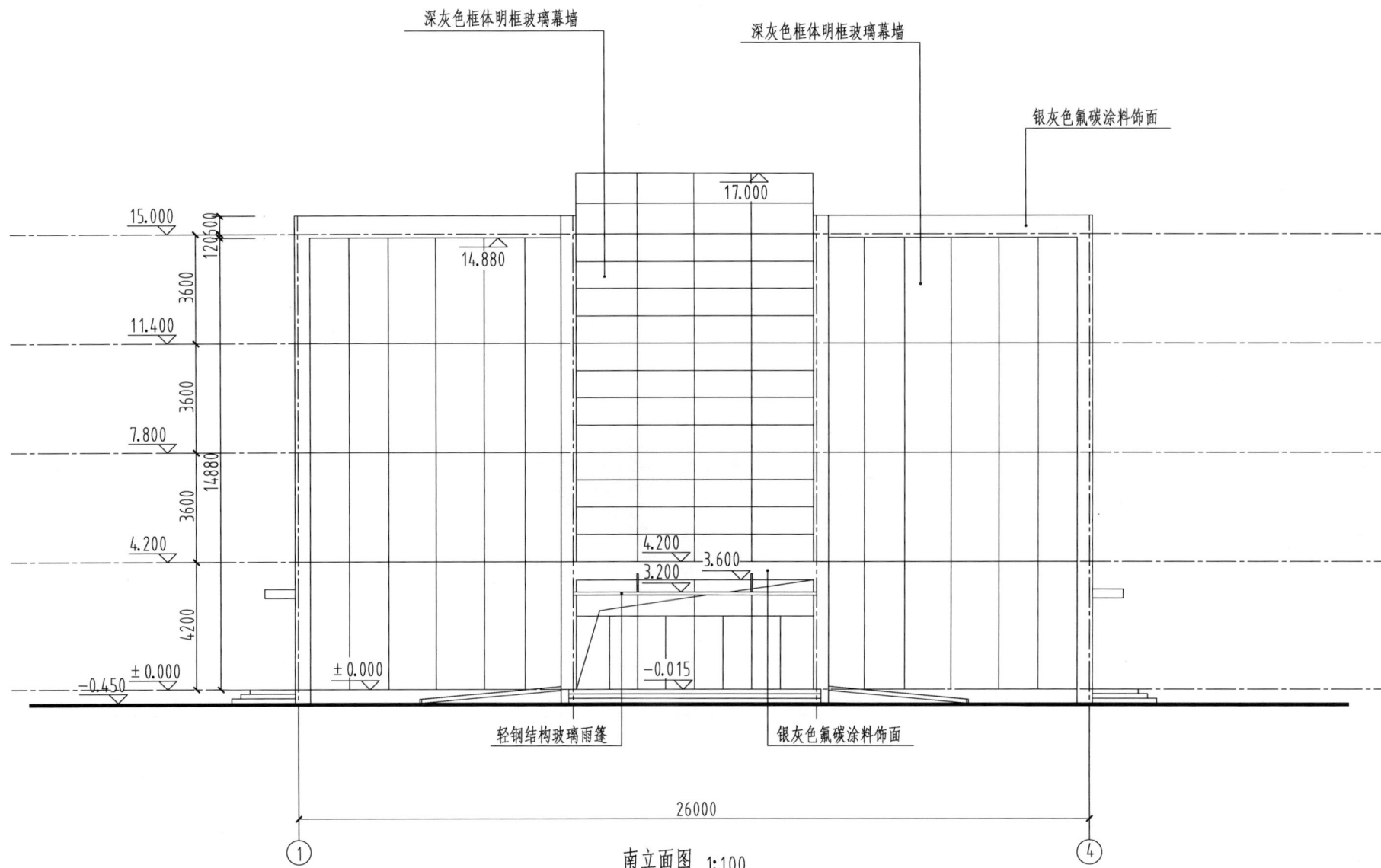

深灰色框体明框玻璃幕墙　　深灰色框体明框玻璃幕墙

银灰色氟碳涂料饰面

17.000

15.000

120050

14.880

11.400

3600

7.800

3600

14880

4.200

4.200

3600

3.200　3.600

4200

±0.000

±0.000

−0.015

−0.450

轻钢结构玻璃雨篷　　　银灰色氟碳涂料饰面

26000

①　　④

南立面图 1:100

建设单位	常州某公司	工程名称	办公楼
图 名		南立面图	
图 号	建施−07	比 例 1:100	日 期 2015.01

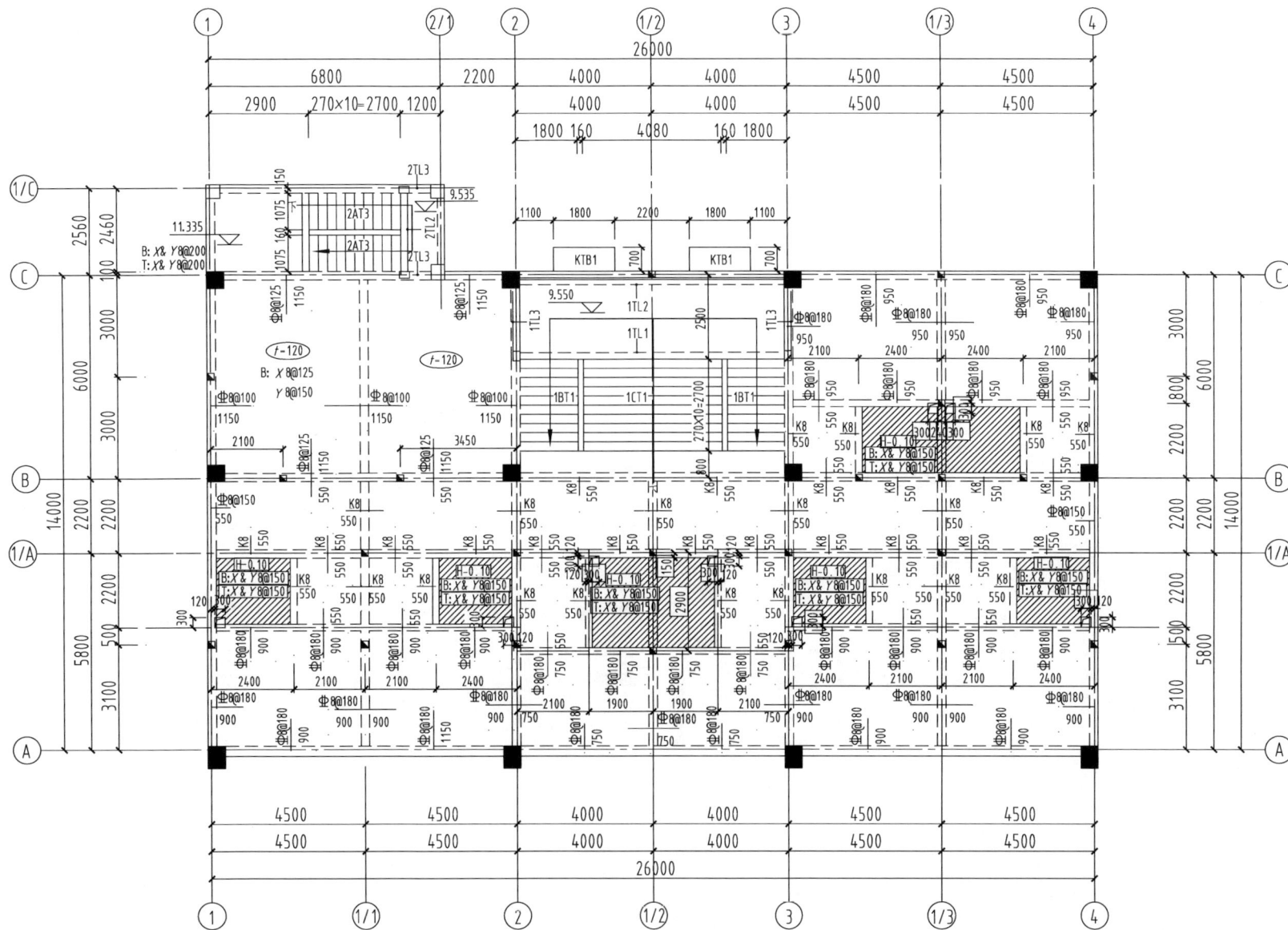

四层楼板平法施工图 1:100

注:
1. 本图须与国标图集《11G101-1》配合使用。
2. 板面标高除注明外均为+11.350m。
3. 板厚除注明外均为100mm,其余不同板厚详见本图原位标注及图例。
4. 其他说明同二层楼板模板及配筋图。
5. 本图选用图例:
  a.构造柱图例: ■   构造柱(除注明外均为GZ1,详见结施-02);
  b.不同板厚图例: ▨   卫生间,板厚t=100,标高及配筋详见图中。

建设单位	常州某公司	工程名称	办公楼
图名	四层楼板平法施工图		
图号	结施-10	比例 1:100	日期 2015.01

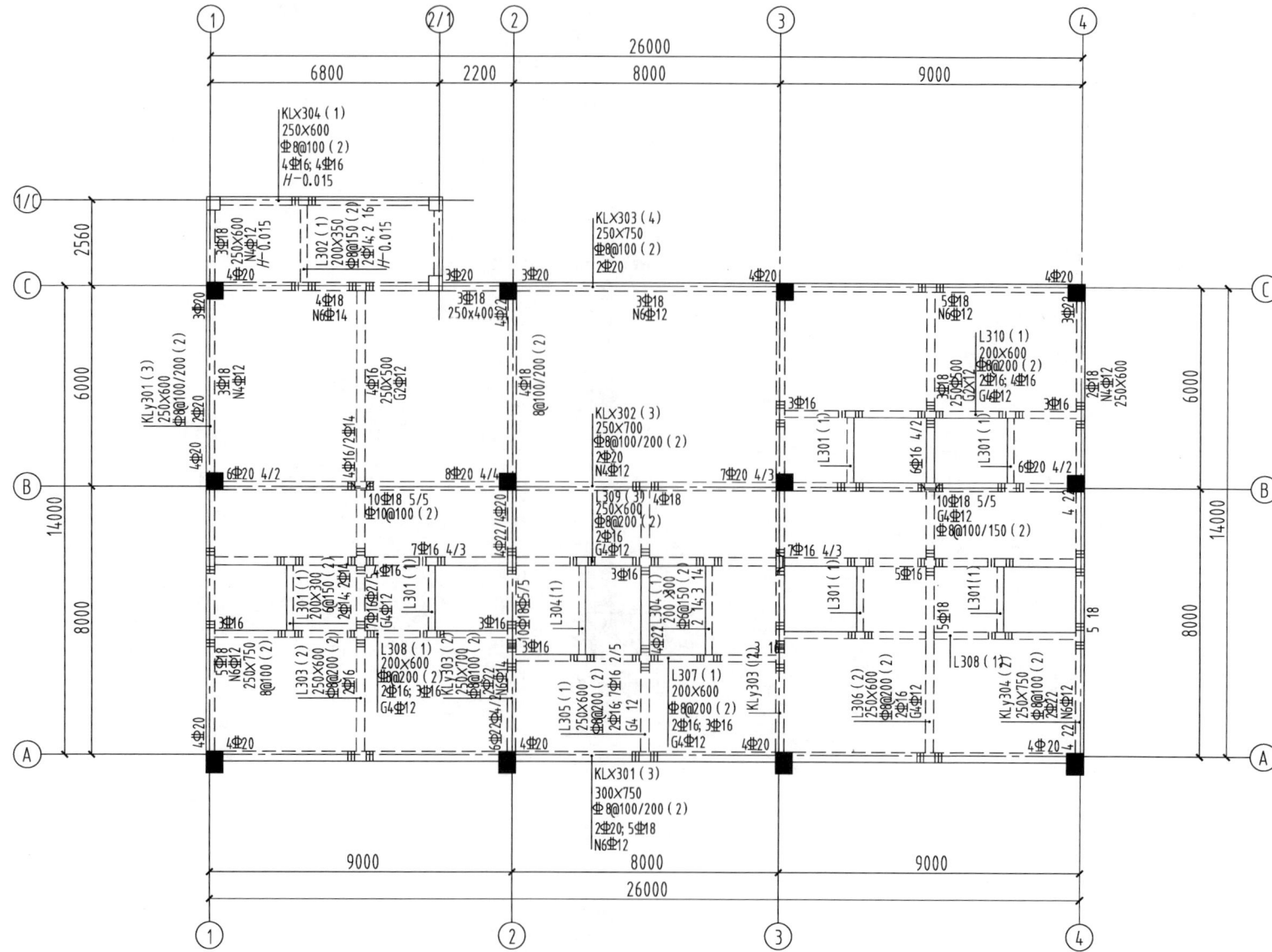

四层梁平法施工图 1:100

注:

1. 本图须与国标图集《11G101-1》配合使用。

2. 梁顶标高除注明外均为 $H=11.350m$。

3. 其余说明均同二层梁平法施工图。

建设单位	常州某公司	工程名称	办公楼
图名		四层梁平法施工图	
图号	结施-11	比例 1:100	日期 2015.01

屋顶层楼板平法施工图 1:100

注:
1. 本图须与国标图集《11G101-1》配合使用.
2. 板面标高除注明外均为H=15.000m.
3. 板厚除注明外均为120mm,其余不同板厚详见本图原位标注及图例.
4. 图中板配筋除注明外:板底筋 8@150双向;板面筋为 8@200双向+图中附加筋.
5. 其他说明同二层楼板模板及配筋图.
6. 本图选用图例:
   a、构造柱图例: ■■ 构造柱(除注明外均为GZ4,详见本图).

a-a 1:20

相应板面筋伸出
15.000
11.350
7.750
4.150
同相应板面板厚
180 370
120 (1加c)
KL
Φ6@200
A

GZ4 1:20

4Φ12
Φ6@100
200
墙厚

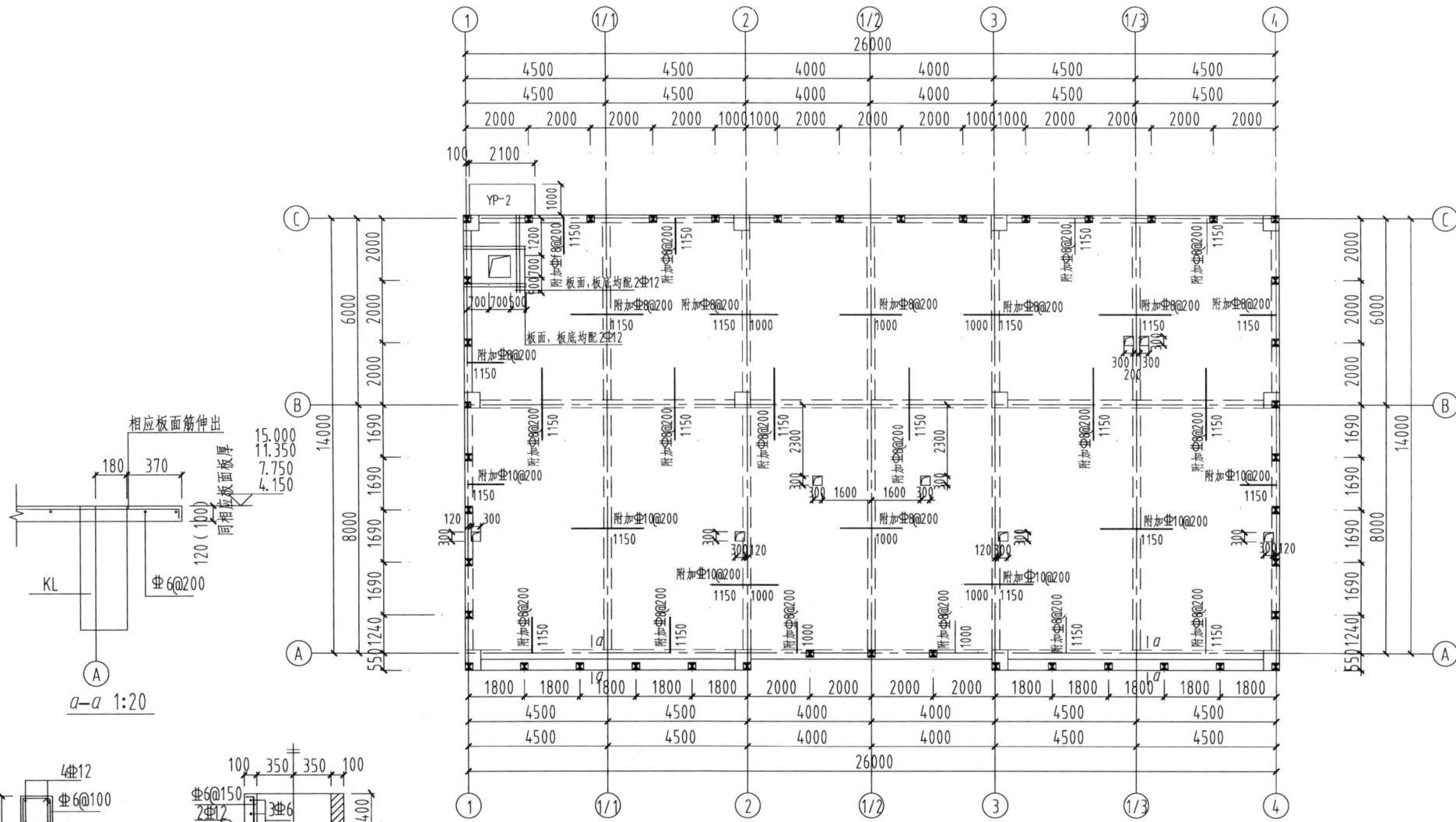

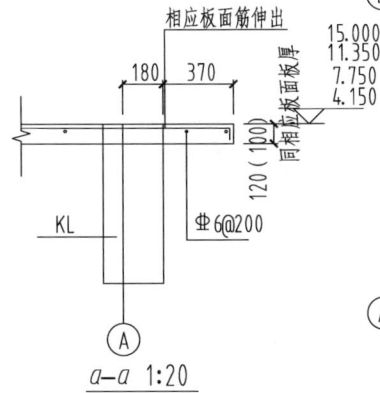

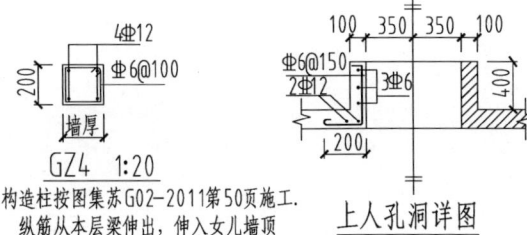

构造柱按图集苏G02-2011第50页施工.
纵筋从本层梁伸出,伸入女儿墙顶.

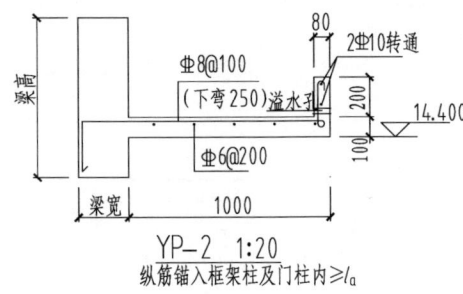

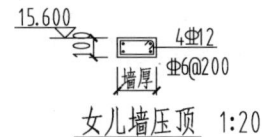

上人孔洞详图

Φ6@150
2Φ12
3Φ6
100 350 350 100
400
200

YP-2 1:20

纵筋锚入框架柱及门柱内≥la

Φ8@100
2Φ10转通
(下弯250)泛水
Φ6@200
80
200
14.400
100
梁高
梁宽
1000

女儿墙压顶 1:20

15.600
4Φ12
Φ6@200
墙厚

平面图标注

26000
4500 4500 4000 4000 4500 4500
2000 2000 2000 2000 1000 1000 2000 2000 2000 2000 1000 1000 2000 2000 2000 2000

YP-2

附加Φ8@200 1150
附加Φ8@200 1150
板面、板底均配 2Φ12
附加Φ8@200 1150
附加Φ8@200 1150
附加Φ10@200 1150
附加Φ10@200 1150
附加Φ8@200 1150
2300
1600
300
120

1800 1800 1800 1800 2000 2000 1800 1800 1800 1800
4500 4500 4000 4000 4500 4500
26000

6000 2000 2000
14000
8000
550 1240

C B A
1 1/1 2 1/2 3 1/3 4

建设单位	常州某公司	工程名称	办公楼
图 名		屋顶层楼板平法施工图	
图 号	结施-12	比例 1:100	日期 2015.01

签名 专业 给排水 电气 暖通
签名 专业 建筑 结构

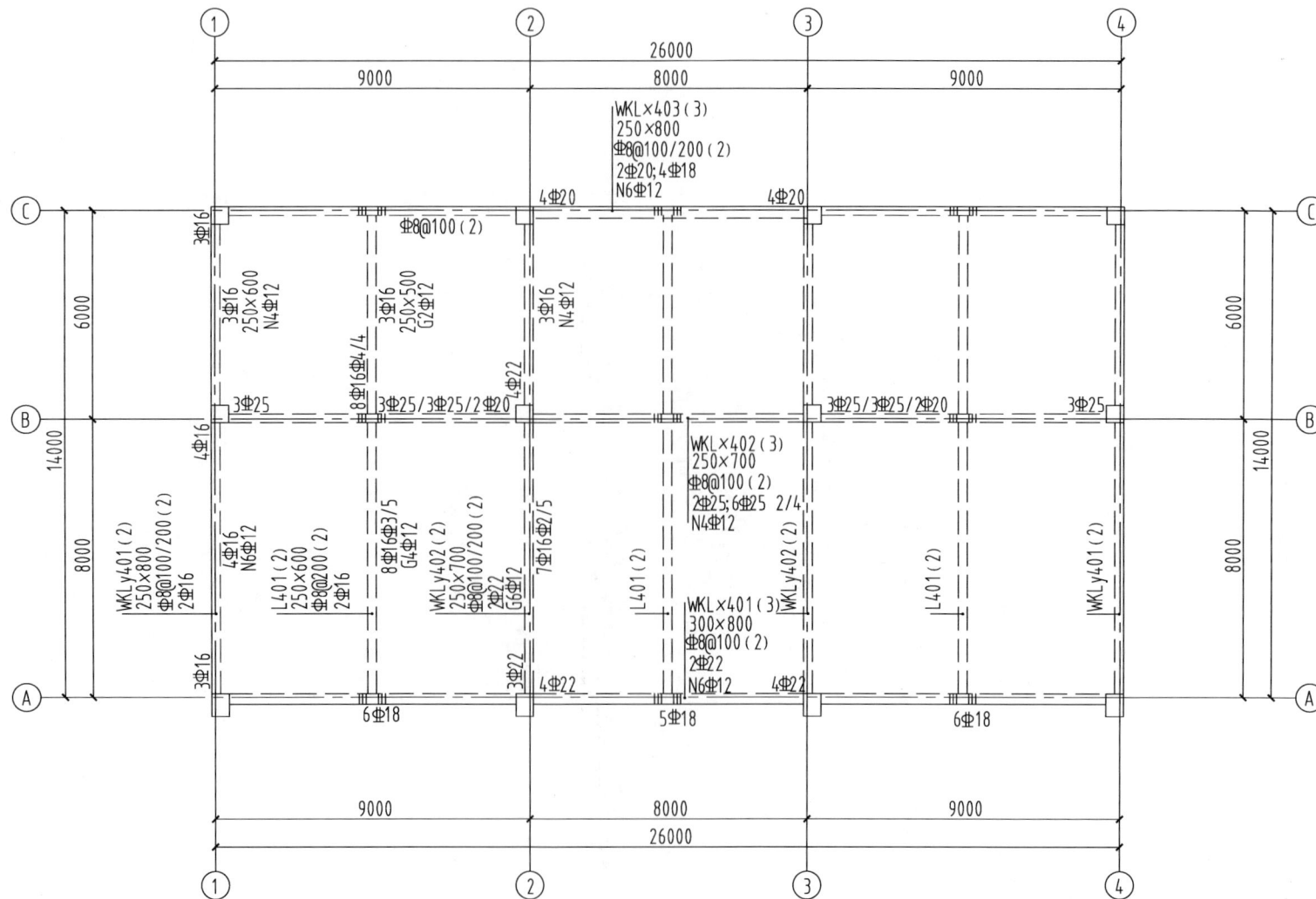

屋顶层梁平法施工图 1:100

注:
1.本图须与国标图集《11G101-1》配合使用.
2.梁顶标高除注明外均为 $H=15.000$m.
3.其余说明均同二层梁平法施工图.

建设单位	常州某公司	工程名称	办公楼
图 名		屋顶层梁平法施工图	
图 号	结施-13	比例 1:100	日期 2015.01

签名
专业 给排水 电气 暖通
签名
专业 建筑 结构

Drawing labels:

WKLx403(3)
250×800
Φ8@100/200(2)
2Φ20;4Φ18
N6Φ12

4Φ20   4Φ20
Φ8@100(2)

3Φ16   3Φ16   3Φ16
250×600   250×500
N4Φ12   G2Φ12   N4Φ12

8Φ16 4/4
3Φ25/3Φ25/2Φ20   3Φ25/3Φ25/2Φ20

3Φ25   3Φ25   3Φ25

4Φ16   4Φ22

WKLx402(3)
250×700
Φ8@100(2)
2Φ25;6Φ25 2/4
N4Φ12

WKLy401(2)
250×800
Φ8@100/200(2)
2Φ16

4Φ16
N6Φ12

L401(2)
250×600
Φ8@200(2)
2Φ16

8Φ16 3/5
G4Φ12

WKLy402(2)
250×700
Φ8@100/200(2)
6Φ22
G6Φ12

7Φ16 2/5

L401(2)

WKLx401(3)
300×800
Φ8@100(2)
2Φ22
N6Φ12

WKLy402(2)

L401(2)

WKLy401(2)

3Φ16   3Φ22   4Φ22
6Φ18   5Φ18   6Φ18

9000 8000 9000
26000

6000 14000 8000

26000
9000 8000 9000

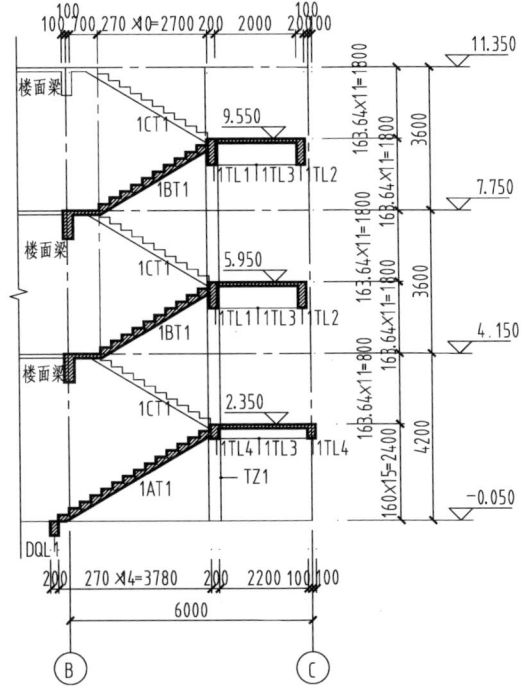

1#楼梯剖面图 1:100

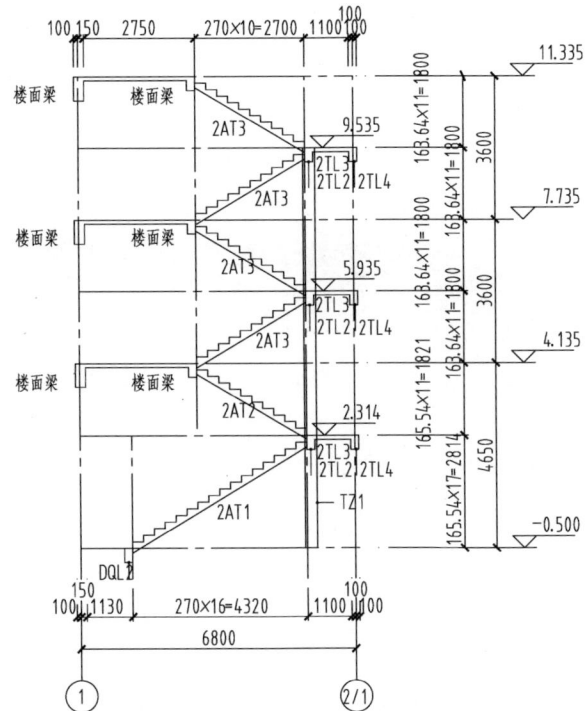

2#楼梯剖面图 1:100

楼梯示例：

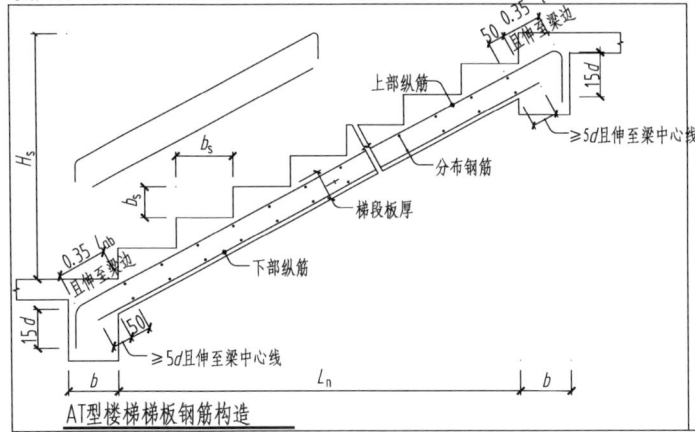

AT型楼梯梯板钢筋构造

BT型楼梯梯板钢筋构造

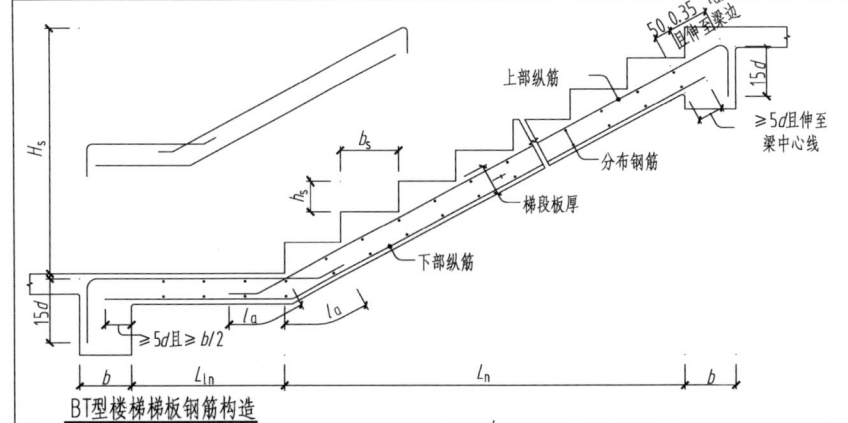

CT型楼梯梯板钢筋构造

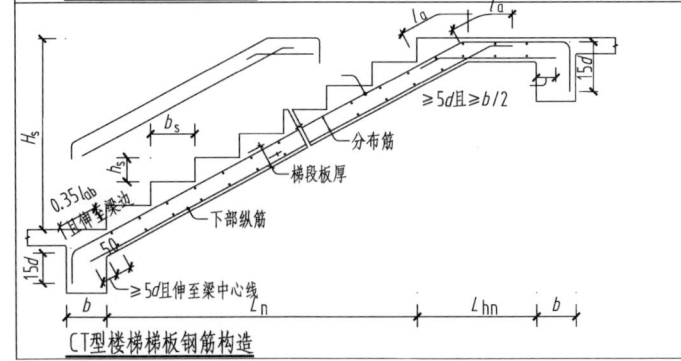

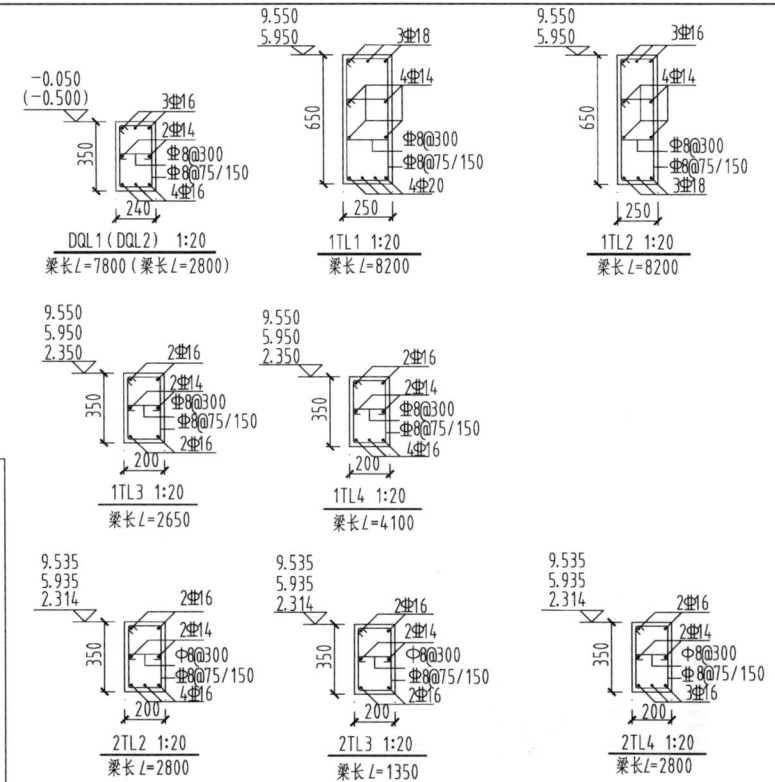

DQL1（DQL2） 1:20 梁长L=7800（梁长L=2800）
1TL1 1:20 梁长L=8200
1TL2 1:20 梁长L=8200
1TL3 1:20 梁长L=2650
1TL4 1:20 梁长L=4100
2TL2 1:20 梁长L=2800
2TL3 1:20 梁长L=1350
2TL4 1:20 梁长L=2800

梯板配筋表

楼梯编号	梯板编号	踏步总高 H_s	梯板跨度 L_n	下部长度 L_{ln}	上部长度 L_{hn}	踏步级数 n	踏步高 h_s	踏步宽 b_s	板厚 t	上部纵筋	下部纵筋	分布筋
1#	1AT1	2400	3780			15	160	270	130	Φ10@200	Φ12@150	Φ8@200
	1CT1	1800	2700		700	11	163.64	270	120	Φ8@200	Φ10@150	Φ8@200
	1BT1	1800	2700	700		11	163.64	270	120	Φ8@200	Φ10@150	Φ8@200
2#	2AT1	2814	4320			17	165.54	270	150	Φ10@200	Φ12@150	Φ8@200
	2AT2	1821	2700			11	165.54	270	100	Φ8@200	Φ10@150	Φ8@200
	2AT3	1800	2700			11	163.64	270	100	Φ8@200	Φ10@150	Φ8@200

注:休息平台板厚均为100mm，配筋为双层双向Φ8@200。

建设单位	常州某公司	工程名称	办公楼
图名			楼梯详图
图号	结施-14	比例 1:100	日期 2015.01